分布式存储编码与系统

Distributed Storage Coding and Systems

李　挥　侯韩旭　著

科学出版社

北　京

内 容 简 介

本书在理论方面，讲解国际分布式存储编码的基本原理和当前主要研究成果，详细介绍国际领先的二进制的 RS 码(BRS)、二进制的最小存储再生码(BMSR)、二进制的最小带宽再生码(BMSR)，它们都已经进入维基百科和百度百科收录的词条。实战应用方面，首先对谷歌的分布式存储系统和当前主流研究的分布式存储系统进行分析，接着介绍最新实现的北大 CodedDFS 分布式存储系统，然后讲解大规模分布式存储技术在云计算和大数据领域的实践与应用。团队也公布了其部分软件代码。

本书适合计算机等相关专业高年级本科生和研究生阅读，也可作为工程技术人员研究和学习的参考书。

图书在版编目 (CIP) 数据

分布式存储编码与系统 / 李挥，侯韩旭著. —北京:科学出版社，2016.8
ISBN 978-7-03-049489-4

Ⅰ. ①分…　Ⅱ. ①李… ② 侯…　Ⅲ. ①分布式存贮器－编码
Ⅳ. ①TP333.2

中国版本图书馆 CIP 数据核字 (2016) 第 179909 号

责任编辑：赵艳春　余　丁 / 责任校对：蒋
萍责任印制：徐晓晨 / 封面设计：迷底书装

科 学 出 版 社 出版
北京东黄城根北街 16 号
邮政编码：100717
http://www.sciencep.com

北京东华虎彩印刷有限公司 印刷
科学出版社发行　各地新华书店经销
*
2016 年 8 月第 一 版　开本：720×1 000 1/16
2017 年 3 月第二次印刷　印张：13 1/4
字数：257 000
定价：76.00 元

(如有印装质量问题，我社负责调换)

前　言

本书全面地介绍当前分布式存储编码理论和分布式存储系统。分布式存储编码理论是基于传统纠删码提出的，是为分布式存储系统量身定做的一类存储编码理论。鉴于传统纠删码具有概念抽象、内容庞杂、难以理解等特点，本书围绕着如何更好地理解分布式存储编码理论进行着多方面的尝试。在内容方面，侧重数据编解码和修复的具体操作过程，而不是大量的理论分析，旨在突出设计思想，强化实际分布式存储系统的编码方法。介绍存储编码理论知识，旨在理论联系实际，让读者全面了解不同的存储编码方法对分布式存储系统性能的影响。同时，为了便于读者自学分布式存储系统，本书详尽介绍当前主流的分布式存储系统，实现理论与实际系统相结合的教学体系。

在撰写过程中，李挥负责本书的规划统稿及部分书写，侯韩旭（东莞理工学院骨干人才）撰写了第 3、4 章。分布式存储实验室的陈俊、朱兵、祁小玉、卢利佳、李昊鹏等参与了其中部分章节素材准备，周泰、张宇蒙等参与了实验系统的开发，在此一并表示感谢！

本书研究成果受到国家 973 计划课题“可重构基础网络的寻址及路由交换”（编号：2012CB315904），国家重点研发计划“网络空间安全重点专项拟态防御基础理论研究”（编号：2016YFB0800101），国家自然基金团队项目“网络空间拟态防御基础理论研究”（编号：NSFC61521003），深圳市信息论与未来网络体系重点实验室（深科技创新【2016】86 号），深圳市融合网络播控关键技术工程实验室，深圳市 SDN 未来网络工程实验室，深圳市基础研究课题 JCYJ20150331100723974 和 JCYJ20140417144423192，中兴通讯 2014 年产学研合作课题“云存储网络纠删码技术研究”的资助。

由于作者水平有限，再加上时间仓促，难免有不足之处，恳请广大读者批评指正，意见和要求可联系电子邮箱：lih64@pkusz.edu.cn，houhanxu@163.com。

作　者

2016 年 3 月于北大南国燕园

目　　录

第 1 章　绪　论

1.1　应 用 需 求

六十多年前，第一代计算机 ENIAC（Electronic Numerical Integrator and Calculator）进行每秒 5000 次加法或 400 次乘法操作仅需要 100B 的磁芯存储容量，然而现在，一张 3600×2700 像素分辨率的数码照片压缩后的大小大约为 4MB，哈勃太空望远镜拍摄宏伟的螺旋星系 M81 的一幅照片大小为 689MB，而高清画质的电影需要大约20GB 的存储容量和 3MB/s 的 I/O 持续数据传输率。除了容量要求，许多应用程序对于 I/O 的响应时间也有了严格的要求，如许多 SLA（Server-Level Agreement）应用（如银行）对于 I/O 请求的响应时间有了严格的规定。这种不断增长的应用需求推动着存储系统从小到大、从慢到快、从简单到复杂不断发展，并对存储系统的健壮性、可用性、安全性和管理性提出了更高的要求。

将计算变为一种公共设施，是计算行业长久以来的一个梦想。如果能够实现这个梦想，在网络服务方面有创新想法的开发者不再需要在硬件部署中耗费巨大的成本，而且也不需要投入巨大的人力成本来操作。如此一来，他们就不再需要考虑因为自身服务没有达到预期而浪费大量资源，而且也不需要担心没有预期到有如此多的用户使用他们的服务，因为资源紧缺而失去许多潜在客户的情况。而且，由于一小时用 1000 个服务器所花费的成本不会多于用一个服务器 1000 小时所花费的成本，所以许多批处理的任务的执行速度只受限于程序本身的执行时间。这种资源的延展性使得不需要为大量级的运算付出额外的费用，这在信息技术的发展历史上是前所未有的。因此，"云计算"得以成为很多会议、研讨会的热门话题。

1.1.1　云计算

云计算指的是作为服务发送到网络上的应用以及提供这些服务的数据中心的软件和硬件系统。这些服务即"SaaS（Software as a Service）"。同时，"grid computing"指的是在远距离提供存储和计算的协议，这些协议均符合高性能计算要求。

"云"指数据中心的软件和硬件。

公共云指即用即买的公共开放可用云。所出售的服务称为效用计算。

私有云指不公共开放的数据中心。因此，云计算是 SaaS 和效用计算的和，但不包括小量级的数据中心。

云计算有三个新的特征。

(1) 由于有无限的计算资源，计算资源可以满足大量级的计算需要。所以，不需要云计算使用者提前计划需要用多少资源。

(2) 可以按照用户计算需求的增长相应增加提供给用户的硬件资源。

(3) 用户可以以短期内使用计算资源为基准进行付费(例如，处理器按小时付费和存储设备按天付费)，从而可以不必在设备不用时多付费。在云计算中最重要的就是可以使大量级的数据中心的构建和操作以尽量低的成本实现，这是因为云计算使得电量消耗、带宽、操作、软件和硬件在大量级下都可以以比较节约的方式实现。这些因素使得云计算可以以低于中等量级的数据中心的成本提供服务，并且仍然可以有很好的盈利。

根据以上云计算的定义可以很好地区分哪些设备属于云计算，哪些不属于云计算。例如，一个面向公众开放的网络服务，若在提前 4 小时得到通知的情况下，则其可以分配更多的机器进行服务。但是由于网络带宽需求的增长要快过服务的增长速度，所以该网络服务不属于云计算。反过来，一个国际企业数据中心，它的应用会在明确通知管理员之后才发生改变。在这种情况下，短短几分钟之内大量级的负载增加是不可能的，因此只要资源调度器可以跟踪到预期的负载增加，这种情况就可以满足作为云来进行计算的必要条件。但是在有无限资源请求或者细粒度的计算时，企业级的数据中心可能也无法满足云计算的条件。通过混合云计算，私有云可以比公有云更有优势。

任何一种应用都需要一个计算模型、一个存储模型和一个通信模型。为达到延展性和没有限制的容量，统计复用的使用是非常有必要的，其需要自动分配和管理。在实践中，这是需要某种程度的虚拟化的。根据云系统软件的抽象程度和资源管理水平，可以区分不同效用计算的性能。

亚马逊的 EC2 (Elastic Compute Cloud) 在效用计算方面没有考虑到缩放的情况。由于 EC2 用户几乎能够控制整个软件栈，所以亚马逊很难提供自动缩放。另外一个相反的情况是某种特定领域的应用平台，如谷歌 App Engine。它主要是针对传统的网络应用，在无状态的计算层和有状态的计算层之间有一个明显的分层。App Engine 较强的自动缩放和高可用性的机制，以及可以使用特权级的超级数据存储都依赖于这些限制。微软的 Azure 的应用是用.NET 库写的，可以被编译成通用语言运行库，这种通用语言运行库是语言独立的管理环境。这种框架比 App Engine 更灵活，但是仍然会限制用户对于存储模型以及应用结构的选择。所以，Azure 是介于像 App Engine 一类的应用框架以及像 EC2 一类的硬件虚拟器之间的中间体。过去几年中，云计算已成为新兴技术产业中最热门的领域之一，也是继个人计算机、互联网变革后的第三次信息技术（Information Technology，IT）浪潮，它将给生活、生产方式和商业模式等带来根本性的变革。据 Gartner 预测，截至 2018 年，由于云计算的发展和普及，70%的专业人士将携带自有终端设备办公。云计算"一云多端"的特性将软件从本地硬件解放出来，也就是说，有了云计算，以前需要在本地进行的计算，大部分都可以基于互联网通过远程实现，软件不再仅局限于某一个硬件设备。

云计算作为一种技术和服务模式，使得计算资源成为向大众提供服务的社会基础设施，将对信息技术及其应用产生深刻影响。软件工程方法、网络和端设备的资源配置、获取信息和知识的方式等，无不因云计算而产生重要变化，改变着信息产业现有业态，催生新型的产业和服务。云计算带给社会计算资源利用率的提高和计算资源获得的便利性，推动了以互联网为基础的传感网和物联网的迅速发展，将更加有效地提升人类精准地感知世界、认识世界的能力，影响着经济发展和社会进步。

1.1.2　云计算发展

1983 年，太阳微系统公司(Sun Microsystems)提出"网络是计算机(The Network is the Computer)"的概念，并推出了相关的工作站产品。

1999 年，VMware 推出了针对 x86 系统的虚拟化技术，旨在解决上述很多难题，并将 x86 系统转变成通用的共享硬件基础架构，以便使应用程序环境在完全隔离、移动性和操作系统方面有选择的空间，为云计算技术的发展和推广打下了基础。

2006 年，Google 首席执行官埃里克·施密特(Eric Schmidt)在搜索引擎战略大会(Search Engine Strategy，SES)首次提出"云计算(cloud computing)"的概念。Google "云端计算"源于 Google 工程师克里斯托弗·比希利亚所做的"Google 101"项目。云计算的概念和理论基础首次出现在学术界。

2007 年，Google 与 IBM 开始在美国大学校园，包括卡内基梅隆大学、麻省理工学院、斯坦福大学、加州大学伯克利分校及马里兰大学等，推广云计算的计划，这项计划希望能降低分布式计算技术在学术研究方面的成本，并为这些大学提供相关的软硬件设备和技术支持(包括数百台个人计算机及 BladeCenter 与 System x 服务器，这些计算平台将提供 1600 个处理器，支持包括Linux、Xen、Hadoop等开放源代码平台)，而学生则可以通过网络开发各项以大规模计算为基础的研究计划。

2008 年，Google 宣布在台湾启动"云计算学术计划"，将与台湾大学、台湾交通大学等学校合作，将这种先进的大规模云计算技术快速地推广到校园。

2008 年，IBM(NYSE: IBM)宣布将在中国无锡太湖新城科教产业园为中国的软件公司建立全球第一个云计算中心(cloud computing center)。

2008 年，雅虎、惠普和英特尔宣布一项涵盖美国、德国和新加坡的联合研究计划，推出云计算研究测试床，来推进云计算发展。该计划要与合作伙伴创建 6 个数据中心作为研究实验平台，每个数据中心配置 1400～4000 个处理器。这些合作伙伴包括新加坡资讯通信发展管理局、德国卡尔斯鲁厄大学 Steinbuch 计算中心、美国伊利诺伊大学香槟分校、英特尔研究院、惠普实验室和雅虎公司。

2008 年，美国专利商标局网站信息显示，戴尔正在申请"云计算"商标，此举旨在加强对这一未来可能重塑技术架构的术语的控制权。

2010 年，Novell 与云安全联盟（Cloud Security Association，CSA）共同宣布一项供应商中立计划，名为"可信任云计算计划（Trusted Cloud Initiative）"。

2010 年，由剑桥大学发起的开源虚拟机 Xen 项目发布了 4.0.0 正式版。支持 64 个虚拟 CPU，主机支持 1TB RAM 和 128 个物理 CPU，推动云计算的加速发展。

2010 年，美国国家航空航天局与包括 Rackspace、AMD、Intel、戴尔等在内的支持厂商共同宣布 OpenStack 开放源代码计划，微软在 2010 年 10 月表示支持 OpenStack 与 Windows Server 2008 R2 的集成，而 Ubuntu 已把 OpenStack 加至 11.04 版本中。

1.1.3 云计算模型

本节我们以 SaaS 为例来讲云计算模型，SaaS 是软件即服务（Software as a Service）的缩写。它是通过网络来提供软件服务的，厂商将应用软件统一部署在自己的服务器上，客户可以根据自己的实际需求，通过互联网向厂商定购所需的应用软件服务，按定购的服务多少和时间长短向厂商支付费用，并通过 Internet 获得该服务。用户不用再购买软件，且不需要对软件进行维护，服务提供商会全权管理和维护软件，软件厂商在向客户提供互联网应用的同时，也提供软件的离线操作和本地数据存储，让用户随时随地都可以使用该软件和服务。对于许多小型企业来说，SaaS 是应用先进技术的最好途径，它使企业可以避免购买、构建和维护基础设施、应用程序。

如图 1-1 所示，云计算模型主要包括三部分：云提供商、SaaS 提供商或云用户以及 SaaS 用户。

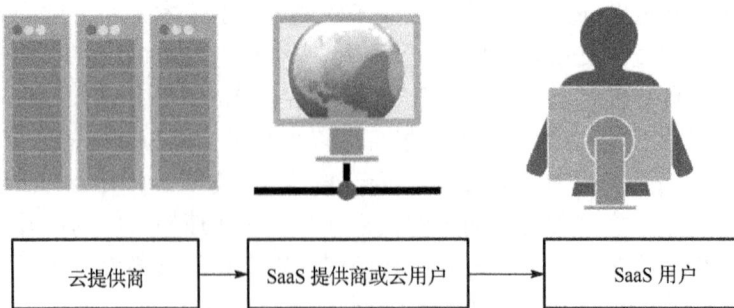

图 1-1 云计算基本模型

1.1.4 大数据

随着经济全球化的发展和科技改革的推进，网络覆盖面积不断加大，信息交互随之增强，全球数据量和存储的数据规模呈指数型增长。有资料显示，2001 年全网流量累计达到 10 亿 GB 需要一年的时间，2004 年需要一个月，2007 年需要一周，而 2013 年仅需一天，这意味着一天产生的信息量可刻满 1.88 亿张 DVD 光盘。对于未来全球数据量的增长趋势，图灵奖获得者 Jim Gray 曾这样预言，网络环境下每 18 个月产生的数据量等于有史以来数据量之和。由此可见，数据增长的速度之快让人难以想象。事实上，根据国际数据公司(International Data Corporation，IDC)的统计[1]，2012 年全球进入大数据时代，并在 2013 年全面引爆大数据，2010~2020 年全球数据量将会有 50 倍的增长，预测达到 40ZB 这样一个惊人的数量级；同时，数据存储的需求也在快速增长，年增长速度为 50%~62%，2020 年全球服务器数量将达到 10 倍增长。其中，我国 2012 年的数据量已达到 364EB，占全球 13%的份额，到 2020 年，数据总量将会达到 8600EB，占到全球 21%的份额；数据量的增长远远高于全球的增长速度。因此，管理和存储这些海量数据成了亟待解决的问题。

1.2 计算机存储系统

广义的存储设备包括 CPU 中的寄存器、多级 Cache、内存和外部存储系统。前者也称为内存系统(memory system)，而后者称为存储系统(storage system)。狭义的存储系统通常就是仅指外部存储系统。本书中的存储系统主要指外部存储系统。计算机存储单位是字节、千字节(KB)、兆字节(MB)、千兆字节(GB)和兆兆字节(TB)。一字节是一个字符的信息，并且是由八位(1 或 0 的数字)数字组成的。技术上来说，一千字节是 1024 字节，一兆字节是 1024 千字节，一千兆字节是 1024 兆字节，一兆兆字节是 1024 兆字节。这表示，虽然计算机的内存和固态存储设备(如 USB 闪存及闪存卡)也是按照这样一套存储单位存储的，但是硬盘容量往往以 1MB 为 1000000B(1048576B)等。这意味着，两个标记为相同大小的设备的存储容量是不同的，这方面的不同仍然是计算机产业一个值得讨论的问题。

计算机用户需要在计算机上划分两类存储。包括用来将文件保存在计算机上的必要存储，以及需要备份、传输和存档的数据。反过来，当决定合适的外部存储设备时，关键的问题应该是实际需要存储多少数据，以及外部数据归档是否将被随机存取或增量改变。

1.2.1 计算机存储系统概述

如果计算机用户通常只创建字处理器文档和电子表格，那么大部分的文件可能是几百 KB 或者偶尔有几 MB 的大小。然而，如果计算机用来存储和处理数字照片，那么平均文件大小将在几 MB 大小的范围。更高水平的存储，则是当计算机用来编辑和存储视频时，单个文件大小可能有几十 MB 甚至几 GB。例如，一小时的 DV 格式的视频素材大约消耗存储空间 12GB。非压缩视频甚至需要更多的空间，例如，一分钟标准清晰度画面的视频大小是 2GB，一分钟非压缩 1920×1080 像素的高清晰度视频大小是 9.38GB。因此知道计算机的使用目的是非常重要的。

除了容量要求，用户的备份数据是否会随随机存取或增量方式而改变是在选择外部存储设备中的一个关键因素。例如，数码摄影师可能有增量备份的要求，拍摄完一次，他们将要备份几百 MB 或几 GB 的照片，这些照片要永久不变。换句话说，他们希望保存事件的历史数码状态的永久记录。像照片一类的数据需要一次性写入介质(如 CD-R 或 DVD-R)。摄影师的总存档可能是数百 GB 的大小，而只会增量添加，之前存储的数据永远不会改变。与此相反，三维计算机动画可能需要定期重现数十 GB 的输出，以取代之前以随机存取方式存储的文件。在这种情况下，不仅需要可重写的存储媒介，而且备份的速度会变得更加重要。在一天的工作结束时，必须带一份 50GB 的数据和带几 GB 的数据是完全不同的概念，更别说几十或几百 MB 数据。增量备份和随机存取备份的实用性会随着下面可用存储设备和技术的解释继续进行讨论。

正是这些文件不同的特点，催生出了计算机不同的存储系统。

1.2.2　计算机存储系统发展

本节将按照不同存储系统出现的时间顺序来分别介绍计算机存储系统的发展。

(1)高清硬盘驱动器。

当今最常见的高容量计算机存储装置，大多数台式机和笔记本电脑仍然依赖于一个旋转的硬盘来存储它们的操作系统、应用程序和一些用户数据。传统的、旋转的硬盘驱动器包含一个或多个磁盘的"拼盘"。这些"拼盘"一个堆叠在另一个的上面，覆盖上写入和读取头驱动的表面磁介质。硬盘驱动器可通过一系列三接口类型(SATA、IDE / UDMA 或 SCSI)直接传输数据到其他计算机硬件，速度范围为 4200～15000r/min。

虽然通常至少有一个硬盘需要作为计算机内的"系统磁盘"，额外的硬盘驱动器可以位于主要计算机内部，或连接在"外部"作为一个独立的硬件单元。当用户经常在非常大的媒体文件(通常是数字视频文件)上工作，直接从硬盘上访问而非加载到内存中时，外接内部硬盘是建议的一种方式。在这里，文件被加载进计算机的系统磁盘，磁盘驱动头不可避免地在大型媒体文件和写临时操作系统文件之间不断来回访问，但是会降低性能并减少磁盘的寿命。

(2)RAID。

在服务器和高端个人计算机工作站(如用于高端视频编辑的)，至少有两个硬盘经常被连接在一起使用，称为 RAID 技术。这代表了"独立磁盘冗余阵列"(或"廉价驱动器冗余阵列")，并在多个物理驱动器上存储每个用户的数据。

目前存在许多可用的可能 RAID 配置。第一个称为 RAID-0，是对两个或多个磁盘上的存储卷中的数据进行分块或"条"，其中一半的文件写入一个磁盘，一半写入另一个磁盘。

这提高了整体的读/写性能，而不需要通过增大容量来实现。如图 1-2 所示，两个 1TB 的驱动器可能连接形成一个 2TB 的阵列。因为这个虚拟卷的速度比它的组成部分都要快，RAID-0 常用于视频编辑工作站。和 RAID-0 相反，RAID-1 主要是为了保护数据，防止硬件故障。这里的数据被复制或"镜像"对称放在两个或多个磁盘上。所创建的数据冗余性意味着如果一个物理驱动器发生了故障，仍然能在另一个驱动器上找到其内容的完整副本。然而这样就牺牲了存储容量来换取数据有效性。如图 1-2 所示，一个 1TB RAID-1 的数据需要两个 1TB 的磁盘。虽然用 RAID-1 时，数据写入性能没有改善，但是因为多个文件可以同时访问不同的物理驱动器，所以数据读取次数增加了。

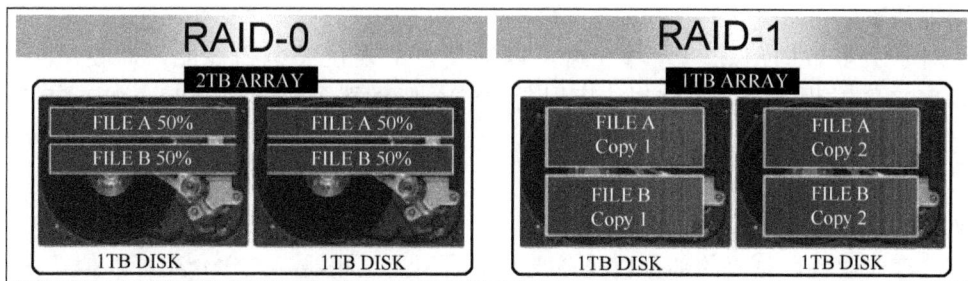

图 1-2　RAID-0 及 RAID-1 连接图例

如果使用了多个驱动器，则还有其他可能的实现方式。如图 1-3 所示，使用三个或更多驱动器时，RAID-5 通过在两个驱动器之间条带化数据，实现了速度和冗余之间的平衡，不过也要把校验数据写到第三个驱动器。奇偶校验数据保存了其他驱动器上的数据块之间的差异，以确保在一个驱动器故障的情况下可以进行文件恢复。

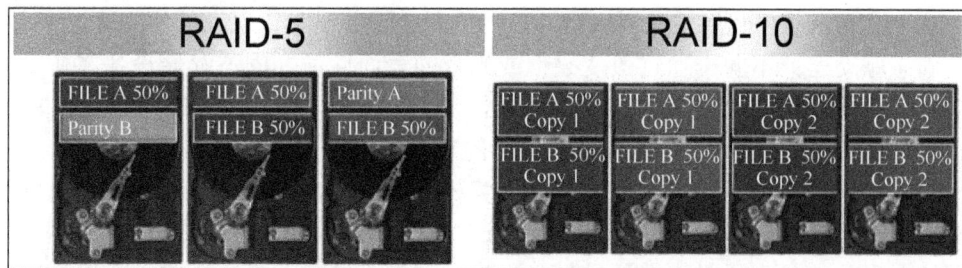

图 1-3　RAID-5 及 RAID-10 连接图例

许多现代个人计算机主板允许在 RAID 配置中设置两个 SATA 硬盘驱动器。然而，对于不需要 RAID-5 或 RAID-0 速度之外的增速的用户，这种设置益处不大。

需要注意的是，无论是否在 RAID 中，任何硬件设置多个内部硬盘，在最佳的数据安全性和完整性方面并没有提供重要的性能改进。这是因为它不能应对基本的数据丢失，也不为突发的大电量或计算机电源故障提供保护(大电流可同时烧掉两个或更多的硬盘驱动器，而不是一个)。

(3) 外部硬盘。

除了基于性能考虑，两个内部硬盘会比较方便一些。如今，最合理的情况下第二硬盘通常是作为外部设备的，称为直接附加存储驱动器（Direct-Attached Storage，DAS）。DAS 外置硬盘通过 USB、火线或 e-SATA 接口连接，其中 USB 是最常见的。高质量的外部硬盘驱动器通常包括至少两个接口标准，从而最大限度地为不同的计算机之间的数据移动提高灵活性。今天的一些外部硬盘也可以作为网络附加存储（Network Attached Storage，NAS）设备购买，可以很容易地在整个网络中的用户之间进行共享。

对于大多数的用途，外部硬盘可以提供内部硬盘类似的性能，即使用于高磁盘密集的过程，如视频编辑，特别是当一个驱动器通过一个接口，如 USB 3.0 进行连接的时候。外部硬盘也有方便之处，就是从安全和异地存储的角度考虑时，其是计算机物理可分的。用户还可以购买额外的外部硬盘满足其数据存储要求。

光存储设备，主要的部分就是激光发生器和光监测器。光学介质可以是只读的(如商业软件、音乐或电影光盘)，一次写，或可重写，这是目前存在的三种基本格式。这些分别是光盘(CD)、数字化视频光盘(DVD)和蓝光光盘(BD)。四分之一格式称为高清光盘现在已经绝产了。

光盘：一个非常成熟、低成本和可靠的存储媒体，特别适合于大多数个人计算机用户的增量数据归档，以及对中等大小的数据的物理交换。

数字化视频光盘：进入了光盘的光学存储领域，现在大多数新的计算机都配备了一个光盘驱动器，可以读取和写入 CD 和 DVD。

蓝光(Blu-Ray)光盘：是高容量 DVD 的继承者，以及唯一现存的块中光盘媒体。

固态驱动器：不同于通过改变磁性或光盘的表面性质，固态存储设备在非易失性"闪存"存储器芯片上存储计算机数据。没有移动部件的固态硬盘(Solid State Disk，SSD)几乎是所有形式的计算机存储的未来。

未来固态硬盘很有可能取代大部分计算机的旋转硬盘，一些制造商现在提供硬盘更换固态硬盘。固态硬盘往往是非常快速的、非常强大的，使用非常小的电量。如图 1-4 所示，由于通常大多数的硬盘更换固态硬盘的尺寸是一样的，所以可以直接替代一个"2.5 硬盘驱动器"。它们通常也可以通过 SATA 接口进行连接。

然而，由于固态硬盘价格过高，目前，通常只用于高端个人计算机和笔记本电脑，用来提高鲁棒性，降低噪声和功率消耗，并显著减少开机时间。

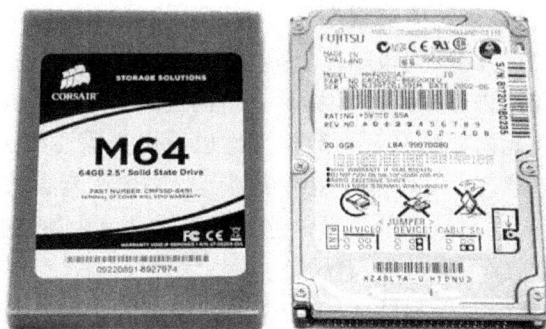

图 1-4　固态驱动器基本图例

1.3　功能需求与评价指标

1.3.1　功能需求

随着数据量的不断增加，数据可靠性和安全等方面的要求不断增强，特别是在多用户并行的环境中，大规模应用系统的广泛部署对存储系统的性能和功能也提出更多的挑战，主要表现为如下几方面。

（1）高性能：随着设备性能的增加，系统的整体性能也会随之增加。对于实践中的各种严格需求，存储系统必须根据负载特征进行针对性的优化以满足实时性要求；尤其在大数据量和高突发性的应用系统中，吞吐率和处理速率都是非常关键的性能指标。

（2）可共享性：一方面，存储资源要在物理上可被多个前端异构主机共享；另一方面，存储系统中的数据能够在多个应用和用户之间进行共享。共享机制必须方便应用，并保持对用户的透明性，由系统维护数据的一致性和版本控制。

（3）可扩展性：存储系统必须能够根据应用系统的需求动态扩展存储容量、系统规模和软件功能。许多应用系统，如数字图书馆、石油勘探、地震资料处理等都需要 PB 级的海量存储容量，并且其存储系统结构能够保证容量随时间不断增加。而且该扩展过程应该表现为在线扩大，即不应该影响前端业务的正常运行。

（4）高可靠性：随着数据的价值不断增大，存储系统必须保证这些数据的高可用性和高安全性。许多应用系统需要 365×24 小时连续运行，这就提出了对系统可靠性的较高要求，以提供不间断的数据存储服务。

（5）可管理性：随着系统的存储容量、存储设备、服务器等的不断增多，系统的维护和管理就会变得更为复杂。事实上当前维护成本已经接近系统的构建成本。系统需要通过简单方便、智能的设计来提供更高的可管理性，以减少人工管理和配置的时间。

(6) 自适应性：存储系统能够根据各种应用系统的动态工作负载和内部设备能力的变化动态改变自身的配置、策略，以提高 I/O 性能和可用性。

(7) 根据数据属性进行处理：数据具有不同的属性(读/写频率等)，用户对数据也有不同的需要，因此需要综合考虑数据属性以及用户需要来进行不同的数据处理。

(8) 高效的能耗管理：大规模存储系统的运行需要消耗大量的电能，设备的空转会浪费大量电量，同时产生大量热量，这又导致散热和制冷的功耗增加。因此当前存储系统设计必须考虑如何节省系统运行的整体功耗。

虽然用户期望存储系统能够达到上述列举的多方面功能要求，但在实际的存储系统设计过程中，这些功能需求是相互关联、相互制约的。因此在实际应用中需要在这些需求之间进行权衡。

1.3.2　评价指标

存储系统有三个评价指标，分别是容量、系统吞吐率(throughput)和请求响应时间(response time)。

容量是最基本的评价指标，这里以字节数进行比较。当前单条随机存储器的容量大约为 GB 级，而单个磁盘驱动器的容量为 TB 级，单张 DVD 光盘容量为 5GB 左右，而蓝光光盘容量为 20GB，磁盘阵列的容量依赖于其中磁盘驱动器的数量和组织模式，大规模存储系统的容量从几十 TB 到几十 PB 不等。根据 1.3 节的可扩展性，许多存储系统往往通过系统扩展技术实现实际存储容量的增加。

系统吞吐率和请求响应时间是与时间相关的两个基本性能评价指标。在存储系统中缓冲区(buffer)和 I/O 接口的传输速度用每秒字节(KB/s、MB/s 和 GB/s)表示。请求响应时间根据存储部件和任务的不同可以从几纳秒到几小时不等。

吞吐率定义为单位时间内系统能够完成的任务数，它是反映系统处理任务的能力的重要指标。但在实际应用中，吞吐率大小往往依赖于任务的特征，如磁盘阵列评价指标每秒 I/O 数量(I/O per second)就是指每秒的 I/O 处理个数，显然当每个 I/O 请求为 1MB 和 8KB 时，就会得到不同的吞吐率；并且吞吐率和请求大小一般情况下不具有线性比例关系。这种现象来源于多种原因，其中一个原因是每个请求无论大小都需要相对固定的时间，该时间即用于对请求包进行分析和处理的时间。因此很难仅用吞吐率衡量存储系统的性能。

请求响应时间是对应用程序和用户而言更加重要的指标。实际请求的响应时间受到多个方面的影响。首先，存储系统结构会影响请求响应时间，例如，一个具有本地 8MB 缓冲区的磁盘驱动器通常就比具有更小缓冲区的磁盘驱动器具有更好的响应时间；其次，请求自身的特性也会影响实际的响应时间，如 8MB 的请求比 4MB 的请求有更长的响应时间；再次，请求数据的物理存放位置也会对响应时间产生巨大影响，如本地磁盘中的数据比远程磁盘中的数据具有更小的访问延迟；请求响应时间还依赖于当前存储系统的繁忙程度，请求在负载重时比负载轻时有更长的响应时间。实际上还有其他因素也会影响请求的响应时间，如前后请求是否连续对于磁盘响应时间就是极其重要的。这些都使得在存储系统中对于请求响应时间的计算和分析非常困难。

因为存储系统中影响吞吐率和响应时间的因素太多，所以在当前的研究中很难使用统一的一套模型来精确计算出存储系统的性能，而更多地采用构建仿真或者搭建原型系统，通过运行典型负载，然后通过实际测量来获取系统的性能。

1.4 分布式存储系统典型架构

海量数据对存储系统提出了更多更严苛的要求——存储容量更大、安全性更高、存储性能更好、成本开销更低、智能化更强等。单机存储方式对于存储和处理大规模的数据集无能为力，基于网络存储的存储方式应运而生[2]。传统网络存储一般采用高端的服务器和存储设备，如存储区域网络(Storage Area Network，SAN)技术和网络附加存储(Network Attached Storage，NAS)技术，以确保其高可靠性。然而，当面临存储 PB 级或更高量级的数据时，网络存储的存储性能、存储容量、成本和扩展性存在诸多瓶颈，尤其是价格昂贵的设备开销使其无法适应新形势下的存储需求。

大规模分布式存储系统以其海量存储能力、高吞吐量、高可用性、高可扩展和低成本等突出优势成为存储海量数据的有效系统并被广泛部署与使用[3]。目前，分布式存储系统有谷歌的谷歌文件系统(Google File System，GFS)[4]、微软的 Azure[2]、亚马逊的 Dynamo[5]和 Apache 的 HDFS(Hadoop Distributed File System)[6]。其中，HDFS 是 GFS 的开源实现，作为后台的基础设施广泛应用于众多大型企业，如 Yahoo、Amazon、Facebook、eBay 等。

HDFS[7]是一个分布式的文件系统，将大量的文件存储在多个廉价节点设备中，同时保证高的可靠性。文件是依据块序列的方式存储，采用复制的策略进行容错，默认采用三副本的方式，用户也可指定相应的副本数。不同的副本放置到不同节点，以保证可靠性和读性能。HDFS 在进行读取数据时优先读取离它最近的一个副本。

Amazon 和 Google 云服务的推出推动了云存储的发展，让更多的企业、组织和个人受益于云存储。但是 2008 年以来，Amazon、Google 等知名企业的云服务相继发生系统宕机故障，如图 1-5 所示，引发了业界对云存储的安全性、可靠性的讨论。云存储系统的存储节点失效已经成为一种常态，因此云存储的高概率可用性、可靠性以及安全性等均是云存储系统的关键技术问题。

云存储自从提出以来，就获得了社会各界的广泛关注。在云存储系统中，数据被均匀地存储在 n 个不同的数据节点内，n 个数据节点由一个索引服务器(Index Server，IS)控制并为客户端提供各种不同的存储服务，图 1-6 为云存储系统的总体

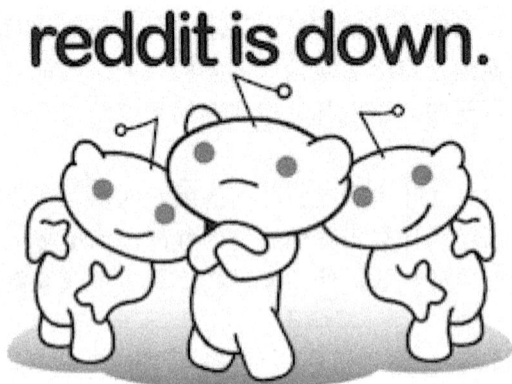

图 1-5　Amazon 在北弗吉尼亚州的云存储中心宕机

框架图。但是，当云系统所部署的存储节点变得不可靠时，必须引入冗余来提高节点失效时的可靠性。传统的系统解决方案是直接在存储节点（Storage Node，SN）上进行数据简单复制，这样的做法同时增加了相关存储基础设施的冗余度，降低了运营效能，而通过编码引入冗余的方法可以提高其存储效率。

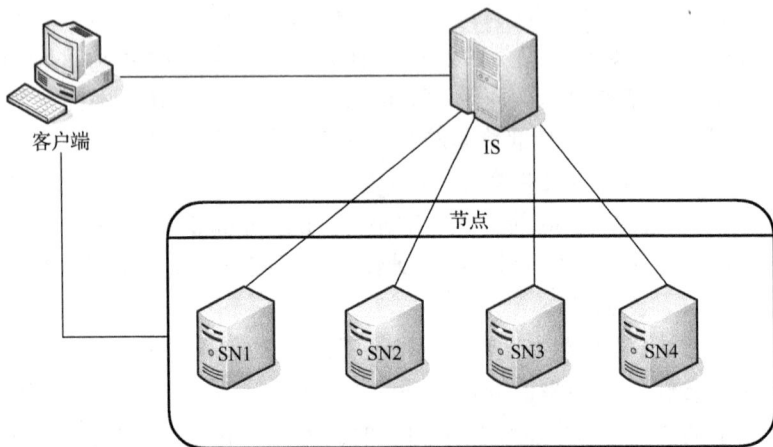

图 1-6　存储系统的总体框架示意图

HDFS-RAID[1]：在 HDFS 的基础上同时引进了 RAID 方案，提供一种分布式的 RAID 文件系统（Distributed RAID File System，DRFS）。DRFS 中文件被分成包含一些数据块的编码条带进行存储，每一个条带中都有一些冗余块存储在冗余文件中，用来保证原文件的可靠性。冗余文件中的冗余块使用 XOR(exclusive or)或者 RS(Reed-Solomon)编码生成，XOR 相对简单一些，但最多只能容一个磁盘错误，而 RS 编码可以生成任意数量的冗余。在 DRFS 中，使用 RS 编码可以使"冷"数据(很少访问到的数据)副本的水平降到最低(为 1)，同时保持相同的数据可用性，显著地节省存储空间。Facebook 最近开始在它们的集群中采用基于 RS 编码的 HDFS-RAID。

Wuala：是一种全球化的网络存储系统，不会对文件的类型、大小进行限制，同时也不限制流量。文件会先在本地加密后再上传，在上传期间，系统会首先将加密的文件分成数据块，使用纠删码对这些数据块进行编码。然后将编码后的编码块存储到多个地方，以确保不会丢失文件。系统中始终都会有加密文件的完全备份，保证用户能够随时访问和恢复。Wuala 是附加/优化功能的系统，通过较为低廉的基础设施，提供较好的带宽性能和可靠性。此外用户也可共享自己的存储空间，以获得更多的在线存储空间。

Windows Azure[2]：是一种基于云计算的操作系统。为了满足不同应用程序处理数据的需求，Windows Azure 提供了三种类型的存储选择，包括 BLOB（Binary Large Object）、表，以及队列。BLOB 和表主要用于存储和访问数据。队列主要提供 Web 角色与工作者角色实例之间的异步通信。无论什么方式，所有存储在 Windows 中的数据都会存储三个副本，以实现容错，丢失一个副本不会导致致命的影响。系统提供强大的一致性，保证读取刚刚写入的数据的应用程序能够读到最新数据。Windows Azure 还在同一位置的另外一个数据中心中保存所有数据的另外一个备份。在保存除主要副本的数据中心不可用的时候，用户仍然可以访问到数据。最新的研究工作表明，Windows Azure 开始使用纠删码技术保证数据的可靠性。

OceanStore[3]：OceanStore 设计的目标是可以供数十亿用户访问的全球永久性数据存储系统，它通过将多个不可靠的节点结合在一起、提供高可用性、高同步性的存储服务。任何计算机都可以加入基础设施，通过提供存储获得经济补偿。OceanStore 采用混杂的方式缓存数据，任何服务器都可能创建任何数据的一个本地副本，这些本地副本提供了较快的访问速度和网络分区的鲁棒性。此外，OceanStore 还可以作为归档系统，以只读形式存储数据的不同版本，这些版本数据使用纠删码进行编码并保存到几百或者几千个服务器上。较小的编码块集合即可重构出归档数据。

GFS[4]：是 Google 为了存储其大量的数据资源而设计的分布式文件系统。GFS 的节点可以分为两类，一类是 Master 节点，其主要用来维护系统中的元数据；另一类是 Chunk 节点，它主要用于数据文件的存储。GFS 运行在大量廉价的普通硬件上，被大量的用户访问。节点的故障已经变得较为常见，需要及时对故障进行修复。GFS 通过复制策略来保证数据的可靠存储，此外，对于不同的命名空间（namespace），使用者可以指定不同的副本数来维持不同的文件冗余度。考虑到复制策略存储开销过大的情况，新版的 GFS（GFS2）已经开始使用纠删码作为保持数据可靠性的机制。

Amazon S3(Simple Storage Service)[5]：系统可以看成一块无容量限制的网络硬盘，提供可靠、快速、可以无限扩展的网络存储服务。S3 同样采用复制策略来保证数据的可靠性，以冗余的方式将数据存储在多个设施，或者同一个设施内的多个设备上。同时它通过快速检测和修复功能，来保证数据的持久性，以及定期校验的机制来验证存储数据的完整。Amazon S3 还通过版本控制方式提供对数据的进一步保护，可以对不同的数据版本进行保存、检索和还原。

Ceph 是一个符合 POSIX(Portable Operating System for UNIX®)、开源的存储系统，依据 GNU 通用公共许可而运行。Ceph 项目起源于其创始人 Sage Weil 在加州大学圣克鲁斯分校攻读博士期间的研究课题。项目的起始时间为 2004 年。在 2006年的 OSDI(Operating Systems Design and Implementation)学术会议上，Sage 发表了介绍 Ceph 的论文，并在该篇论文的末尾提供了 Ceph 项目的下载链接，由此Ceph 开始广为人知。该项目的理念是提出一个没有任何单点故障的集群，确保能够跨集群节点进行永久数据复制。Ceph 项目提供了一种便捷方式在通用的商用硬件部署一个低成本且可大规模扩展的统一存储平台。

按 Ceph 官网的说法，Ceph 是一个为优秀的性能、可靠性和可扩展性而设计的、统一的分布式的存储系统(Ceph is a unified, distributed storage system designed for excellent performance, reliability and scalability)。这句话确实点出了 Ceph 的要义，"统一的"意味着 Ceph 可以提供对象存储、块存储和文件系统存储三种功能，以便在满足不同应用需求的前提下简化部署和运维。而"分布式的"在 Ceph 系统中则意味着真正的无中心结构带来的高可靠性和没有理论上限的系统规模/性能的可扩展性。

1.5　存储系统发展

1978 年，IBM 首先应用了实现分级存储管理(Hierarchical Storage Management，HSM)的大型机系统。HSM 是一种将离线存储与在线存储结合起来的技术。它将磁盘中次常用的数据按指定的策略自动迁移到磁带库等二级大容量存储设备中。当用户请求这些数据时，分级存储系统会自动将这些数据从下一级存储设备调回到上一级存储设备上。之后，存储系统经历了快速的发展。

(1)磁带库：在 HSM 之后，StorageTek(已被 Sun 公司收购)的 Nearline 系统机械磁带库引起了业界最广泛的关注。根据 Horison Information Strategies 公司总裁Fred Moore 的说法，Nearline 系统在 1987 年被推出确实起到了革命性的作用。"这些产品实际上挽救了磁带行业，因为人们已经厌倦了去加载成百上千的磁带——自动化的缺乏正在扼杀这个市场"，Fred Moore 曾经在 StorageTek 工作，他指出"这是一个意义重大的发明，看看现在到处都是磁带库"。

在机械磁带库之后，即 20 世纪 80 年代末到 90 年代初这段时间里，虚拟磁带库（Virtual Tape Library，VTL）的概念从出现到成熟，可以说将存储技术带入了一个新的时代。当时，Data/Ware Development 公司（之后被卖给 Anacomp 公司）、EMC 公司和 StorageTek 公司都在积极寻求能够在系统上仿真磁带的技术。这个想法是为了解决有些数据只能用磁带进行存储的问题。Diligent（现已被 IBM 收购）、昆腾和 Sepaton 等的存储厂商都为 VTL 的发展做出了贡献。

VTL 将很可能继续在存储领域中占有一席之地，部分原因是磁带还没有消失。即使基于磁盘的备份在不断增长，但是由于目前还有很多工作依赖磁带存储，所以 VTL 将继续扮演从物理磁带到磁盘世界的垫脚石的角色。

（2）FC SAN：随着光纤通道在企业级存储网络中掀起浪潮，并成为企业级存储网络（Fibre Channel，Storage Area Network）的基础，存储领域的网络概念也在扩展。1994 年，第一个光纤通道存储局域网开始应用。

近年来，业界广泛争论 FC SAN 是否会被互联网小型计算机系统接口（iSCSI）替代。不过我们认为，至少在未来的 3～5 年内，以太网还不会大规模取代光纤通道。

FC SAN 是解决服务器内部和磁盘阵列不能整合的最佳方案，并将 IT 架构的核心从服务器转变到了存储。

（3）简化的存储应用：之后人们开始追求一种简单易用的文件服务——NAS。NAS 可以跨网络提供基于文件的服务，这种功能对于如今的高分布式技术环境来说是非常关键的。NAS 技术根源于 Novell 的 Netware 操作系统和它的网络核心协议（Network Control Protocol，NCP），后者是在 20 世纪 80 年代推出的。Sun 也推出了针对 UNIX 系统的网络文件系统（Network File System，NFS）协议，但是这个协议的最大推动者是 NetApp。

1993 年，NetApp 推出了一个 NAS 设备。1996 年，NetApp 又推出了能够同时具备网际文件系统（Common Internet File System，CIFS）Windows 协议和网络文件系统的设备。在此之后，接下来市场上出现了一系列的网络附加存储设备。

1.5.1　存储虚拟化

存储虚拟化（storage virtualization）最通俗的理解就是对存储硬件资源进行抽象化表现。这种虚拟化使用户可以与存储资源中大量的物理特性隔绝开来，就好像人们去仓库存放或者提取物品时，只要跟仓库管理员打交道，而不必去关心物品究竟存放在仓库内的哪一个角落。对于用户来说，虚拟化的存储资源就像是一个巨大的"存储池"，用户不会看到具体的磁盘、磁带，也不必关心自己的数据经过哪一条路径通往哪一个具体的存储设备。业界主流的存储虚拟化技术包括分布式文件系统（如 HDFS）、分布式块存储（如 CEPH）、存储网关（如 IBM 的 SVC（Switching Virtual Circuit））等，图 1-7 是存储虚拟化的一个典型模型。

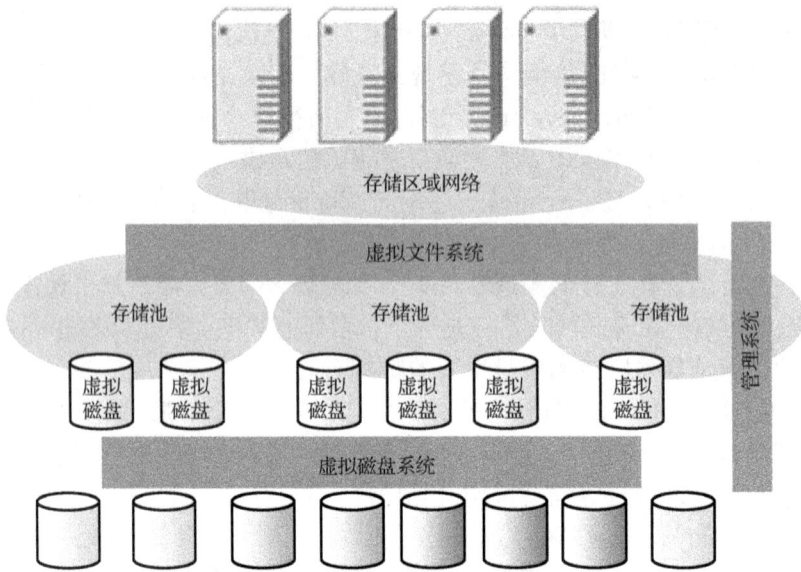

图 1-7　存储虚拟化模型

1.5.2　软件定义存储

软件定义存储（Software Defined Storage，SDS）在软件定义的数据中心背景下，其可以改变未来存储行业发展。存储虚拟化提供了一个容量池，可以在一个适当的介质和协议的层次结构中被结构化。

软件定义存储包括以下特点。

（1）自动化：自动维护存储基础设施。

（2）标准接口：存储设备的管理，配置和维护的接口，支持调用这些接口的应用程序。

（3）可伸缩性：在不中断服务的情况下，对特定的可用性或性能进行扩展。

（4）透明性：存储消费者可以监测和管理自己对现有的资源和成本的存储消费情况。

1.6　本　章　小　结

本章主要介绍了云计算的相关知识，希望读者能够从概念到应用来全面地了解云计算。同时，介绍了大数据时代的特征和需要，以期读者能够发现当代存储所面临的机遇和挑战，也给出了具体的典型案例来让读者了解实际的存储平台工作原理。介绍了计算机存储系统的基本概念和发展历史。而且，云计算存储平台有着自己的功能需求和评价指标，同时本章给出了基于这些功能需求和评价指标的典型系统。

随着存储领域技术的发展，出现了分布式存储系统，介绍了分布式存储系统的基本概念和基本需求。同时介绍了以 HDFS 为代表的分布式存储系统的典型架构，这些都是当下比较热门的存储架构。最后，介绍了存储系统的发展、虚拟化以及软件定义存储的相关知识。通过本章的学习，能够对存储系统的相关概念有初步的了解。

参 考 文 献

[1]　Cutting D, Calarella M, Borthakur D. HDFS-RAID wiki. http://wiki.apache.org/hadoop/HDFS-RAID [2011-11-02].

[2]　Microsoft Corporation. Microsoft Azure. http://www.windowsazure.com/zh-cn[2016-03-17].

[3]　Calder B, Wang J, Ogus A, et al. Windows Azure Storage:A highly available cloud storage service with strong consistency. Proceedings of ACM SOSP'11, Cascais, Portugal, 2011:143-157.

[4]　Ghemawat S, Gobioff H, Leung S T. The Google file system. ACM SIGOPS Operating Systems Review, ACM, 2003, 37(5):29-43.

[5]　Amazon Corporation. Amazon web service. http://aws.amazon/com/crds3[2011-11-02].

[6]　Decandia G, Hastorun D, Jampani M, et al. Dynamo: Amazon's highly available key-value store. Proceedings of ACM SOSP'07, Stevenson, Washington, 2007, 41(6):205-220.

[7]　Apache™ Hadoop® project. Welcome to Apache™ Hadoop®!. http://hadoop.apache.org [2016-03-17].

第 2 章　分布式存储系统可靠性和可用性

由于数据的价值越来越重要，分布式存储系统的可靠性和可用性日益受到用户的关注。本章重点讨论分布式存储系统的可靠性和可用性。首先对可靠性相关的概念进行介绍，其次讨论现有的一般容错机制，之后进一步讨论现在对于可靠性研究的方法，最后给出总结。

2.1　可靠性概述

由于分布式存储系统由多个软硬部件组成，所以在运行过程中部件或者整个系统都有出错的风险。对一个系统而言，出错的原因到底是错误、差错，还是故障，要具体分析。当部件或者系统出错时，系统应当有继续执行规定的功能，应当有保证恢复到正常状态的机制。通过合理设计系统方案减少系统的故障和失效率是系统设计者必须认真考虑的问题。

在讨论存储系统可靠性和可用性设计之前，有必要对上述相关概念进行定义和讨论。

错误是在设计模块时所存在的潜在问题，它可能会产生一个或者多个差错。

差错是错误的表现形式。首先，差错只有在模块提供服务时才会表现出来；其次，差错一直存在，在模块运行时，有可能不表现出来(延迟)，在特定情况下才会产生作用；再次，作用中的差错经常会在模块间传播而使得另外的差错起作用。故障是由差错产生的，会导致模块不工作，但不是所有的差错都会导致故障，因而故障是服务差错的表现。

计算机系统的可靠性是模块在规定条件和时间内，执行指定功能(规范行为)的能力。产生系统故障的原因在于实际行为与规范行为发生偏离，故障的原因在于差错，差错的原因在于错误。

事实上，系统设计中应该尽量避免错误的产生，同时通过特定结构保证在部分故障时，系统能够持续提供服务，并且通过一定的机制保证系统在部分失效后能够恢复到正常状态。

2.1.1　背景

我们生活在一个信息大爆炸时代。随着科学技术的飞速发展，数据作为信息的载体，其数量在持续不断地增长。仅 2002 年一年，全球就产生了 5EB(5.7646×10^{18}B)的新数据，这些数据的年增长率接近 30%，系统架构师需要建立庞大的存储系统来满足日益增长的带宽和存储空间的需求。随着系统规模的扩大，系统的容错能力和可靠性的问题日益突出。系统错误往往会导致非常严重的后果，对于商用数据服务器，系统错误意味着几百万美元的损失；对用于科学计算的超级计算机集群，系统错误意味着很多宝贵的、不可再生的数据丢失。现在的存储系统远没有人们想象的那么可靠，最新的调查显示商用服务器只能达到 99% 的可靠性，这意味着系统在一年中平均每 3.5 天会出现一次宕机。2003 年的一份错误分析报告显示，Internet Archive 在一个月内会出现 30 个硬盘错误，该系统是一个由 600 多个硬盘构成、含有 100TB 压缩数据的数字图书馆。

如果采用最新的存储产品，一个含 2PB 数据的存储系统大约由 5000 多个硬盘构成，每个硬盘的容量约 400GB。对于如此庞大的存储系统，要想达到高可靠性，会面临以下几个方面的挑战：第一，虽然最近几十年来硬盘的容量和性能得到了明显的提高，价格也降低了很多，但是硬盘的可靠性提高缓慢，由于受到硬盘机械特性的限制，再加上面密度的不断提高，可靠性和容量增长的差距日益扩大；第二，系统中硬盘数量的增加使得错误更加频繁，假设一块硬盘的平均无故障时间(Mean Time to Failure，MTTF)为 100 万小时，对于由 1000 个硬盘组成的存储系统，在一小时内出现硬盘错误的概率则为 1%；第三，单块硬盘的容量呈不断增长的趋势，希捷公司在 2004 年 11 月就发布了 400GB 的串口 ATA 硬盘，在 25MB/s 的带宽条件下需要四个半小时才能完成整块硬盘的数据重建。随着存储技术的发展，硬盘容量会继续增长，但是带宽的增长则严重落后。这样会延长整块硬盘数据重建的时间，可能导致在修复的过程中进一步发生数据丢失。

2.1.2　可靠性和可用性

系统的可用性(availability)是指系统在面对各种异常时可以提供正常服务的能力。可用性反映的是系统随时可被用户使用的特性。也就是说，在任何给定的时刻用户都可以使用此系统正确地执行用户给定的任务。系统的可用性可以用系统停服务的时间与正常服务的时间的比例来衡量。例如，某系统的可用性为 4 个 9(99.99%)，相当于系统一年停服务的时间不能超过 365×24×60/10000 = 52.56min。系统可用性往往体现了系统的整体代码质量和容错能力。

系统的可靠性指的是在错误存在的情况下，系统持续服务的能力。尽管可靠性和可用性容易混淆，但它们并不是同一个概念。可靠性反映的是一段时间的特性，而可用性反映的是某个时刻的特性。高可靠性系统能够持续运行一个相当长的时间而不会中断。如果一个系统，每个小时都有并且仅有 1ms 时间失效，那么它的可用性可达 99.9999%，但是它仍然是一个高度不可靠的系统。同样地，如果一个系统从来不崩溃，但是在 8 月份中，有两个星期的假期需要关机，这个系统是高可靠性的系统，但是它的可用性只有 96%。

2.2　容　错　技　术

目前，即使采取了大量的避错、除错和差错预测等可靠性措施，分布式存储系统仍然会出现不可预期的故障，因此容错机制成为存储系统在出现故障后避免立刻失效，并能加速恢复正常工作状态的必要手段。

2.2.1　容错机制的分类

为了避免硬件单点故障，目前高端的磁盘阵列中关键部件都采用了冗余技术。例如，EMC 的高端网络存储系统中，磁盘阵列的电源、控制器，乃至网络交换机都是冗余的。同时，控制器、磁盘出现故障时，都会通过消息通知管理软件或管理员。这些部件还可以进行热交换，通过定期更换陈旧部件，降低硬件部分的故障发生率。对于存储系统中存储的对象——数据，其容错的主要方法就是采用数据冗余，冗余技术通常有两种类型：副本和纠删码。

2.2.2　容错机制的层次分析

根据容错机制实现的层次和保护的对象不同，可以将数据容错技术划分为块级、文件级以及应用级三个层次来进行研究分析。

1）块级容错

RAID[1,2]是目前研究最深入、应用最广泛的块级数据保护技术。RAID 的设计思路是：利用数据条带化提高性能，利用数据冗余提高数据可用性。根据不同的冗余级别，RAID 通常分为以下几种类型：RAID-0（无冗余、条带化）、RAID-1（镜像）、RAID-10/RAID-01（分块镜像）、RAID-2（采用交叉存取和汉明码校验）、RAID-3（位交叉存取和奇偶校验盘）、RAID-4（块交叉存取和奇偶校验盘）、RAID-5（块交叉存取和校验信息循环分布）、RAID-6（双容错）。这些 RAID 方案一般应用于磁盘数量较少的系统中。而对于海量存储系统而言，随着磁盘阵列的增大，同时发生多个磁盘失效的概率增高，存储系统的可靠性迅速降低，两个或两个以上存储设备同时失效的概率增大，因此需要考虑多容错问题。

文献[3]提出一维奇偶校验分组的方法：数据磁盘设备划分为 m 组，每组能够纠正一个磁盘的错误，多个组可以纠正多个磁盘的错误，同时还提出了二维奇偶校验码，能够纠正任意两个磁盘错误。随后，文献[3]建议采用汉明码，也能纠正任意两个磁盘的错误，但是这两种码都不是最大距离可分（Maximum Distance Separable，MDS）码，冗余盘数目是磁盘阵列系统总盘数的对数，冗余信息量较大，代价昂贵，一般很少使用。在文献[4]中，Blaum 提出一种可纠多列错 MDS 的阵列码，后来又提出了一种广义 EVENODD 码，统称为 Blaum 码。近几年，纠多错(大于等于 3)的阵列纠删码又开始有新的研究进展。在 2004 年，USENIX FAST 会议上，Hartline 提出了一类具有最佳更新复杂性的 R5X0 阵列纠删码。到了 2005 年，USENIX FAST 会议上，同时出现了三篇有关纠多列错的阵列纠删码的文章，即 Hover 码、WEAVER 码、STAR 码。R5X0 码、Hover 码[5]、WEAVER 码[6]都是 IBM Almaden 实验室 RAID Storage System 存储研究小组提出的，能够同时容许多个磁盘发生故障。Huang 和 Xu[7]在 EVENODD 码的基础上，提出了一类 STAR 码，能够纠正任意三个磁盘的错误，码的最小列距离为 4。

2) 文件级容错

除了定期的块级数据备份，数据可在文件系统级得到保护，通常这是通过记录文件的修改历史来实现的。版本记录在一些早期的文件系统如 3DFS(3 Distributed File System)[8]以及 CVS(Concurrent Versions System)[9]中得到应用。

Elephant[10]在对打开的文件进行第一次写操作时，就会透明地创建一个新的版本。OceanStore[11]利用版本控制不仅用于数据恢复，还简化了许多缓存和副本的问题。低带宽文件系统(Low Bandwidth File System，LBFS)[12]充分利用文件与该文件版本数据大部分不发生改变的特点来组织文件，使得在使用低带宽网络上的文件系统时能节省大量网络带宽。

另外，为了提高文件版本控制的效率、灵活性和可携性，Muniswamy 等[13]提出了一种轻量级的面向用户的文件版本控制系统，称为 Versiofs，它能支持用户指定的各种存储策略。

3) 应用级容错

目前，应用级的大规模分布式存储系统数据容错问题得到了学术界和工业界的广泛关注。这里主要介绍具有代表性的三个系统：Google 集群系统、OceanStore 系统和 Farsite 系统。

Google 集群系统由上万台 PC 通过网络交换机构建而成，因此设计者已将系统失效当成经常性事件看待。在 Google 的文件系统 GFS 中，有专门的副本管理机制依据当前的数据状态生成或替换数据副本。当某个数据节点出现故障时，包含该节点数据副本的其他节点可以立刻接替其数据服务业务，并且可以实现在线恢复。

OceanStore 系统构建在较为稳定的由服务商提供的节点集合上，为分布式存储系统提供高可靠性、高安全性的系统架构。系统假设每个节点都可能不可信，节点间通过协约保证互相提供持续的服务，使系统在整体上又是可靠的。系统中的数据是不断变化的，因此系统要能够自调整，并且系统中的数据是可以共享和全局可访问的，因此系统既能够保证数据私密性又能保证其完整性。与一般单一的数据保护机制不同的是，OceanStore 一方面使用纠删码存储归档的数据以减小空间和带宽消耗，另一方面使用完整副本来提高数据访问的效率。

微软的 Farsite 项目研究了一种无服务器式的分布式存储系统，它通过副本的方式提供数据的可靠性和可用性，并且具有很好的安全性和可扩展性。Farsite 研究的问题包括副本放置策略、副本度的确定、副本加密，并提出了重复数据删除的思想。

2.3　可靠性分析

构建可靠的系统一直是设计者所面临的巨大挑战。对于现代 IT 系统，为了保证系统的可靠性通常会增加 40%以上的总拥有成本。即使这样，面对大规模存储系统中大量的软硬部件，失效问题也不是意外或者小概率事件，因此必须研究各种部件出错的原因和概率分布(包括时间和空间两个方面)等，并考虑相应修复时间或者替换开销。

2.3.1　磁盘失效数据

Gibson 等分析了多个大规模产生系统中磁盘的取代记录，大约包含 10 万个磁盘，有些记录了整个磁盘的生存期(5 年)。这些磁盘包括各种类型，有 SCSI(Small Computer System Interface)、FC 和 SATA(Serial ATA)接口等。从它们厂商提供的规格来看，MTTF 的范围为 $1\times10^6\sim1.5\times10^6$h，进而得到每年的失效率大概为 0.88%。

但是，对这些实际数据进行分析可发现一些与人们平常理解磁盘失效的不同之处。首先，磁盘替换率远远大于厂商提供的规格失效率。对于生存期小于 5 年的磁盘，实际替换率是规格 MTTF 的 2～5 倍，对于生存期为 5～8 年的磁盘，替换率更是规格 MTTF 的 30 倍。其次，和人们直觉不一样，SATA 磁盘的替换率并不高于 SCSI 和 FC 磁盘。再次，在磁盘 5 年的生存期内替换率比日常认为的更具有波动性，一直假设磁盘的失效概率满足"浴盆"分布，也就是在开始几个月内有较高的失效率，其后 3～5 年内一直维持一个较低的失效率，而 5 年以后，失效率又会快速增加，而实际数据表明磁盘替换率从第二年开始就一直稳定地增加。最后，对磁盘初期的失效率进行观察，发现其也大于平时的估计。

在不同的系统之间，失效率有很大的不同，从每年 20 次到 700 次不等，失效间隔分布满足具有下降风险率的 Weibull 分布；平均的修复时间从小于 1h 到多于 1 天不等，修复时间满足对数正态分布。

以前研究者大多数假设失效过程满足 Poisson 分布，也就是两个失效是独立无关的，并且失效发生间隔满足负指数分布。但对磁盘和节点失效数据的统计发现，实际情况并不如此，磁盘失效率更加符合两个变量的 Weibull 分布。磁盘和节点失效也符合形状变量为 0.7 或者 0.8 的 Weibull 分布。

如果考虑到失效分布的不同，就必须重新对 RAID 系统的失效过程进行评估，使用 Weibull 分布代替负指数分布之后，发现原来估计的失效率比新情况下失效率小两个数量级，这一结果接近真实的失效数据。

除了磁盘完全失效之外，磁盘局部扇区的失效也会造成数据的丢失。由于磁盘包含很多复杂的机械和电子部件，每种部件有不同的可靠性。有很多因素会导致扇区的失效，包括介质的缺陷、磁簇的脱落、写操作造成介质的不正常模式、旋转振动、磁头刮伤介质和脱离磁道的读写。

磁盘的扇区失效，一般要到实际存取这些扇区数据时才能发现，通常称这为延迟扇区失效。事实上，延迟扇区失效对于存储系统平均数据丢失时间有很大的影响。Bairavasundaram 等对来自 5 万个系统的 153 万磁盘中 32 个月的数据进行分析发现，延迟扇区失效对于存储系统有影响，表现在以下几个方面。

(1)有 3.45%的磁盘发生过扇区失效。

(2)企业级磁盘比桌面磁盘有更低的扇区失效率，但发生过一次扇区失效的企业磁盘和桌面磁盘有相同的再次扇区失效概率。

(3)在所有磁盘中扇区失效率随着时间线性增加。

(4)对于企业级磁盘，每年扇区失效率在磁盘使用后的第一年和第二年增加，而桌面磁盘增加得更快。

(5)随着磁盘容量的增加，扇区失效率也相应增加。

(6)80%的发生扇区失效的磁盘，其总扇区失效数小于 50 次。

(7)扇区失效不是相互独立的，有扇区失效的磁盘比没发生过扇区失效的磁盘有更大的扇区失效概率。

(8)扇区失效具有很大的时间和空间局域性。

(9)磁盘定期扫描对于提前发现扇区失效是非常有效的，60%以上的失效能够被扫描出来。

(10)企业级磁盘在恢复扇区失效和扇区失效之间具有更高的关联度。

(11)桌面磁盘在非准备条件下的失效和扇区失效之间具有更高的关联度。

在检测到磁盘扇区失效后，磁盘固件选择空闲扇区重新映射到失效扇区的逻辑区块地址(Logical Block Address，LBA)。对于企业级磁盘，可以通过特定的管理软件手动配置重映射关系，而桌面磁盘会自动进行重映射。但是重映射机制只对于写操作有效，对于读操作，只能通过 RAID 重构方式获取丢失的数据。

检测扇区失效有两种方法：第一种方法是通过 SCSI 的核实命令检查扇区的完整性，它通过对扇区内容进行纠错编码(Error Correcting Code，ECC)检查来进行判断；第二种方法是使用读数据并计算 checksum 值，然后和磁盘上的 checksum 值进行比较，判断是否出现扇区失效。

2.3.2　分布式存储系统的可靠性结构和模型

分布式存储系统通常需要保证两个最基本的性能：数据的耐久性和可用性。数据的耐久性是指在系统中存储的数据不因为永久的节点故障而导致丢失，如磁盘故障等；而可用性意味着系统将能够及时取回数据对象。两者的区别是：一个可持久存储的数据(耐久性)可能当前并不可用(可用性)。例如，如果一个数据对象的唯一副本保存在一个存储设备中，而该设备目前断电，但总有一天会重新加入分布式存储系统中，那么这数据对象是持久的，但当前不可用。

保证数据可靠性主要依赖数据容错技术。容错是将数据以某种方式保存，以便在系统遭受破坏或其他特定情况下，利用备份数据来保持原始数据的可用性。"数据容错"包括如何定义数据的冗余类型、数量、地点和副本。例如，以下的一种基于复制的容错技术可以容忍两个节点失效：给一个数据对象复制三个副本，并在每个存储节点上放置一个副本，各个节点出错是相互独立的。任何特定的容错技术只能忍受有限的失效节点数量，否则该对象将永久丢失。因此"数据容错"的一个关键性问题是如何处理"数据修复"，以确保数据的耐久性。修复的目标是不断恢复因节点失效而丢失的存储数据。例如，基于上述提到的基于复制的容错技术，在两个节点失效的情况下，是按照如下过程进行修复的：系统选择两个可用的空闲节点，然后唯一存活的存储节点将自己的副本分别传输给这两个空闲节点，从而使得整个系统仍然保持可以容忍两个节点失效的容错。

当前，常用的两种数据容错策略为"复制(replication)"和"纠删码(erasure codes)"。2002 年，Weatherspoon 和 Kubiatowiez[14]定量比较了基于复制和基于纠删码的两类存储系统，指出当系统中节点的平均可用性为 0.5 时，若要保证在任意时间内文件可获得的概率大于 0.999，基于复制的策略需要 10 个原文件的副本，而使用纠删码所需要的存储开销仅为原始文件大小的 2.49 倍。2004 年，Utard 和 Vernois[15]通过一个简单的基于节点行为的随机模型发现：在节点可用性很低的情况下，基于复制的存储效率反而高于基于纠删码的存储效率。同年，Lin 等[16]给出了与文献[17]同样的结论，并且更进一步地指出：当节点的可用性与存储额外开销都无法精确描述时，复制往往是比纠删码更优的存储策略。Dabek 和 Li 等[17]通过实验结果给出基于纠删码的存储策略的另一个困境：接收节点的下载延迟受限于距离自己最远的发送节点；而复制策略只用接收离自己最近的发送节点的数据即可，下载延迟比其前者要小得多。在文献[19]中，研究者也认为在某些情况下，纠删码带来的好处不及它本身的缺陷，因此作者提出一种结合复制和纠删码的混合容错方案，从而有效地减少了系统的带宽消耗。在文献[20]中，清华大学的 Li 等设计了一类新的基于纠删码的编码方式"GRID codes"，该码基于分条机制，其中所有条被安排到不同维度的网格中。该码的优点是完全基于异或操作且结构极其规律：能提供 15 个甚至更高的容错；存储效率能达到 80%以上。在文献[21]中，Dimakis 等指出文献[19]中的方案由于采取混合策略，使得系统的容错方案变得复杂，所以反而降低了系统性能，他们提出了一种新的编码方式，称为"再生码(regenerating codes)"，该码利用增加存储的成本来降低带宽的消耗。Duminuco 结合文献[19]和文献[20]中的方法，提出了文献[22]一种基于纠删码的混合式容错方案，称为"分级编码(hierarchical codes)"。它同样是通过增加存储成本来降低带宽的消耗的。以上的"再生码"和"分级编码"均是基于线性网络编码理论的[19, 20]。

　　综上所述，对于两种主要的容错策略"复制"和"纠删码"来说，前者实现简单，但成本昂贵(带宽和存储开销)；后者更有效，但是实现起来很复杂。

2.3.3　集群存储系统的可靠性结构和模型

　　我们统计了来自美国国家实验室的节点失效统计数据，发现劳伦斯·利弗摩尔国家实验室的集群系统的 MTTF 和平均宕机时间分别为 3292h 和 27.92h。而来自美国能源科学计算中心的节点失效统计数据显示，其平均宕机是十分频繁的，为此在集群存储系统中必须提供相应的机制以保证存储系统的可用性。与之相比，普通服务器或者 PC 具有更低的可靠性。

　　在集群存储系统中，往往使用多副本机制或者纠删码保证系统的可用性。因此，对集群存储系统的可靠性进行研究，也可以通过马尔可夫(Markov)链描述节点的失效过程来实现。事实上，许多集群存储系统采用纠删码的形式进行多节点间的容错。即在容错范围内的节点失效时，系统可以通过纠删码立刻计算到相同容错组内所有的数据，而不需像采用副本方式一样产生一个个副本。

　　从数据丢失的角度看，如果每个节点把磁盘阵列作为存储子系统，那么其数据丢失过程也要考虑磁盘阵列的容错能力。因此，一般数据丢失过程必须经过节点失效、磁盘失效和扇区失效三个层次。层次间的变迁来自于上层的关键状态。通过定义每个状态之间的变迁条件和恢复速度，能够大致估计出系统可能的平均数据丢失时间(Mean Time to Data Loss，MTTDL)。

2.3.4　马尔可夫模型模拟系统运行

　　Markov 模型一直以来都成功地用在磁盘故障预测模型中。选择 Markov 过程是由于它是相对比较简单的分析模型。这种简单性出现的原因是 Markov 的性质——确定转移到下一个状态时只考虑系统的当前状态，而不用考虑系统的其他状态。Markov 过程这种只受到过去有限时间内的某个事件影响的随机过程特性，对研究存储系统很有意义。

　　一个 Markov 链是一个随机过程 $\{X(t), 0 \leqslant t\}$，随机变量 $X(t)$ 表示在时刻 t 时，该过程处于何种状态。该过程中所有可能的状态的集合称为状态空间。假设时间 t 是

离散的、不连续的，X_i 是一个随机的状态，则

$$p\{X_i = q_i \mid X_{i-1} = q_{i-1}, X_{i-2} = q_{i-2}, \cdots, X_0 = q_0\}$$

$$=p\{X_i = q_i \mid X_{i-1} = q_{i-1}\} \tag{2.1}$$

这种 Markov 的性质也可以延续到时间是连续的，如果 X_i 和 X_{i-1} 中间的时间间隔是趋近于无限小的，那么上述等式是成立的。

假设一个存储系统中存在确定数目的系统状态(状态 1~n)，并且在某一个特定的时刻这个系统处于一个特定的状态。系统的这些状态相互之间可以在任意的时间以特定的转移概率发生转移。如果这些转移概率的计算只依赖于系统的当前状态，而不受其历史状态的影响，可以用 Markov 模型来描述这个存储系统的状态转移过程。如果状态的转移过程只发生在固定的时间间隔，那么这个 Markov 过程是离散的；反之，如果状态转移过程可以发生在任何时刻，那么这个 Markov 过程是连续的。

在用 Markov 模型进行系统可靠性分析时，需要对其进行一些基本假设。

(1)引入吸收态的概念，表示其他健康状态到故障状态的转移，并且此状态将发生数据丢失现象。

(2)系统中的任何健康状态都可通过某种概率转移的方式转换到吸收态，这也就意味着，可以通过 Markov 模型得到任何健康状态到吸收态的转移概率。

(3)系统各个硬盘的寿命和修复时间均服从指数分布，即故障率 λ 和修复率 μ 均是常数。

(4)在时间区间 $(t, t+\Delta t)$ 内，未发生故障的硬盘发生故障的概率为 $\lambda \Delta t$。

(5)在时间区间 $(t, t+\Delta t)$ 内，尚未被修复的硬盘被修复的概率为 $\lambda \Delta t$。

(6)在时间 Δt 内出现两次或两次以上故障或修复的概率为零。

可以看出在 t 时刻损坏了的磁盘个数(包括正在修复和等待修复的磁盘)是一个时间连续、状态离散的 Markov 过程，并且是齐次的有限 Markov 过程。

为了计算系统可靠性，和系统中的单个产品类似，这里引入了系统可靠度 $R(t)$ 和系统平均数据丢失时间(MTTDL)这两个概念。前者表示系统在首次发生故障前正常工作的概率，后者表示系统首次发生故障前的时间的平均值。实际中常用 MTTDL 来表示系统的可靠性性能。

假设用 Markov 模型进行系统可靠性分析时，系统中共有 $n+1$ 个状态，其中系统处于正常工作的状态为：0 状态，1 状态，$\cdots$，k 状态，其余均为故障状态(即吸收态)。假设 $p_i(t)$ 表示在 t 时刻系统处于 i 状态的概率，假设 t 时刻系统处于正常工作状态的概率向量为

$$P_w(t) = [p_0(t), p_1(t), \cdots, p_k(t)] \tag{2.2}$$

t 时刻系统处于故障状态的概率为

$$P_F(t) = [p_{k+1}(t), p_{k+2}(t), \cdots, p_n(t)] \tag{2.3}$$

可以得到微分方程为

$$
\begin{bmatrix} \dfrac{\mathrm{d}P_w(t)}{\mathrm{d}t} \\ \dfrac{\mathrm{d}P_F(t)}{\mathrm{d}t} \end{bmatrix} = \begin{bmatrix} A & B \\ C & D \end{bmatrix}^{\mathrm{T}} \begin{bmatrix} P_w(t) \\ P_F(t) \end{bmatrix} = \begin{bmatrix} P - I \end{bmatrix}^{\mathrm{T}} \begin{bmatrix} P_w(t) \\ P_F(t) \end{bmatrix} \tag{2.4}
$$

其中，P 为系统状态转移概率矩阵；I 为单位矩阵。顾名思义，状态转移概率矩阵 P 由元素 $a_{ij}(0 \leqslant i \leqslant n,\ 0 \leqslant j \leqslant n)$ 组成，表示系统由状态 i 转换为状态 j 的概率，且易知 P 矩阵中的每行元素和均为 1。

在系统中，一旦发生故障的磁盘数目超过了系统的冗余度，系统将进入吸收态，此时除非对系统进行修复和重启，将不会再发生任何状态转移过程。因此矩阵 C 和矩阵 D 均是 0 矩阵，式 (2.4) 可以变换为

$$
\begin{bmatrix} \dfrac{\mathrm{d}P_0(t)}{\mathrm{d}t} \\ \dfrac{\mathrm{d}P_1(t)}{\mathrm{d}t} \\ \vdots \\ \dfrac{\mathrm{d}P_k(t)}{\mathrm{d}t} \end{bmatrix} = B^{\mathrm{T}} \begin{bmatrix} P_0(t) \\ P_1(t) \\ \vdots \\ P_k(t) \end{bmatrix} \tag{2.5}
$$

B 矩阵中的非对角线上的元素 $a_{ij}(0 \leqslant i \leqslant k,\ 0 \leqslant j \leqslant k,\ i \neq j)$ 是系统由一个正常工作状态转换到另一个正常工作状态的概率，且注意在矩阵 B 中对角线上的元素 $a'_{ij}(0 \leqslant i \leqslant k)$ 为

$$
a'_{ii} = a_{ii} - 1 = -\sum_{j=1(j \neq i)}^{n} a_{ij}, \quad 0 \leqslant i \leqslant k \tag{2.6}
$$

系统可靠度 $R(t)$ 为

$$
R(t) = p_0(t) + p_1(t) + \cdots + p_k(t) = \sum_{i=1}^{k} p_i(t) \tag{2.7}
$$

通过式 (2.7) 的拉普拉斯变换和逆变换，可以得出系统的 MTTDL 为

$$
\mathrm{MTTDL} = \int_0^{\infty} R(t)\mathrm{d}t = \int_0^{\infty} \sum_{i=1}^{k} p_i(t)\,\mathrm{d}t = -E \cdot (B^{\mathrm{T}})^{-1} \cdot P_0(0) \tag{2.8}
$$

其中，$P_0(0) = [p_0(0), p_1(0), \cdots, p_k(0)]^{\mathrm{T}} = [1, 0, \cdots, 0]^{\mathrm{T}}$ 表示在 0 时刻，系统的所有单元处于初始的正常状态；$E = [1, 1, \cdots, 1]$ 是一个单位矩阵。

综上所述，可以分析出利用 Markov 过程建立系统可靠性分析模型的方法。

(1) 建立 Markov 过程的状态转化图，在图中用圆圈表示目前的系统状态(包括磁盘健康状态和吸收态)，箭头表示系统之间状态的转移方向和概率。

(2) 根据 Markov 状态转化图列出 Markov 的系统工作状态转移概率矩阵 B。

(3) 最后根据式 (2.8) 计算系统的 MTTDL。

2.4　典型容错技术

存储系统的可靠性经常通过存储冗余数据来实现，当故障发生时，可以利用这些冗余数据来恢复源数据。最常用的数据冗余机制分为副本技术和纠删码技术两种。

2.4.1　副本

副本技术的原理是将一个数据单元进行复制，并将这些副本分布式地放置在分布式系统的多个节点上。副本技术可以提升系统的以下性能。

(1)分布式存储的容错能力随着其副本数的大小而提升。任意一个数据单元，其至数据单元和它的多个副本都发生故障时均可以通过它的其他副本将其恢复，提高了系统的可靠性和可用性。

(2)鉴于分布式存储中副本分布在不同的节点上，用户访问数据时可以动态地找到距离自己地理位置最近的副本，减少了数据的传输时间。因此可以考虑在用户聚集的地段放置副本，大大减少用户的访问时间。对于大文件，甚至可以通过多个副本进行并行读取，提高了用户读取文件的效率。

(3)分布式存储中将多个副本存放在不同服务器中，大量用户可以从不同的服务器的副本中获得同一份数据，这样做大大降低单个服务器因为大量访问要求而发生故障和阻塞的概率，保证了整个系统负载均衡。

另一方面，副本技术依然具有十分明显的缺陷，鉴于每个数据单元都有一个或几个副本，系统写操作的时间代价和带宽大大增加；另外，随着新数据单元的加入，系统的总数据量将呈线性增长，由此带来许多额外的硬件和人力开销。

副本技术在现今的分布式系统中得到广泛应用，比较典型的有 GFS 和 HDFS。GFS 主要由三部分组成：一个逻辑的 master 节点(元数据服务器)，负责整个文件系统的管理；多个 chunkserver 节点(数据服务器)，负责具体的数据存储工作；多个客户端(client)，负责运行各种应用。

存储在 GFS 中的文件被划分成固定大小的数据块(chunk)，master 在创建数据块时为其分配一个 64 位的唯一 ID。为了提高数据的可靠性和可用性，GFS 的数据块默认有三个副本(可以设定为更多)，分别存储在不同的数据块服务器上。对于每一个数据块，写操作要求所有相关副本全部成功写入 master 指定的地址中；当客户端提出一个读操作时，master 会在所有副本的地址中择优选择一个并对其数据进行读取；如果任一副本的数据发生故障，master 自动将它的副本复制到其他数据块服务器上。

一个典型的 GFS 集群一般具有多层的分布结构：GFS 根据地域分布为多个子群，子群由多个机架组成，单个机架中可能安装有数百个数据服务器。为了综合考虑云系统的网络带宽利用率、系统可靠性等因素，通常考虑在同一机架的两个不同数据块中设置两个副本，再将第三个副本放置在另一个机架中。

这种副本放置策略可以保证两点：①当任意一个机架因停电或损坏等原因发生故障时，可以用其他机架上的副本对其进行数据恢复，但会带来额外的写操作和更新操作的网络通信代价；②任意一个数据块发生故障时，可以依据就近原则用同一机架上的副本对其进行恢复，大大增强了每台服务器的网络带宽利用率。

2.4.2　纠删码

在现阶段研究下，副本的系统额外开销非常大，浪费了许多系统空间。因此需要研究容错性更好的冗余机制，纠删码技术应运而生，并因为其较高的系统空间利用率和较强的容错性能而越来越多地应用于大规模云存储系统中。

纠删码技术的原理是：首先将要存储的文件分割成 k 个数据单元，对其进行编码生成 m 个校验单元，通过将这 n ($n = k+m$) 个文件碎片分布到系统的不同节点中，实现冗余容错。只需从这些节点中获取 k' ($k' \geq k$) 个文件碎片就可以重构原始的存储文件。

纠删码可以分为 MDS 码和非 MDS 码。它们的主要区别在于 MDS 码的解码结果是确定性的，一定可以得到；而非 MDS 码则不是所有的磁盘阵列组合都能恢复源数据。

1) MDS 码

早期使用的纠删码技术是 $N+1$ 奇偶校验码，其中 N 块磁盘存储数据，一块磁盘存储校验结果，任何一块磁盘发生损坏都可以利用剩下 N 块磁盘的数据进行异或操作进行恢复。这种纠删码广泛应用于早期的 RAID 技术中，包括 RAID-3、RAID-4 和 RAID-5。随着存储系统规模的不断扩展，单容错的性能已远远不能满足系统可靠性的需要，其他能够满足更多容错性能的纠删码应运而生。目前研究比较成熟的 MDS 码有 RS（Reed-Solomon）码和 EVENODD 码、WEAVER 码，行对角线奇偶校验（Row Diagonal Parity，RDP）[24]码等阵列码。

RS 码适用于任意容错能力、任意规模大小的磁盘阵列，因此是存储系统中应用最为广泛的多容错编码。RS 编码是 MDS 码中唯一一个能够任意确定 k 个数据单元和 m 个校验单元的编码方法。它的算法构造基于伽罗瓦域上的运算，编码和解码过程都含有较多的有限域加法和乘法运算，所以 RS 码的校验计算复杂度很高。与 RS 码相比，EVENODD、WEAVER、RDP 等阵列码的编码和解码过程中仅使用异或（XOR）运算，所以它们的实现较简单并且计算性能较 RS 码提高了很多。但是这些阵列码的容错性能十分有限，不能满足任意 $k+m$ 的容错要求。

2）非 MDS 码

非 MDS 码的典型实例是低密度校验码（Low-Density Parity-Check Code，LDPC）。LDPC 是渐近 MDS 码，也就是说它的存储效率已经非常接近 MDS 码，并且 LDPC 的编码和解码操作也基于异或操作，所以它的运算性能和容错性能都比 MDS 码要好，唯一的缺点就是存在一定的误码率，不是所有磁盘阵列的错误都可以恢复。图 2-1 所示的是 LDPC 的编码原理。

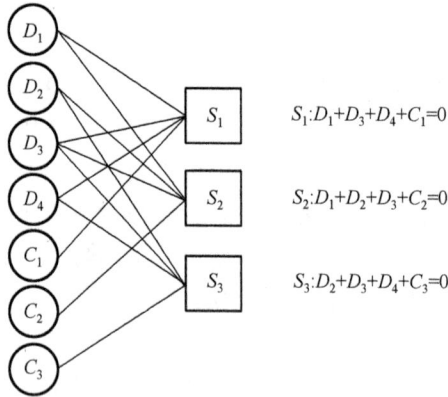

$S_1: D_1 + D_3 + D_4 + C_1 = 0$

$S_2: D_1 + D_2 + D_3 + C_2 = 0$

$S_3: D_2 + D_3 + D_4 + C_3 = 0$

图 2-1　LDPC 的编码原理

LDPC 的编码解码算法是构建在 Tanner 图的基础上的。Tanner 图左边是数据单元和检验单元的集合，右边的每一点代表左边所有相连点的异或之和为 0 的一个等式关系。LDPC 的编码过程就是按照 Tanner 图右边的公式进行简单数据单元组合的异或操作；解码过程时直接按照二分图的理论进行重构。

当前实际应用中有许多云存储系统均采用纠删码技术来提高系统的可用性和可靠性。例如，Facebook 在它们的云系统框架中使用纠删码代替传统的三副本策略，在保持集群可用性不变的情况下，节省了数 PB 的存储空间，Facebook 的实现方案（HDFS-RAID）目前已贡献给开源社区。HDFS-RAID 在 HDFS 的基础上实现了 RS 码，这样用户可以使用 RS 码替代三副本机制，减少存储空间的开销。HDFS-RAID 提供了基于 HDFS 的分布式 RAID 文件系统（Distributed RAID File System，DRFS），它的主要工作原理如下：RaidNode 根据用户的配置，从 NameNode 中获取符合要求的文件并从 DataNode 上读取文件数据块，计算出校验文件，并存储到 HDFS 中；当校验数据块计算完成，且校验文件存储到 HDFS 后，HDFS 将降低文件的副本数，以节省存储空间。另外，对于一些小的文件，RaidNode 并不会为其计算校验块，而是什么也不做，因为当文件较小时，副本方案与 RS 方案的存储成本开销相差不大，并不能起到节省存储空间的作用，反而降低了文件并行服务的能力，增加了数据块丢失时的恢复开销。

此外，微软在 Azure 云系统中最先使用（12+4）RS 算法的容错机制，每一组数据块都被分为 12 份，通过它们计算出 4 份冗余数据。现在为了减少数据恢复时的网络 I/O，微软采用了基于异或运算的 LRC（Locally Repairable Codes）策略，其核心思想为：将校验块分为全局校验块和局部校验块。微软 LRC（12，2，2）编码将一个数据块分为 12 份，并进一步将这 12 份待编码小数据块平均分为两组，每组均包括 6 个小数据块。为每组中的数据块分别计算出一个局部校验块，再为所有的 12 个数据块计算出两个全局校验块。这样，当任何一个数据块发生故障时，恢复代价由传统 RS（12，4）编码的 12 变为 6，恢复过程的网络 I/O 开销减半。

2.4.3　可靠性评估

在不同的发展阶段，人们对于系统可靠性关注的角度不同，产生了不同的描述参数，主要有可靠度、可维护度、可用度和可执行度以及 MTTF、平均修复时间（Mean Time to Repair，MTTR）和平均故障间隔时间（Mean Time Between Failure，MTBF）等。

（1）可靠度。

可靠度参数 $R(t)$ 定义为：系统在时刻 t_0 正常工作的条件下，在时间区间 $[t_0,\ t]$ 内正常工作的概率。这是通过一个系统能够正常工作的时间长短来描述系统的可靠性，即

$$R(t) = P\{x > t\} \tag{2.9}$$

不可靠度为

$$F(t) = 1 - R(t) \tag{2.10}$$

它主要应用于不可修复或极难修复的系统等。在可靠性发展的早期阶段，人们主要使用可靠度这个参数。

（2）可维护度。

随着可维修系统的出现和大量应用，人们又提出了维修性的概念。维修性是衡量系统发生故障时维修难易程度的一种指标，其定量测度称为可维护度（系统在失效后在时间间隔 t 内被修复的概率），记为 $M(t)$

$$M(t) = P\{X \leqslant t\} \tag{2.11}$$

（3）可用度。

可靠性与系统的生存周期有关，而维修性与系统的维修能力有关。1982 年，Tillman 等通过把这两者结合起来创造了一类反映系统有效性的参数，这就是系统的可用性（在任意时刻 t 系统正常工作的概率）。他们倡导：稳态可用度（Ass）作为系统的连续工作的令人满意的度量，平均可用度（$A(t_1,t_2)$）作为系统在一定周期内的度量，而在任意时刻的瞬时可用性（$A(t)$）是系统的最好的度量。

$$\overline{(A(t_1,t_2))} = \frac{1}{t_2 - t_1} \int_{t_1}^{t_2} 2A(t)\mathrm{d}t \tag{2.12}$$

$$\text{Ass} = \lim_{t \to \infty} A(t) \tag{2.13}$$

对于不可维修系统有 $A(t) = R(t)$。

(4) 可执行度。

可执行度 $P(L, t)$ 的定义是：系统在时刻 t 其性能保持在 L 级或 L 级以上水平的概率。它是把性能与可靠性结合起来的一项指标，其中引入了一个部分失效的概念。系统发生一定的故障，但并不影响系统的运行，只不过系统性能降了一定的等级。特别是提出基于质量的服务以来，可执行度的研究越来越受到重视。1978 年首次出现了可执行度分析的一个通用的框架，1980 年出现了更精彩的描述。

可执行度和可靠度的一个重要区别是：可靠度是衡量系统能够正确执行全部功能的可能性的一种指标，而可执行度则是衡量系统能正确执行最低限度功能的可能性的一种指标。

(5) MTTF、MTTR 和 MTBF。

MTTF 指系统发生故障前正常运行的平均时间，表示系统可靠性；MTTR 指用于修复系统和在修复后将它恢复到正常工作状态所用的平均时间，表示系统可维护性；MTBF 指两次故障之间间隔的平均时间。

对于存储系统而言，可靠性的度量标准有两个。

(1) 可靠度函数。

产品在 t 时刻的状态是一个随机变量，定义失效时间 T 为产品从 $t=0$ 时刻开始到首次发生故障的时间，那么显然失效时间 T 也为一个随机变量。

可靠度是指产品在规定的时间和条件内正常工作的概率，因此产品的可靠度 $R(t)$ 为

$$R(t) = P(T > t) \tag{2.14}$$

不可靠度 $F(t)$ 指产品在规定的时间和条件内发生故障的概率，那么 $F(t)$ 为

$$F(t) = 1 - R(t) = P(T \leqslant t) = \int_0^t f(u)\mathrm{d}u \tag{2.15}$$

其中，$f(u)$ 是故障概率密度函数。

(2) 平均失效时间。

在工业中，度量单个产品的可靠性通常用三个简化的可靠性参数来表示。

① MTBF，是指一个可修复产品在使用期间从开始工作到出现第一个故障(进行修复)的平均时间。通常来说，MTBF 值越高，系统可靠性越高。

② MTTF，是指系统平均能够正常运行多长时间，才发生一次故障。平均无故障时间越长，系统的可靠性越高。

③ MTTR，是指可修复产品的平均修复时间，就是从出现故障到修复完好中间的这段时间。MTTR 越短表示易恢复性越好，系统可靠性越高。

图 2-2 展示了 MTBF、MTTF 和 MTTR 三者之间的关系：对于一个简单的可维护的元件，MTBF=MTTF+MTTR。因为 MTTR 通常远小于 MTTF，所以 MTBF 近似等于 MTTF，通常由 MTTF 替代。

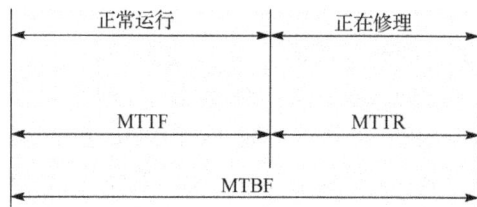

图 2-2 MTBF、MTTF 和 MTTR 的关系

2.5 本 章 小 结

数据日益成为社会生活运作的核心，因此其可用性受到更多研究的重视。高可用和高可靠的分布式存储系统是数据安全的重要保证。本章首先讨论一般系统的可用性和可靠性的概念，包括其度量。其次考虑到冗余是保证数据可用性的一般手段，本章介绍了常用的数据冗余机制及其分类。最后，讨论了存储系统的一般可用性建模方法，并详细描述了使用 Markov 链进行建模的过程。

参 考 文 献

[1] Patterson D A, Gibson D A, Gahr H. A case for redundant arrays of inexpensive disks (RAID). Proceedings of the International Conference on Management of Data, 1988: 109-116.

[2] Gbison G A, Hellerstein L, Karp R M, et al. Failure correction techniques for large disk arrays. ACM SIGARCH Computer Architecture News, 1989, 17(2): 148-160.

[3] Gibson G, Patterson D. Designing disk arrays for high data reliability. Journal of Parallel and Distributed Computing, 1993, 17(12): 4-27.

[4] Blaum R M R. On lowest density MDS codes. IEEE Transactions. on Information Networking and Applications, 2003, 1(45): 46-59.

[5] Hafner J, Center I, San Jose C. HoVer erasure codes for disk arrays. International Conference on Dependable Systems and Networks (DSN), 2006: 217-226.

[6] Hafner J. WEAVER Codes: Highly fault tolerant erasure codes for storage system. Proceedings of the 4rd USENIX Conference on File and Storage Technologies, 2005: 1-14.

[7] Huang C, Xu L. STAR : An efficient coding scheme for correcting triple storage node failures. IEEE Transactions on Computers, 2007, 57(7):889-901.

[8]　Korn D, Krell E. The 3-D file system. Proceedings of the USENIX Summer Conference, 1989:671-683.

[9]　Gifford D, Needham R, Schroeder M. The Cedar file system. Communications of the ACM, 1988, 31(3):288-298.

[10]　Santry D, Feeley M J, Hutchinson N C, et al. Deciding when to forget in the elephant file system. ACM SIGOPS Operating Systems Review, 1999, 33(5):110-123.

[11]　Rhea S, Eaton P, Geels D, et al. Pond: The OceanStore prototype. Proceedings of the 2nd USENIX Conference on File and Storage Technologies, 2003, s 281-282(4): 1-14.

[12]　Soules C, Goodson G R, Strunk J D, et al. Metadata efficiency in versioning file systems. Proceedings of USENIX Conference, 2003:43-58.

[13]　Muniswamy K K, Charles P W, Andrew H, et al. A versatile and user oriented versioning file system. Proceedings of the 3rd USENIX Conference on FAST, 2004: 115-128.

[14]　Weatherspoon H, Kubiatowicz J. Erasure coding vs. replication: A quantitative comparison. Proceedings of IPTPS, 2002, 2429: 328-337.

[15]　Utard G, Vernois A. Data durability in peer to peer storage systems. Proceedings of IEEE GP2PC'04, 2004, 6(3-4): 90-97.

[16]　Lin W K, Chiu D M, Lee Y B. Erasure code replication revisited. Proceedings of IEEE P2P'04, 2004: 90-97.

[17]　Dabek F, Li J, Sit E, et al. Designing a DHT for low latency and high throughput. Proceedings of NSDI, 2004, 1:85-98.

[18]　Ahlswede R, Cai N, Li S Y R, et al. Network information flow. IEEE Transactions on Information Theory, 2000, 46: 1024-1016.

[19]　Li S Y R, Yeung R W, Cai N. Linear network coding. IEEE Transactions on Information Theory, 2003, 49: 371-381.

[20]　Li M Q, Shu J W, Zheng W M. GRID codes: Strip-based erasure codes with high fault tolerance for storage systems. ACM Transactions on Storage, 2009, 4(4):1-22.

[21]　Dimakis A G, Godfrey P G, Wainwright M J, et al. Network coding for peer-to-peer storage. Proceedings of IEEE INFOCOM, 2010: 1-6.

[22]　Duminuco E B A. Hierarchical codes: How to make erasure codes attractive for peer-to-peer storage systems. Proceedings of the 8th International Conference on Peer-to-Peer Computing, 2008, 4(4):89-98.

[23]　Rodrigues R, Liskov B. High availability in DHTs: Erasure coding vs. replication. IPTPS, 2010, 3640: 226-239.

[24]　Corbett P. Row diagonal parity for double disk failure correction. Proceedings of the Third USENIX Conference on File and Storage Technologies, 2004: 121-144.

第 3 章　传统纠删码

为了介绍传统纠删码，本章需要首先介绍一些基本的代数知识。近世代数又称抽象代数，是研究代数结构性质的学科。代数结构是带有运算的集合，是满足一定规律的系统。运算对象可以是数，也可以是矢量、矩阵等。群、环和域是最基本的代数结构。

3.1　基　本　原　理

3.1.1　群

群是抽象代数中具有一定代数结构的概念，这种代数结构会在抽象代数中出现很多次。在我们熟悉的代数运算中也有很多有趣的群的例子。因此，我们研究抽象代数共有的代数结构，介绍群的概念，而不是研究每一个具体的例子。

对于一个集合 G，如果其具备以下 4 点性质，那么这个集合就是一个**群**（**group**）。

（1）加法封闭性：对任意元素 $a,b \in G$，都有 $a+b \in G$。

（2）加法结合律：对任意元素 $a,b,c \in G$，都有 $(a+b)+c = a + (b+c)$。

（3）单位元：存在一个单位元 e，使得对任意元素 $a \in G$，都有 $a+e=e+a=a$。

（4）逆元：对任意元素 $a \in G$，总有一个逆元 $a^{-1} \in G$，使得 $a+a^{-1} = a^{-1}+a=e$。

定义中的运算"+"若为普通加法，则 $a+b$ 记为 $a+b$。此时的单位元 e 记为 0，其可以是数值 0，也可以是零矢量或零矩阵，而逆元 a^{-1} 就是 $-a$。G 称为**加法群**或**加群**。

若运算"+"为普通乘法，则 $a+b$ 记为 ab。此时的单位元 e 记为 1，其可以是数值 1，也可以是恒等变量或单位矩阵，而逆元 a^{-1} 就是 $1/a$。G 称为**乘法群**或**乘群**。

若群 G 满足以下第 5 个性质。

（5）交换律：对任意元素 $a,b \in G$，都有 $a+b=b+a$。

则称 G 为**交换群**或 **Abel 群**。由于矩阵乘法一般情况下都不满足乘法交换律，所以加群总是交换群而乘群则不一定。

例 3.1　全体整数集合 $\mathbb{Z}$ 对普通加法构成交换群，单位元是 0，元素 a 的逆元是 $-a$。全体整数集合 N 对乘法运算不构成群，因此无乘法逆元。

3.1.2　环和域

若在某交换群 R 增加一个乘法运算，且满足以下条件。

（6）乘法封闭性：对任意元素 $a,b \in F$，都有 $ab \in F$。

（7）乘法结合律：对任意元素 $a,b,c \in F$，都有 $(ab)c = a(bc)$。

(8)乘法分配律：对任意元素 $a,b,c \in F$，都有 $(a+b)c=ab+ac$ 和 $a(b+c)=ab+ac$。则称 R 是一个**环**(ring)。

概括的说，一个交换群是一个可以做加法和减法运算的集合，一个环是一个可以做加法、减法和乘法运算的集合。而更严谨的一个代数结构称为域，在域中可以做加法、减法、乘法和除法运算。

若某交换加群的全体非 0 元素构成交换乘群，乘法单位元为 1，加法单位元为 0，且满足上述条件(5)，则称 F 是一个**域**(field)。

综合来讲，若某集合 F 满足以上条件(1)～(8)，并且满足以下条件。

(9)乘法交换律：对任意元素 $a,b \in F$，都有 $ab=ba$。

(10)乘法零元：F 中只有一个元素 0，使得对任意元素 $a \in F$，都有 $a0=0a=0$。

(11)乘法幺元：F 中只有一个元素 1，使得对任意元素 $a \in F$，都有 $a1=1a=1$。乘法逆元：对任意非零元素 $a \in F$，总有一个元素 $b \in F$，使得 $ab=ba=1$，此时 a 和 b 互为乘法逆元，并记为 $b=a^{-1}$。

(12)加法交换律：对任意元素 $a,b,c \in F$，都有 $a+b = b+a$。则 F 构成一个**域**(field)。

由全部有理数构成的集合，具备上述所有的性质，则称为有理数域，它具备上述所有的性质。类似地，实数域、复数域也都具备以上所有性质。而全部整数构成的集合不满足"乘法逆元"这个条件，所以无法构成一个域。

一个元素个数有限的域，称为**伽罗瓦域**(**Galois Field**)或者**有限域**。

有限域中元素的个数为一个质数或者一个质数的幂，记为 $GF(p^n)$，其中 p 为质数，n 为正整数。密码学中用到很多有限域中的运算，因为可以保持数在有限的范围内，且不会有取整的误差。

最简单的域为二元有限域 GF(2)，域中只有两个元素 0 和 1。其中加法运算是异或运算，乘法运算是与运算。GF(2) 的运算方式如下。

加法	0	1
0	0	1
1	1	0

乘法	0	1
0	0	0
1	0	1

常用的有限域有 $GF(p)$ 和 $GF(2^n)$。

$GF(p)$ 是整数集合 $Z_p=\{0,1,\cdots,p-1\}$ 具有模质数 p 的代数运算。

其中的加法和乘法都是带有模质数 p 的整数加法和整数乘法。为了避免混淆，这里定义 $\oplus$ 为有限域加法，$\otimes$ 为有限域乘法，+为普通加法，−为普通减法，×为普通乘法，mod 为取余运算或模运算。

对任意的元素 $a,b \in GF(p)$，都有
$$a \oplus b = (a+b) \bmod p$$

$$a \otimes b = (ab) \bmod p$$

a 的加法逆元为

$$-a = (-a) \bmod p$$

求 a 的乘法逆元需要解方程

$$(a \times a^{-1}) \bmod p = 1$$

写成不定方程的形式就是

$$ax + py = 1, \quad a^{-1} = x \bmod p$$

有限域上的多项式介绍如下。

（1）对于某多项式，若其系数是 GF(q) 中的元素，则其称为**有限域上的多项式**，表示为 $f(x) = \sum_{i=0}^{n} f_i x^i$。

（2）最大项次数的系数为 1 的多项式称为**首一多项式**。多项式 $g(x)$ 的最大项次数有时也称为次数，表示为 $\partial g(x)$。

有限域上多项式的相等，以及加法、乘法运算和普通代数多项式的相同。对于 GF(2) 上的多项式，因为其是模 2 运算，加与减相同，所以有 $x^i + x^i = 0$，$f_i + f_i = 0$，$f_i^2 = f_i f_i = f_i$。

（3）GF(q) 上次数大于 0 的多项式 $f(x)$，若除了常数和其自身的常数倍之外，不能再被 GF(q) 上的其他多项式除尽，则称 $f(x)$ 为 GF(q) 上的**既约多项式**或**不可约多项式**。

3.1.3　多项式剩余类环

定义 3.1　$g(x)$ 是 GF(q) 上的多项式（$\partial g(x) > 0$，$\partial g(x)$ 表示 $g(x)$ 的最大项次数），若基于有限域 GF(q) 上的两个多项式 $a(x)$ 和 $b(x)$ 被 $g(x)$ 整除时有相同的余数，即 $a(x) = q_1(x)g(x) + r(x)$，$b(x) = q_2(x)g(x) + r(x)$（$\partial r(x) < \partial g(x)$ 或 $r(x) = 0$），则称 $a(x)$ 和 $b(x)$ 关于模 $g(x)$ **同余**，记为 $a(x) \equiv b(x) \pmod{g(x)}$。

定义 3.2　在定义 3.1 的基础上，将 GF(q) 上的全部多项式按模 $g(x)$（$g(x)$ 的次数为 m，$m > 0$）有相同的余式 $r(x)$（$\partial r(x) < \partial g(x)$ 或 $r(x) = 0$）进行分类，得到 q^m 个集合 $r(x)^*$，其中 $r(x)^*$ 是由形如 $q(x)g(x) + r(x)$ 的多项式组成的（$q(x)$ 是任意多项式），则称 $r(x)^*$ 为**模 $g(x)$ 剩余类**。

在定义 3.2 的基础上，模 $g(x)$ 的多项式剩余类集合构成一个环，称为**多项式剩余类环**。

给定 GF(q) 上的 m 次首一既约多项式 $g(x)$（$m > 0$），则模 $g(x)$ 的多项式剩余类环是一个有 q^m 个元素的有限域 GF(q^m)。

3.1.4　有限域的结构和构造

1. 有限域的乘法结构

域的全体非 0 元素集合构成交换乘群，域中元素的级记为该**乘群元素的级（order）**。

域中全体元素集合构成交换加群。

若 α 是域 $GF(q)$ 中的 n 级元素，则称 α 为 n 次单位原根。若在 $GF(q)$ 中，某元素 α 的级为 $q-1$，则称 α 为**本原域元素**，简称**本原元（primitive element）**。

2. 有限域的加法结构

根据域的定义，域必有乘法单位元 1，若进行 $1+1+\cdots+1$ 运算，对无限域来说，则有可能 $n\times1\neq0$，但在有限域中，$1+1+\cdots+1=0$，否则该域必成为无限域，如在 $GF(2)$ 中，$1+1=0$。

（1）满足 $n\times1=0$ 的最小正整数 n，称为域的特征。如果对于每一个 n，恒有 $n\times1\neq0$，则称该域的特征为 ∞。

（2）域 $GF(p^m)$（$m=1,2,\cdots$）的特征为 p，称 $GF(p)$ 是 $GF(p^m)$ 的基域，$GF(p^m)$ 为 $GF(p)$ 的扩域，称 $GF(p)$ 为素子域，素子域中的元素称为域整数。

（3）若多项式 $f(x)$ 以 β 为根，则称 β，β^p，β^{p^2} … 为**共轭根系**。

（4）系数取自 $GF(p)$ 上，且以 β 为根的所有首一多项式中，必有一个次数最低的多项式，称为**最小多项式**，记为 $m(x)$。

（5）系数取自 $GF(p)$ 上，以 $GF(p^m)$ 中本原元为根的最小多项式，称为**本原多项式**。

（6）$f(x)$ 是 $GF(p)$ 上次数大于 1 而零次项不为 0 的多项式，称满足 $f(x)\,|\,(x^n-1)$ 的最小正整数 n 为 $f(x)$ 的周期，记为 $p(\,f\,)=n$。

3. 用本原多项式构造有限域

下面以有限域 $GF(2^4)$ 为例，给出用本原多项式构造有限域的方法。通过查表 $GF(2)$ 上最高次小于 100 的本原多项式可以知道，4 次多项式 x^4+x+1 是 $GF(2)$ 上的本原多项式。设 α 是 4 次本原多项式 x^4+x+1 的根，则 α 是 $2^4-1=15$ 级元素，$\alpha^{15}=1$，也就是说，元素 $\alpha^0=1$，α^2，$\cdots$，α^{14} 互不相同。因此，元素 0，1，α^1，α^2，$\cdots$，α^{14} 是有限域 $GF(2^4)$ 的全部 16 个元素。

由 $\alpha^4+\alpha+1=0$ 得 $\alpha^4=\alpha+1$。利用恒等式 $\alpha^4=\alpha+1$ 可以将 α^i 表示为本原元 α 的 3 次多项式的形式，而这些多项式可用其系数组成的 4 重矢量表示。例如，$\alpha^4=\alpha+1$ 的 4 重是 1100。因此，有限域 $GF(2^4)$ 的元素的表示方法有 α 的幂次、α 的多项式、α 多项式的系数和多项式剩余类等方法。在编码理论中主要使用前三种表示方法。

3.1.5 线性编码

1. 线性组合

令 F 为一个域，F^n 表示拥有 n 个元素向量构成的集合，并且每个元素都在域 F 中。设 s 个向量组，$\alpha_1,\alpha_2,\cdots,\alpha_n\in F^n$，$\forall k_1,k_2,\cdots,k_s\in F$，则称 $\beta=k_1\alpha_1+k_2\alpha_2+\cdots+k_n\alpha_n$ 为 $\alpha_1,\alpha_2,\cdots,\alpha_n$ 的一个线性组合，并且，$k_1,k_2,\cdots,k_s$ 是该线性组合的系数。

注意，对任意的向量组 $\alpha_1, \alpha_2, \cdots, \alpha_n$，只要令 $k_1, k_2, \cdots, k_s$ 全部为 0，都可以得到零向量，所以零向量是所有非空向量组的一个线性组合。

2. 线性相关

对向量组 $\alpha_1, \alpha_2, \cdots, \alpha_s$，如果存在一组不全为零的系数 $k_1, k_2, \cdots, k_s$，使得 $k_1\alpha_1 + k_2\alpha_2 + \cdots + k_s\alpha_s = 0$，那么，称向量组 $\alpha_1, \alpha_2, \cdots, \alpha_s$ 线性相关。如果这样的关系不存在，即上述向量等式仅当 $k_1 = k_2 = \cdots = k_s = 0$ 时才能成立，就称该向量组线性无关。

上面的一种等价的定义是：如果向量组 $\alpha_1, \alpha_2, \cdots, \alpha_s(s > 1)$ 中至少有一个向量可以表示为其他向量的线性组合，则向量组线性相关；否则为线性无关。

3. 线性编码

当分组码的信息码元与校验码元之间的关系为线性相关时，这种分组码就称为线性分组码，包括汉明码和循环码。

在线性分组码中，两个码字对应位上数字不同的位数称为码字距离，简称距离，又称汉明距离。

编码中各个码字间距离的最小值称为最小码距 d，最小码距是衡量码组检错和纠错能力的依据，其关系如下。

(1) 为了检测 e 个错码，则要求最小码距 $d > e+1$。

(2) 为了纠正 t 个错码，则要求最小码距 $d > 2t+1$。

(3) 为了纠正 t 个错码，同时检测 e 个错码，则要求最小码距 $d > e+t+1$，$e > t$。

线性分组码是建立在代数群论基础上的，各许用码字的集合构成了代数学中的群，它们的主要性质如下。

(1) 任意两许用码字之和(对于二进制码，这个和的含义是模二和)仍为一个许用码字，也就是说，线性分组码具有封闭性。

(2) 码字间的最小码距等于非零码的最小码重。

3.1.6　纠删码

纠删码起源于通信传输领域，由于其数学特性，逐渐应用于大规模存储系统中，特别是分布式存储环境，实现数据的冗余保护。相较于复制策略，纠删码技术在相同可靠性条件下可以最小化冗余存储，学术界和工业界已将纠删码广泛应用于分布式文件系统。例如，卡耐基梅隆大学研究的 DiskReduce[1]、Facebook 的 HDFS-RAID[2]、谷歌的 Colossus[3]、微软的 Azure[4] 存储系统均采用纠删码实现了更经济的可靠性。

纠删码(erasure code)作为一种前向错误纠正技术主要应用在网络传输中避免包的丢失，存储系统利用它来提高存储可靠性。将要存储在系统中的文件分割成 k 块，然后对其编码得到的 n 个文件分片并进行分布存储，则只需存在 k 个可用的文件分片，就可以重构出原始文件，如图 3-1 所示。纠删码的空间复杂度和数据冗余度较低，若文件分为 k 块，编码后得到的 n 个分块，需要存放在 n 个系统节点上，消耗 n/k 倍的存储资源。纠删码能提供很高的容错性和很低的空间复杂度，但编码方式较复杂，需要大量计算。

1. 基本原理

纠删码的基本原理如图 3-1 所示，存储原始文件 O，首先将其切分成 k 个数据块，记为 O_1，O_2，$\cdots$，O_k，然后编码生成 n 个编码块，记为 B_1，B_2，$\cdots$，B_n，$n>k$，最后将这 n 个编码块按照一定的放置规则分别存储在不同的节点上。编码过程中生成了冗余数据，当系统中有存储节点失效时，只要留下足够的编码块就可以利用这些剩余的编码块恢复出丢失的数据，维持系统的冗余度。若 n 个编码块中任意 k 个块即可重构原始文件 O，则这种纠删码满足最大距离可分（Maximum Distance Separable，MDS）特性[5]，在可靠性和冗余的权衡上达到最优，最常用的编码方法是 RS 码[6]。

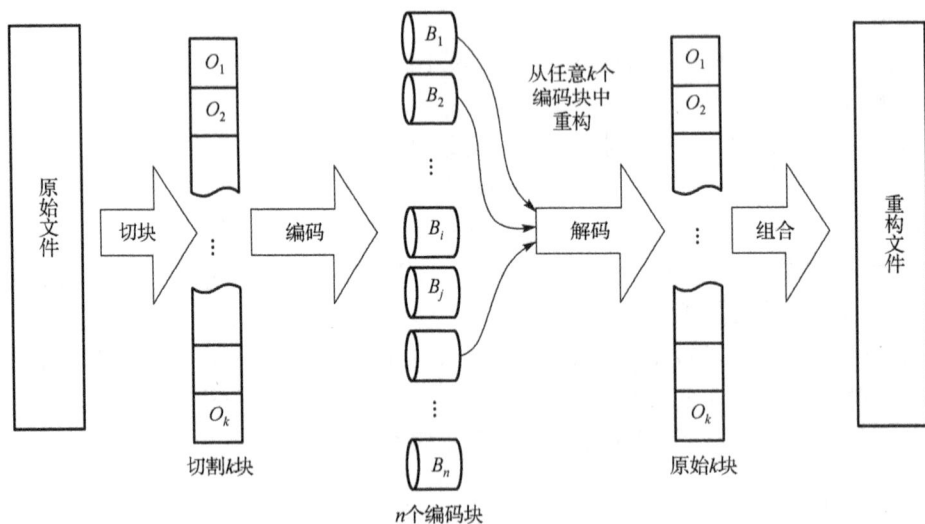

图 3-1 纠删码编解码过程示意图

2. 基于纠删码的分布式存储模型

在分布式存储系统中，数据分布在多个相互关联的存储节点上，通常情况下，映射生成的编码块需要存储在不同的节点上。图 3-2 给出了一种基于纠删码的分布式存储模型[7]，假设系统中含有 n 个存储节点，其中 k 个是数据节点，m 个是编码节点，即满足 $n = k + m$。k 个数据节点存储原始数据块，标记为 $D_0, D_1, \cdots, D_{k-1}$；$m$

个编码节点存储编码数据块，标记为 $C_0, C_1, \cdots, C_{m-1}$。纠删码算法需要将原始文件切割成 k 等份后依次存储在 k 个数据节点中，并将编码生成的 m 份放入 m 个编码节点。当存储大文件时，需要对原始文件进行二次切割，即每次从文件中读取指定大小的数据量进行编码，我们将一次编码过程中涉及的原始数据和编码数据称为一个条带。一个条带独立地构成一个编码的信息集合，不同条带之间相互无关。但是，逻辑上的条带与实际物理节点的对应关系并不是恒定不变的，可以通过条带的轮转实现数据存储负载均衡。

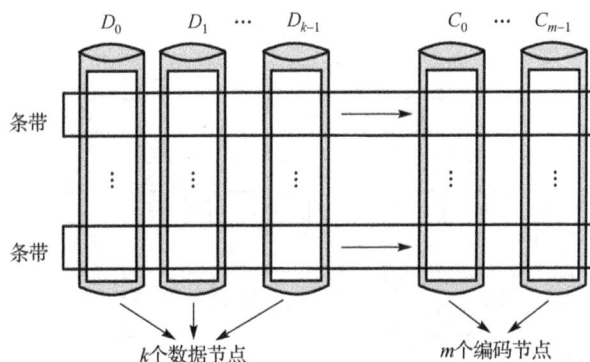

图 3-2　基于纠删码的分布式存储模型

与复制策略相比，纠删码策略可以有效地降低维持可靠性所需的存储开销，提供令人满意的存储效率[8]。

3. 纠删码技术的缺陷

纠删码虽然提高了分布式存储系统的存储效率，然而基于纠删码的容错技术未能在实际的大规模分布式存储系统中真正应用，除了其结构较复制策略复杂外，纠删码本身在数据恢复时存在致命的缺陷。在基于纠删码的分布式存储系统中，当一个节点失效时，为维持系统冗余度，新节点需要首先从 k 个节点中下载全部数据恢复出原始文件，再重新编码生成失效的数据，这个过程中传输的数据量是失效数据的 k 倍。当节点在网络中分布较分散时，节点的修复需要消耗大量的网络带宽。这一缺陷在普通分布式系统中已有制约，在大数据环境下，数据量和存储节点都成倍甚至呈几何级增长时更为明显。同时，需要的下载量太大势必会导致节点修复过程变慢，对于不断发生故障的分布式存储系统来说，节点的修复速率直接影响到系统可靠性。如果修复速率过慢，甚至赶不上节点发生故障的速度，那么系统将无法维持其可靠性。据 Facebook 在 HotStorage'13 上发布的论文指出，纠删码的低效修复已经成为限制其广泛应用的瓶颈所在[9]。

针对纠删码的修复问题，Rodrigues 提出了一种混合策略(hybrid strategy)[8]：采用纠删码的同时维护一个副本，从而有效减少修复带宽。然而，这种混合策略节省带宽有限，存储开销大，同时使得系统设计复杂化。Dimakis 等[10]创造性的将网络编码应用于分布式存储，提出再生码(regenerating codes)的概念，显著降低了修复带宽。

4. 纠删码的分类

目前，纠删码技术在分布式存储系统中得到研究的主要有阵列纠删码、RS 类纠删码和 LDPC 纠删码等，如图 3-3 所示。

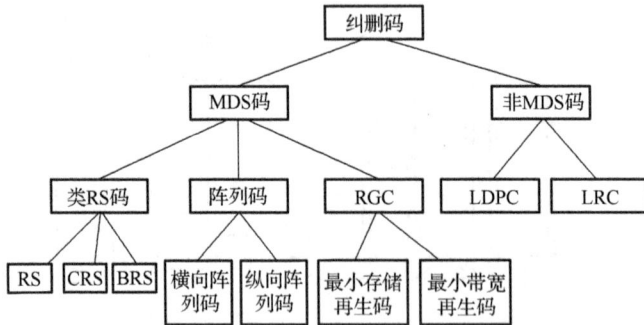

图 3-3   纠删码分类

1) RAID 磁盘阵列

RAID 是把相同的数据存储在多个硬盘的不同的地方(这并不算是纠删码，但是与纠删码密切相关)。通过把数据放在多个硬盘上，输入输出操作能以平衡的方式交叠，改良性能。因为多个硬盘增加了 MTBF，存储冗余数据也增加了容错。

RAID-5：分布式奇偶校验的独立磁盘结构，它的奇偶校验码存在于所有磁盘上，其中的 p_0 代表第 0 带区的奇偶校验值。读出效率很高，写入效率一般，块式的集体访问效率不错。因为奇偶校验码在不同的磁盘上，所以提高了可靠性。但是它对数据传输的并行性解决不好，而且控制器的设计也相当困难。

RAID-6：带有两种分布存储的奇偶校验码的独立磁盘结构，是对 RAID-5 的扩展，可在同一数据集上恢复两个数据错误。当然了，由于引入了第二种奇偶校验值，所以需要 N+2 个磁盘，同时对控制器的设计变得十分复杂，写入速度也不好，用于计算奇偶校验值和验证数据正确性所花费的时间比较多，造成了不必要的负载。

2) RS 编码

RS 编码是第一种可以满足任意的数据磁盘数目 k 和冗余磁盘数目 m 的 MDS 的编码方法。RS 编码起源于 1960 年，经过长期的发展已经具有较为完善的理论基础。

RS 编码是在 Galios 域 GF(2^w)上进行所对应的域元素的多项式运算，包括加法运算和乘法运算的编码方式，它属于横式编码。RS 编码通常分为两类：一类是范德蒙德 RS 编码(Vandermonde RS codes)，另一类是柯西 RS 编码(Cauchy RS codes)。范德蒙德 RS 编码使用的生成矩阵是范德蒙德矩阵而柯西 RS 编码所用的生成矩阵则为柯西矩阵。这一类的典型编码有 RS 码[3]、CRS 码[1]。

3) RGC

再生码(Regeneration Codes，RGC)拥有与 RS 编码相同的 MDS 属性，可以认为是 RS 编码衍生出来的一个分支。再生码应用线性网络编码思想，利用最大流最小割属性来改善修复一个编码模块所需要的开销，从网络信息论上可以证明在网络带宽开销和丢失模块数据量相同的时候，可修复丢失模块。所以再生码能够做到修复一个丢失的编码模块只需要一小部分的数据量，而不需要重构整个文件。再生码主要思想还是利用 MDS 属性，当网络中一些存储节点失效时，也就相当于存储数据丢失，需要从现有有效节点中下载信息来修复丢失的数据模块，并将其存储在新的节点上。随着时间的推移，很多原始节点可能都会失效，一些再生的新节点可以在自身再重新执行再生过程，继而生成更多的新节点。

4) 阵列码

与 RS 编码相比，阵列码(array code)完全基于异或运算，这是纠删码研究的重点。阵列码的含义就是将原始的数据和冗余都存储在一个 2 维或者多维的阵列中。与传统的 RS 编码相比，在阵列码中仅使用异或操作实现，编码更新以及重构的过程都相对比较简单，因此应用也最广。下面介绍阵列码的两个分支：横式阵列码和纵式阵列码。

横式阵列码(horizontal parity array codes)是指冗余独立于数据条块单独存储在冗余条块中的阵列编码方式。它的结构特点是让冗余单独存放在独立的磁盘中，这些磁盘称为冗余磁盘，而让剩下的磁盘专门用于存储数据。这样的排布方式使得整个磁盘阵列具有非常好的可扩展性。横式阵列码的容错率一般都不是很大，如容错率为 2 的编码包括 EVENODD[11]、RDP[12]、Liberation Code 等。容错率大于 2 的编码目前还研究得较少，但是也涌现了一些成果，如 STAR 和 Triple-Star[13] 编码等。

纵式阵列码(vertical parity array codes)是指冗余存储在数据条块中的阵列编码方式，即在纵式编码中某些条块中既存储了数据元素又存储了冗余元素。纵式阵列码一般都具有较简单的几何构造结构，其计算复杂度的开销均匀地分摊到各块磁盘上。在横式编码中连续不断的写操作会带来磁盘热点非常集中的瓶颈问题，即冗余数据盘在连续的写操作中会连续用到，而在纵式编码中由于其结构上的均衡性，这一瓶颈得到了天然的解决。但是纵式编码的均匀性也导致了磁盘相互之间的依赖性很强，这也就导致了其可扩展性很差。随着研究的深入，各种各样的纵式编码被陆续提出，如 X-code[14]、B-code[15]、P-code、WEAVER 等。

5）LDPC

LDPC 是又一类所有运算过程均完全基于异或（XOR）运算的编码。LDPC 不是 MDS 的编码，但是它非常接近 MDS 的存储效率，因此可以认为是渐近 MDS（asymptotically MDS），该编码在空间上的损失同样换来了计算效率上的优势，从计算效率上来看，LDPC 编码比其他的 MDS 编码要快得多，运算复杂度可以达到 $O(m)$（其中 m 表示 LDPC 编码所在的图上的边数）。

6）LRC

局部可修复码（Locally Repairable Codes，LRC），LRC 也是渐近 MDS 的，不具备 MDS 属性，但其简单的编码方式，可以带来比 RS 码更加快速的编码和修复速度，是近年来热门的纠删码之一。

3.1.7　MDS 码

1. 定义

本节考虑对给定的冗余度 r，找到最大可能的最小距离 $d*$。

定理 3.1　一个 $(n,\ n-r,\ d*)$ 码满足 $d* \leqslant r+1$。

证明　由 Singleton 界得到 $d* \leqslant n-k+1$。将 $k=n-r$ 代入即得 $d* \leqslant r+1$。

定义 3.3　一个 $(n,\ n-r,\ r+1)$ 码称为 MDS 码。一个 MDS 码是冗余度为 r，最小距离等于 $r+1$ 的线性码。

2. 范德蒙德矩阵

范德蒙德矩阵，其构造时需要注意以下条件。

（1）矩阵是方阵。

（2）每一行使用的都是同一个 x_i，其中 x_i 可以是实数，或者有限域中的元素。

（3）每一列使用的都是同一个指数，并且从左到右的指数必须是自然数列：0，1，2，3，4，…

只有满足以上条件，才能得到范德蒙德矩阵。例如，下面的 4 阶范德蒙德矩阵

$$V = \begin{bmatrix} x_0^0 & x_0^1 & x_0^2 & x_0^3 \\ x_1^0 & x_1^1 & x_1^2 & x_1^3 \\ x_2^0 & x_2^1 & x_2^2 & x_2^3 \\ x_3^0 & x_3^1 & x_3^2 & x_3^3 \end{bmatrix}$$

范德蒙德矩阵的性质如下。

（1）范德蒙德矩阵的转置矩阵也是范德蒙德矩阵。

（2）范德蒙德矩阵的行列式可以表示为

$$\det(V) = \prod_{i<j}(x_i - x_j)$$

如果是上面的 4 阶矩阵，那么其行列式可以展开成

$$\det(V) = (x_0 - x_1)(x_0 - x_2)(x_0 - x_3)(x_1 - x_2)(x_1 - x_3)(x_2 - x_3)$$

(3) 根据性质 (2)，如果所有的 x_i 都互不相等，则范德蒙德矩阵的行列式不为 0。

(4) 范德蒙德矩阵的子方阵并不一定是范德蒙德矩阵，因为不一定满足前面的条件 (3)。

(5) 如果范德蒙德矩阵的行列式不为 0，那么它的任意子方阵的行列式有可能等于 0。

关于范德蒙德矩阵的资料比较多，如下列网址：http://wenku.baidu.com/link?url= 2qo0RrW-0-WTiZ5n9YHiyOqWktH8hNaJc3l-uo1o10kfmKb7UHS2-2g64yehT6H0Mg2 XcCsF1bauqwktk8g5KbDaYu1TbhnSm46aLg7isLm。

3. 柯西矩阵

柯西矩阵，其构造时需要注意以下条件。

(1) 矩阵是方阵。

(2) 每一行使用的都是同一个 x_i，其中 x_i 可以是实数，或者有限域中的元素。

(3) 每一列使用的都是同一个 y_j，其中 y_j 可以是实数，或者有限域中的元素，但必须和 x_i 是同一种类型。

只有满足以上条件，才能得到柯西矩阵。例如，下面的 4 阶柯西矩阵

$$C = \begin{bmatrix} \dfrac{1}{x_0 + y_0} & \dfrac{1}{x_0 + y_1} & \dfrac{1}{x_0 + y_2} & \dfrac{1}{x_0 + y_3} \\ \dfrac{1}{x_1 + y_0} & \dfrac{1}{x_1 + y_1} & \dfrac{1}{x_1 + y_2} & \dfrac{1}{x_1 + y_3} \\ \dfrac{1}{x_2 + y_0} & \dfrac{1}{x_2 + y_1} & \dfrac{1}{x_2 + y_2} & \dfrac{1}{x_2 + y_3} \\ \dfrac{1}{x_3 + y_0} & \dfrac{1}{x_3 + y_1} & \dfrac{1}{x_3 + y_2} & \dfrac{1}{x_3 + y_3} \end{bmatrix}$$

柯西矩阵的性质如下。

(1) 柯西矩阵的转置矩阵也是柯西矩阵。

(2) 柯西矩阵的行列式可以表示为

$$\det(C) = \frac{\displaystyle\prod_{i<j}(x_i - x_j)\prod_{i<j}(y_i - y_j)}{\displaystyle\prod_{i,j=0}^{n-1}(x_i + y_j)}$$

如果是上面的 4 阶矩阵，那么其行列式可以展开成

$$X = (x_0 - x_1)(x_0 - x_2)(x_0 - x_3)(x_1 - x_2)(x_1 - x_3)(x_2 - x_3)$$

$$Y = (y_0 - y_1)(y_0 - y_2)(y_0 - y_3)(y_1 - y_2)(y_1 - y_3)(y_2 - y_3)$$

$$Z = (x_0 + y_0)(x_0 + y_1)(x_0 + y_2) \times (x_1 + y_0)(x_1 + y_1)(x_1 + y_2)(x_1 + y_3)$$

$$\times (x_2 + y_0)(x_2 + y_1)(x_2 + y_2)(x_2 + y_3)$$

$$\times (x_3 + y_0)(x_3 + y_1)(x_3 + y_2)(x_3 + y_3)$$

$$\mathrm{Det}(C) = X \times Y / Z$$

(3) 根据性质 (2)，如果所有的 x_i 都互不相等，并且所有的 y_j 都互不相等，则柯西矩阵的行列式不为 0。如果不存在 x_i 和 y_j 互为相反数的情况，则柯西矩阵可逆。

(4) 柯西矩阵的子方阵也是柯西矩阵。

(5) 如果柯西矩阵可逆且行列式不为 0，那么它的任意子方阵都可逆且行列式不为 0。

在论文《基于 DHT 的存储系统中纠删码技术研究》中提到了如何构造柯西矩阵及其最优化 (22 页)，以及相关的存储编码知识。

至于柯西 RS 编码 (CRS)，它是目前已知唯一利用柯西矩阵进行编码的，其中 x_i 和 y_j 都是有限域中的元素，并且选择特定的 x_i 和 y_j 可以有效减少异或的次数，提高编码速率。

关于柯西矩阵的看法如下。

根据柯西矩阵的性质 (5)，只要构造出可逆且行列式不为 0 的矩阵，那它的任意子矩阵都是可逆且行列式不为 0 的。因为可以根据矩阵生成校验块，相反，也必须根据矩阵来解出原始数据块。如果矩阵不可逆，则会导致解码失败。因为任意子方阵都是可逆的，就能保证任意校验块都可以解出相应的原始数据块。这一点主要用于在理论上证明解码的成功。所以在 3 个或以上校验块的编码算法中，都会使用到其中一种矩阵，以保证 MDS 属性。

根据性质 (1)，其行列式展开式过于冗长 (特别是柯西矩阵)，并且也未能直接给出逆矩阵的表达式，使得计算变得困难。实际上，计算逆矩阵时，一般用高斯消除法解逆矩阵。

3.1.8　RS 编码

RS 码的全称是 Reed-Solomon 码，是 Reed 和 Solomon[16]在 1960 年提出的。也是在同一年，Bose 等[17]发现了 BCH 码。1961 年，Gorenstein 和 Zierler 注意到 RS 码是一类特殊的 BCH 码，其位置和符号域是同一个域。RS 码是到今天为止所发现的一类很好的现行纠错码类。它有很强的纠错能力，特别是在短码和中等码长下，其性能很接近理论值，并且构造方便，编码简单。正是由于该码的超前

纠错能力和各种成熟、可用、高效的译码算法，它在工程中被广泛应用。

　　RS 码是一种线性分组循环冗余码，它的编码函数是线性的，编码后的数据包括数据信息和校验信息。RS 码的编解码均是在特定的有限域内进行码字所对应的域元素的计算，它的码字分量取自于有限域 $GF(2^w)$，所以它的编解码运算都是基于 $GF(2^w)$ 的运算。在编码过程中，RS 码将原数据分为 w 比特大小的块，通过在有限域上的计算获得编码数据，这里的编码数据包括原数据分块和冗余数据块。

　　目前 RS 码不仅是一种在信道传输过程中用来避免数据报丢失的有效手段，而且还在提高数据存储、系统容灾等系统可靠性方面起着举足轻重的作用。RS 编码具有很强的检错和纠错能力，能够实现从部分接收到的数据精确恢复原始数据。它可以表示为一个 (k,m) 纠删码，存在一个 m 行 k 列的矩阵 G，用于将原始数据编码生成校验数据，这个矩阵 G 称为 RS 码的生成矩阵。根据生成矩阵的不同，RS 码类纠删码可以分为范德蒙德 RS 码（Vandermonde Reed Solomon code）和柯西 RS 码（Cauchy Reed Solomon code）。

　　RS 编码实际上就是利用生成矩阵与数据列向量的乘积来计算得到信息列向量的，其重构算法实际上也是利用未出错信息所对应的生成矩阵的逆矩阵与未出错信息所对应的信息列向量相乘来恢复原始数据的。其原理如图 3-4 所示。

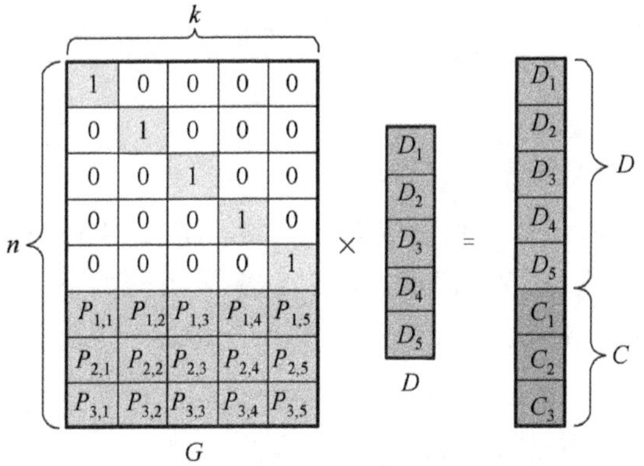

图 3-4　RS 码的生成矩阵与编码过程（其中，$P_{i,j}$ 为 G 中的元素，$1 \leqslant i \leqslant m, 1 \leqslant j \leqslant k$）

　　对于图 3-5 矩阵实现的例子来说，假设 D_1、D_4 和 C_2 块失效，可以选择任意 $k=5$ 个有效块，如图 3-5 右上部分所示的 D_2、D_3、D_5、C_1 和 C_3，根据选择的 k 个块获得所对应的残留矩阵 G'，即去掉丢失的数据块（包括原始数据块和校验数据块）对应的生成矩阵 G 的行后的 $k \times k$ 的方阵。图 3-5 下部分首先计算 G' 的逆矩阵 $H=G'^{-1}$，与所选择的块相乘即可得出 5 个原始数据块。对于 C_2，只需将 5 个原始数据块与 G 中产生 C_2 对应的行元素相乘即可获得。

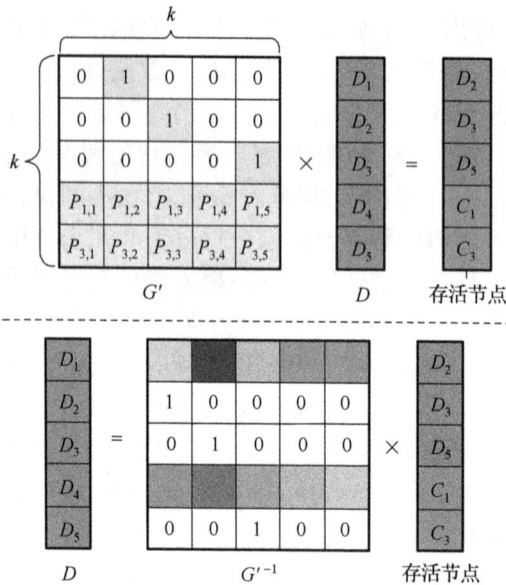

图 3-5　RS 码的解码计算过程

3.2　BRS 码

3.2.1　编码原理

　　传统的 RS 码构造都是基于有限域 $\mathrm{GF}(q)$ 的，而 BRS 码是基于移位和异或运算的。BRS 编码是基于范德蒙德矩阵的，其具体编码步骤如下。

　　(1)将原始数据块 S 平均分成 k 块，设每一块数据块有 $L\,\mathrm{bit}$ 数据，记为

$$S = (s_0, s_1, \cdots, s_{k-1})$$

其中，$s_i = s_{i,0} s_{i,1} \cdots s_{i,L-1}$，$i = 1, 2, \cdots, k-1$。

　　(2)构建检验数据块 M，M 共有 $n-k$ 块

$$M = m_0, m_1, \cdots, m_{n-k-1}$$

$$m_i = \sum_{j=0}^{k-1} s_j(r_j^i), \quad i = 0, 1, \cdots, n-k-1$$

　　这里的加法均为异或操作，其中 r_j^i 表示在原始数据块 s_j 前面添加的 "0" 的比特数，从而形成校验数据块 m_i。r_j^i 通过如下方式给出，即

$$(r_0^a, r_1^a, r_2^a, \cdots, r_{k-1}^a) = (0, a, 2a, \cdots, (k-1)a), \quad a = 0, 1, \cdots, n-k-1$$

也可将此表示为

$$\begin{bmatrix} m_0 \\ m_1 \\ \vdots \\ m_{n-k-1} \end{bmatrix} = \begin{bmatrix} 1 & 1 & \cdots & 1 \\ 1 & x & \cdots & x^{k-1} \\ \vdots & \vdots & & \vdots \\ 1 & x^{n-k-1} & \cdots & x^{(n-k-1)(k-1)} \end{bmatrix} \begin{bmatrix} s_0 \\ s_1 \\ \vdots \\ s_{k-1} \end{bmatrix}$$

(3) 每个节点存储数据，节点 $N_i(i=0,1,\cdots,n-1)$ 存储的数据为 $s_0, s_1, s_2, \cdots, s_{k-1}, m_0,$ $m_1, m_2, \cdots, m_{n-k-1}$。

3.2.2 BRS 编码示例

假如现在 $n=6$，$k=3$，则有 $\mathrm{ID}_0=(0,0,0)$, $\mathrm{ID}_1=(0,1,2)$, $\mathrm{ID}_2=(0,2,4)$。每个原始数据块为 $s_i = s_{i,0} s_{i,1} \cdots s_{i,L-1}$，$i=1,2,\cdots,k-1$，而每个校验数据块为 $m_i = (m_{i,0}, m_{i,2}, \cdots,$ $m_{i,L+i(k-1)-1})$，$i=0,1,2,\cdots,n-k-1$。

可以得到校验数据块的计算过程为

$$m_0 = s_0(0) \oplus s_1(0) \oplus s_2(0)$$

加法表示异或运算。

$s_{0,0}$	$s_{0,1}$	$s_{0,2}$	$s_{0,3}$	$s_{0,4}$	$s_{0,5}$			
$s_{1,0}$	$s_{1,1}$	$s_{1,2}$	$s_{1,3}$	$s_{1,4}$	$s_{1,5}$			
$s_{2,0}\downarrow$	$s_{2,1}$	$s_{2,2}$	$s_{2,3}$	$s_{2,4}$	$s_{2,5}$			
$m_{0,0}$	$m_{0,1}$	$m_{0,2}$	$m_{0,3}$	$m_{0,4}$	$m_{0,5}$			

故 $m_0 = (m_{0,0}, m_{0,1}, \cdots, m_{0,5})$。

$$m_1 = s_0(0) \oplus s_1(1) \oplus s_2(2)$$

$s_{0,0}$	$s_{0,1}$	$s_{0,2}$	$s_{0,3}$	$s_{0,4}$	$s_{0,5}$	0	0	
0	$s_{1,0}$	$s_{1,1}$	$s_{1,2}$	$s_{1,3}$	$s_{1,4}$	$s_{1,5}$	0	
$0\downarrow$	0	$s_{2,0}$	$s_{2,1}$	$s_{2,2}$	$s_{2,3}$	$s_{2,4}$	$s_{2,5}$	
$m_{1,0}$	$m_{1,1}$	$m_{1,2}$	$m_{1,3}$	$m_{1,4}$	$m_{1,5}$	$m_{1,6}$	$m_{1,7}$	

故 $m_1 = (m_{1,0}, m_{1,1}, \cdots, m_{1,7})$。

$$m_2 = s_0(0) \oplus s_1(2) \oplus s_2(4)$$

$s_{0,0}$	$s_{0,1}$	$s_{0,2}$	$s_{0,3}$	$s_{0,4}$	$s_{0,5}$	0	0	0	0
0	0	$s_{1,0}$	$s_{1,1}$	$s_{1,2}$	$s_{1,3}$	$s_{1,4}$	$s_{1,5}$	0	0
0 ↓	0	0	0	$s_{2,0}$	$s_{2,1}$	$s_{2,2}$	$s_{2,3}$	$s_{2,4}$	$s_{2,5}$
$m_{2,0}$	$m_{2,1}$	$m_{2,2}$	$m_{2,3}$	$m_{2,4}$	$m_{2,5}$	$m_{2,6}$	$m_{2,7}$	$m_{2,8}$	$m_{2,9}$

故 $m_2 = (m_{2,0}, m_{2,2}, \cdots, m_{2,9})$。

3.2.3 BRS 解码原理

在 BRS 码的构造中我们把原始数据块平均分成了 k 块，有 $S = (s_0, s_1, \cdots, s_{k-1})$，并编码得到了 $n-k$ 块检验数据块，有

$$M = m_0, m_1, \cdots, m_{n-k-1}$$

$$m_i = \sum_{j=0}^{k-1} s_j(r_j^i), \quad i = 0, 1, \cdots, n-k-1$$

也可将此表示为

$$\begin{bmatrix} m_0 \\ m_1 \\ \vdots \\ m_{n-k-1} \end{bmatrix} = \begin{bmatrix} 1 & 1 & \cdots & 1 \\ 1 & x & \cdots & x^{k-1} \\ \vdots & \vdots & & \vdots \\ 1 & x^{n-k-1} & \cdots & x^{(n-k-1)(k-1)} \end{bmatrix} \begin{bmatrix} s_0 \\ s_1 \\ \vdots \\ s_{k-1} \end{bmatrix}$$

其中，$x^{(n-k-1)(k-1)}$ 表示前面填充 $(n-k-1)(k-1)$ 个 0，或者向右移动 $(n-k-1)(k-1)$ 位，其他的以此类推，0 表示不用移动。

在解码的过程中，有一个必要条件：完好的检验数据块的数目要大于等于损失的原始数据块的数目，否则无法修复。

以下是解码的过程分析。

不妨令 $n=6$，$k=3$，则有（其中+表示异或运算，$x^{(n-k-1)(k-1)}$ 表示前面填充 $(n-k-1)(k-1)$ 个 0，或者向右移动 $(n-k-1)(k-1)$ 位）

$$m_0 = s_0 + s_1 + s_2$$
$$m_1 = s_0 + xs_1 + x^2 s_2$$
$$m_2 = s_0 + x^2 s_1 + x^4 s_2$$

假设 s_0 完好，s_1、s_2 缺失，选择 m_1、m_2 进行修复，令

$$m_1' = m_1 + s_0$$
$$m_2' = m_2 + s_0$$

因为 m_1、m_2、s_0 已知，所以 m_1'、m_2' 已知。

故有

$$m_2' = x^2 s_1 + x^4 s_2$$
$$m_1' = x s_1 + x^2 s_2$$

可表示为

$$s_{1,i-2} = m_{2,i}' + s_{2,i-4}$$
$$s_{2,i-2} = m_{1,i}' + s_{1,i-1}$$

其中，$i \geq 0$，$s_{k,b} = 0$。

根据上面的迭代公式，每循环一次，就能算出 2bit 的值（s_1、s_2 中都能得到 1bit）。每个原始数据块长度为 Lbit，所以重复 L 次后，就能解出原始数据块中的所有未知的 bit。以此类推，就完成了数据的解码。

3.3 RS 典型实现方案

3.3.1 CRS 编码

CRS（Cauchy Reed-Solomon）编码，源自论文 "An XOR-based erasure-resilient coding scheme"，由于 RS 码对于每个编码设备都需要进行 n 路点积，并且需要在有限域上进行乘法运算，所以计算复杂度非常高。因此，CRS 码的提出具有重要意义。

CRS 相比于 RS 编码，避免了复杂的有限域乘法运算，完全使用异或运算提升编解码速率。另外，Plank 写的论文 "Optimizing Cauchy Reed-Solomon codes for fault-tolerant storage applications" 详细描述了如何有效提升 CRS 的编码速率。

CRS 的基本编码过程如下。

（1）选定需要的 k 和 m 值。根据 k 和 m 值，选择柯西矩阵的参数。

例如，k=4, m=2，可取 $x_0 = 1, x_1 = 2, y_0 = 3, y_1 = 4, y_2 = 5, y_3 = 6$，根据前面的说明，$x_0, x_1, y_0 \sim y_3$ 不可以有重复的，否则柯西矩阵会有问题。这里参数是随便选的，如果需要最优化的参数，则用下面的公式进行计算，即

$$C = \begin{pmatrix} \dfrac{1}{1+3} & \dfrac{1}{1+4} & \dfrac{1}{1+5} & \dfrac{1}{1+6} \\ \dfrac{1}{2+3} & \dfrac{1}{2+4} & \dfrac{1}{2+5} & \dfrac{1}{2+6} \end{pmatrix} = \begin{pmatrix} 2^{-1} & 5^{-1} & 4^{-1} & 7^{-1} \\ 1^{-1} & 6^{-1} & 7^{-1} & 4^{-1} \end{pmatrix}$$

其中，加法均为异或运算。

（2）根据 k 和 m 值，然后选择特定的 w，使得 $2^w > k+m$。这里则选择 w=3，即 GF(2^3)。根据 w 值选择本原多项式，当 w=3 时，本原多项式为 $x^3 + x + 1$。

表 3-1 是前几个本原多项式为每个元素生成对应的二进制矩阵。

表 3-1　本原多项式

w	本原多项式 P	八进制形式
$w=3$	x^3+x+1	013
$w=4$	x^4+x+1	023
$w=5$	x^5+x^2+1	045
$w=6$	x^6+x+1	0103
$w=7$	x^7+x^3+1	0211
$w=8$	$x^8+x^4+x^3+x^2+1$	0435

例如，对元素 $7=x^2+x+1$，$p=x^3+x+1$。该元素对应的二进制矩阵如表 3-2 所示。第一行 R 处取 7，$R_1=7$，然后按递推公式 $R_{i+1}=x R_i \bmod p$ 得到每一行的 R 值，共得到 w 行。然后将 R 值转换回二进制形式。最后将每一行的 R 值的二进制换顺序合并为一个方阵，将最后的矩阵上下颠倒得到的矩阵，就是该元素对应的二进制矩阵。

表 3-2　该元素对应的二进制矩阵

行数	R	矩阵		
第一行	$R_1=7=1x^2+1x+1$	1	1	1
第二行	$R_2=x R_1\bmod p = (x^3+x^2+1)\bmod p= 1x^2+0x+1$	1	0	1
第三行	$R_3=x R_2\bmod p = (x^3+x^2)\bmod p= 0x^2+0x+1$	0	0	1

如上所述，7 对应的二进制矩阵为 $\begin{bmatrix} 0 & 0 & 1 \\ 1 & 0 & 1 \\ 1 & 1 & 1 \end{bmatrix}$。

二进制矩阵的加法和减法，均按普通矩阵的加减法规则进行，只是所有加减法都为异或。

二进制矩阵的乘法与普通矩阵的乘法算法相同。

二进制矩阵的逆矩阵，与普通矩阵的逆矩阵算法相同，因此可以用高斯消元法得到。

对于上面的例子，7 对应的二进制矩阵 $\begin{bmatrix} 0 & 0 & 1 \\ 1 & 0 & 1 \\ 1 & 1 & 1 \end{bmatrix}$ 的逆矩阵为 $\begin{bmatrix} 1 & 1 & 0 \\ 0 & 1 & 1 \\ 1 & 0 & 0 \end{bmatrix}$。

即 7^{-1} 对应的二进制矩阵为 $\begin{bmatrix} 1 & 1 & 0 \\ 0 & 1 & 1 \\ 1 & 0 & 0 \end{bmatrix}$。

此时，将二进制矩阵中的元素替换到之前的柯西矩阵中，得到

$$C = \begin{bmatrix} 2^{-1}5^{-1}4^{-1}7^{-1} \\ 1^{-1}6^{-1}7^{-1}4^{-1} \end{bmatrix}$$

$$B = \begin{bmatrix} 010011001110 \\ 001100101011 \\ 101010111100 \\ 100111110001 \\ 010110011101 \\ 001011100111 \end{bmatrix}$$

最后的 12×6 的矩阵就是柯西矩阵的二进制形式。

(3)根据柯西矩阵的二进制形式进行编码。在计算之前，要将原始数据块平均切分成 k 个原始数据块，并且命名为 $s_0, s_1, \cdots, s_{k-1}$。然后再将每个数据块平均切分成 w 份，如 s_0 可以得到 $s_{0,0}, s_{0,1}, \cdots, s_{0,w-1}$。对于上述编码，需要平均切分成 4 个原始数据块和 12 个小数据块。最后将上述切分好的数据块按顺序排列，得到一个 $K \times w$ 个元素的向量，这里命名为 S，向量中每个元素都是一份小数据。

然后进行矩阵乘法 $P=BS$。上面的例子经过矩阵乘法后，可以得到

$$P_0 = s_{0,1} + s_{1,1} + s_{1,2} + s_{2,2} + s_{3,0} + s_{3,1}$$
$$P_1 = s_{0,2} + s_{1,0} + s_{2,0} + s_{2,2} + s_{3,1} + s_{3,2}$$
$$P_2 = s_{0,0} + s_{0,2} + s_{1,1} + s_{2,0} + s_{2,1} + s_{2,2} + s_{3,0}$$
$$\vdots$$

因为矩阵 B 中的元素只有 0 和 1，当元素为 0 时，乘法结果为 0；当元素为 1 时，乘法结果为原来的值。以上所有的加法运算均为异或。在 CRS 的编解码计算中，异或的数量将是影响编解码时间的最重要因素。所以，矩阵 B 中元素 1 的数量越少，异或的数量也越少，计算所消耗的时间也会更少。

最后将得到的 P 按顺序将 w 份小数据块组合成一个整体,得到 m 份校验数据块。例如，对上述例子来说，$P_0 P_1 P_2$ 将被组合成 M_0，$P_3 P_4 P_5$ 将被组合成 M_1。

(4)将切分的 k 份原始数据块，以及 m 份校验数据块放置在不同的节点上，完成编码。

对于解码工作，和 RS 的解码方式类似。

(1)在 $k+m$ 份数据块中收集任意 k 份数据块。

(2)如果这 k 份数据块有原始数据块缺失，则需要解码。根据获得的数据块 D，得到和原始数据块 S 之间的关系，即 $D=C_{\text{code}}S$。

(3)算出 C_{code} 的逆矩阵 C_{code}^{-1}，最后算出 $S=C_{\text{code}}^{-1}D$。

3.3.2　计算过程优化

编写代码时，需要根据实际的情况进行代码优化。对代码的优化主要有以下几个思路。

(1)算法复杂度。这一点是最困难的，但也是最重要的，如果算法复杂度过高，后面无论怎么优化都无法有一个理想的速度。

(2)编程语言。解释型语言如 Perl、Python、JavaScrip 等速度过慢，而 Java 是半编译半解释型的，运算速度也较慢。像 Fortan、Pascal、C/C++、Go 等编译型编程语言，其能在底层直接调用机器指令，达到快速的计算速度。

(3)寄存器代替内存。寄存器的访问速度要比内存快得多。C 语言提供了 register 关键字，编译器会尽可能地选择寄存器保存数据。但这种方法只能用于存储极少量的变量，如果运行得当，可以大幅度提高计算速度。

(4)空间换时间(查表)。在 RS 编码中，有限域乘法计算是必不可少的，但有限域的乘法计算特别耗费时间。为了减少计算时间，可以制作一张有限域乘法表，当需要计算时直接查表。前面也说过，基于 $GF(2^8)$ 建一个乘法表需要 $2^8 \times 2^8 \times 1B = 2^{16}B = 64KB$，只要这点空间就可以大幅度增加速度。但如果基于 $GF(2^{16})$ 建一个完全的乘法表需要 $2^{16} \times 2^{16} \times 1B = 2^{32}B = 4GB$，这占据了相当大的内存，足够影响到编码算法的运行了。

(5)空间换时间(临时变量)。

```
int t=10;
for(int i=0;i<len;i++)c[i]=a[t]*b[i];
```

以上代码每次计算时，都需要从内存读取 $a[t]$，但读取 $a[t]$ 时，需要先读取到 a 的地址和 t 的值，然后得到 $a[t]$ 的地址，最后得到 $a[t]$ 的值，并且这一步要重复 len 次。为了避免重复读取，可以用临时变量记录 $a[t]$。改为以下代码。

```
int t=10;
int a_t=a[t];
for(int i=0;i<len;i++)c[i]=a_t*b[i];
```

在第二段代码中，从内存读取 $a[t]$ 的次数降为 1，在循环体中，a_t 的值可以一次性得到，减少了内存访问的次数，提高了速度。

(6)消除循环(化曲为直)。循环的判断和跳转都是需要消耗计算资源的。对于已知循环次数的，可以将其展开，减少计算量，以达到优化的目的。例如，下面的语句

```
for(int i=0;i<3;i++)c[i]=a[i]+b[i];
```

需要进行 3+3 次加法，3+3 次赋值，3 次判断和跳转。将其改为如下代码。

```
c[0]=a[0]+b[0];
c[1]=a[1]+b[1];
c[2]=a[2]+b[2];
```

此时就只有 3 次加法和 3 次赋值，大大减少了计算量，减少了计算时间。

(7)减少循环次数。对于第(6)点，很多循环体的循环次数不是确定的，或者因循环次数过大而无法使用，例如：

```
for(int i=0;i<10000;i++)c[i]=a[i]+b[i];
```

实际上需要 20000 次加法，20000 次赋值，10000 次判断和跳转。可以进行以下改进。

```
for(int i=0;i<10000;i++){
    c[i]=a[i]+b[i];
    i++;
    c[i]=a[i]+b[i];
}
```

需要 20000 次加法，20000 次赋值，5000 次判断和跳转。虽然只有判断和跳转的次数减少了，但确实能够达到更快的计算速度。

(8)提高并行度。对于长度为 1024B 的数据，每次计算 1B，需要循环 1024 次，每次计算 4B，需要循环 256 次。而实际上，在 32 位的机器中，从内存加载 1B 的数据和加载 4B(即 1 个 int)的数据所需要的时间周期是相同的，2B 的异或计算和两个 int 的异或计算所需要的时间周期也是相同的。那么以 1B 为单位进行计算和以 4B 为单位进行计算，每次循环的时间都是相同的，但以 4B 为单位需要更少的循环次数，使得可达到更少的计算时间。

(9)汇编指令优化。代替编译器，用人工进行最底层的优化。但这样的代码并不是通用的，并且晦涩难懂。例如，以下代码。

```
for(int i=0;i<N;i++)c[i]=a[i]+b[i];
```

可以直接翻译成汇编代码，例如：

```
int i;
__asm{
    mov     i,0
LOOP_NEXT:
    mov     ecx, i
    cmp     ecx, N
```

```
    jge      LOOP_END
    mov      ebx, i
    mov      eax, a
    mov      ecx, dword ptr [eax+ebx*4]
    mov      ebx, i
    mov      eax, b
    add      ecx, dword ptr [eax+ebx*4]
    mov      ebx, i
    mov      eax, c
    mov      dword ptr [eax+ebx*4], ecx
    mov      eax, i
    add      eax, 1
    mov      i, eax
    jmp      LOOP_NEXT
LOOP_END:
}
```

但上面的代码还可以进一步优化为

```
__asm{
    mov      ecx,N
    jge      LOOP_END
    mov      edx,0
LOOP_NEXT:
    mov      ebx, a
    mov      eax, dword ptr [ebx+edx]
    mov      ebx, b
    add      eax, dword ptr [ebx+edx]
    mov      ebx, c
    mov      dword ptr [ebx+edx], eax
    add      edx, 4
    loop     LOOP_NEXT
LOOP_END:
}
```

删除内存变量 i，减少对 i 的访问，将使用寄存器 edx 保存变量 i 的内容。并且使用 loop 指令控制循环次数。将原来循环体内的 16 行汇编代码缩短成 8 行，大大提高了效率。

3.4 性能评估

3.4.1 编码速率的测试

对 BRS、CRS、RS 这 3 种编码，取每个数据块的大小(block size)为 32768B，共 $k=8$ 或 10 个原始数据块，生成 $m=4$ 个校验数据块。

因为编码原因，BRS 的校验数据块大小为 32768 B，原始数据块大小为 32768−7×3×8=32600B。

对于 CRS，当 $k=8$ 或 10 时，$w=4$，令数据块大小为 32768B，刚好为 4 的整数倍，不需要改变，每个条带(strip)长度为 8096B。

对上述的 8 个原始数据块，生成 4 个校验数据块。上述实验连续重复 10 万次。编码速率=编码生成的总数据量/编码总时间，其中，编码生成的总数据量为 32KB×4校验块×10 万次=12500MB。

具体数据如表 3-3 所示。

表 3-3 $k=8$ 和 $k=10$ 时，BRS、CRS、RS 三种编码的编码速率数据

	BRS/(MB/s)	CRS/(MB/s)	RS/(MB/s)
$k=8, m=4$	1316.5	918.6	248.6
$k=10, m=4$	1038.5	725.1	199.6

编码速率如图 3-6 所示。

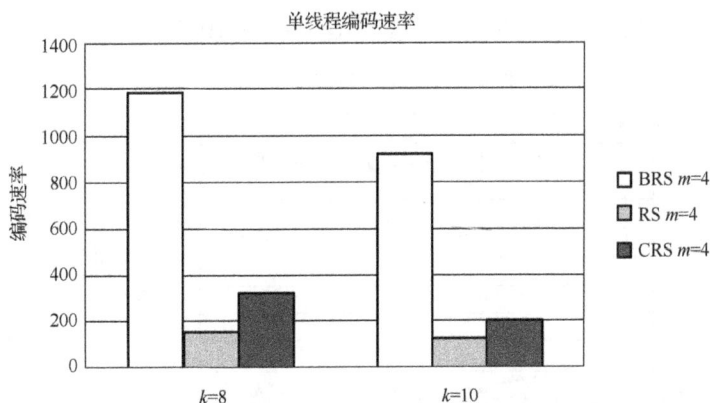

图 3-6 编码速率比较

3.4.2 解码速率的测试

对上述条件($k=8$ 或 10,$m=4$)生成的数据块中，删除 1 个原始数据块，进行解码，

恢复被删除的原始数据块。上述实验连续重复 10 万次，得到解码生成 1 个原始数据块的时间，然后根据解码速率=解码生成的总数据量/解码总时间，得到解码速率。其中，删除 1 个原始数据块(32KB)时，解码需要生成 32KB，10 万次解码的总数据量为 3125MB。最后，删除两个原始数据块，重复 10 万次实验。删除 3 个原始数据块、删除 4 个原始数据块。

具体数据如表 3-4 所示。

表 3-4　k=8 和 k=10 时，BRS、CRS、RS 三种编码的解码速率数据　　（单位：MB/s）

	丢失块数量=1	丢失块数量=2	丢失块数量=3	丢失块数量=4
BRS-k=8	845.6	873.7	937.8	1070.8
BRS-k=10	676.5	699	750.3	856.7
CRS-k=8	672.7	585.2	542.6	542.1
CRS-k=10	522.2	468.2	434.1	433.7
RS-k=8	231.5	243.1	247.6	249.8
RS-k=10	185.2	194.65	198.1	199.9

对于 BRS、CRS-LRC、CRS、RS 四种编码而言，其解码速率随着 k 的增加而成比例地减小。而且 BRS 码的解码速率随着丢失块数的增长而增长，CRS 和 RS 码的解码速率随着丢失块数的增长而下降，如图 3-7 所示。

对于 CRS-LRC，在丢失块数小于等于局部校验块数 L 时，LRC 的平均速度会明显比其他的类 RS 码快。这里只是平均速度，并非 LRC 的速度绝对比其他的快，当丢失数量过多，或者完全无法用局部校验块修复时，LRC 会退化成为类 RS 码。

由上述数据可知，对于不同丢失块数，BRS 解码速率约为 RS 编码的 400%，约为 CRS 编码的 130%，相比 RS 编码，解码速率提升 100%。

单线程解码速率（局部）

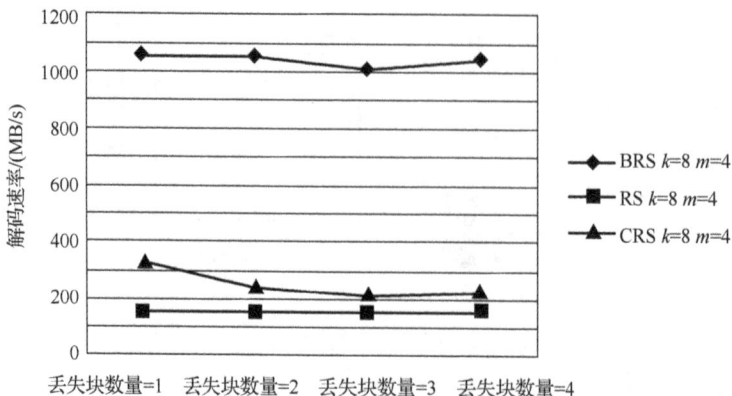

单线程解码速率（局部）

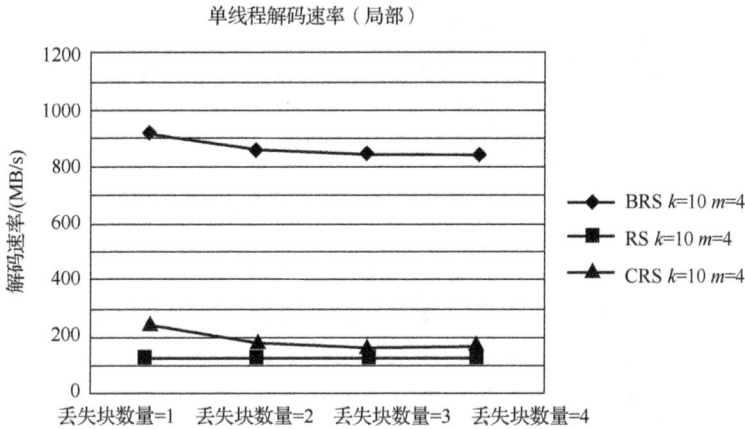

图 3-7　k=8 或 10 时，BRS、CRS、RS 三种编码的解码速率图

3.5　修复放大问题

3.5.1　修复放大问题表现

现在从数据重构的角度来分析 RS 码在分布式存储系统中的应用。分布式存储系统中对使用纠删码编码存储的数据进行解码通常发生在两种情况下，即退化读和数据修复。退化读是指用户经由存储系统客户端请求文件数据时，遭遇暂时不可用或永久不可用的系统块，由客户端使用 RS 码的解码算法修复不可用数据并响应用户请求的过程。数据修复是指当存储系统发现永久不可用的数据块时，使用 RS 码解码算法修复不可用数据块，从而恢复系统容错能力的过程，其存储示意图如图 3-8 所示。

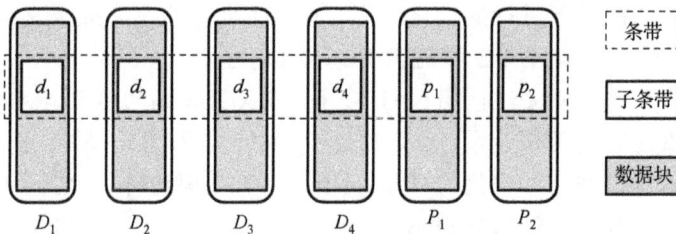

图 3-8　采用 (6，4) RS 码编码存储系统的数据存储布局示意图

退化读和数据修复均依赖于 RS 码解码算法。假设系统中存在大小为 M 的不可用系统块 D_1，为解码出 D_1，存储系统需要从剩下的 D_2、D_3、D_4、P_1、P_2 中读取 4 个可用数据块，然后解码得出 D_1。如果系统中存在一个不可用校验块，如 P_1，除了要读取 4 个可用数据块解码得出原始数据之外，还要再借助 RS 码编码算法重新编

码出该校验块。我们将上面描述的修复方案称为传统修复方案。由此可知，对于采用 (n,k) RS 码的存储系统，退化读和数据修复会导致 k 倍于故障数据的网络 I/O 和磁盘 I/O，这种现象称为修复放大问题。

修复放大问题从两个方面影响了分布式存储系统的性能。其一是耗费分布式存储集群中的网络带宽。此前，Facebook 公司与加州大学伯克利分校合作，在一个千节点分布式文件系统集群上进行了为期一个月的跟踪工作。跟踪工作主要统计系统中采用纠删码技术编码的文件块每天失效的数目以及为修复这些失效数据块所引入的网络流量开销。统计数据表明，传统纠删码技术修复故障数据引发的网络带宽开销已经成为限制更大范围部署纠删码子系统的障碍[18]。其二是引发大量的磁盘 I/O。磁盘 I/O 服务能力是分布式存储系统中的一种宝贵资源。这是因为新一代高速网络设备已经被部署到大规模数据中心并且单个存储设备的存储容量日渐增加，而且分布式文件系统服务的应用大多是 I/O 密集的，如大数据分析等数据密集型应用[20]。

修复放大问题增加了退化读的延迟，降低了数据修复的吞吐量。采用传统纠删码技术的 HDFS-RAID、Colossus 等系统内退化读和数据修复的性能都在一定程度上受到了修复放大问题的影响。修复放大问题已经引起了学术界和工业界的广泛关注，下面主要从四个方面介绍国内外学术界和工业界针对修复放大问题的研究现状。

3.5.2   修复放大问题研究现状

作者就学术界和工业界针对传统纠删码技术导致的修复放大问题的相关研究进行了广泛的调研，经过分析整理、总结归纳，将从以下四个方面进行介绍。

1.   针对传统纠删码技术的优化

针对传统纠删码技术的优化保留了传统纠删码的 MDS 属性，是在不降低传统纠删码存储效率的前提下进行的优化工作。研究人员主要关注如何最小化修复单个不可用数据块所需要的网络 I/O 和磁盘 I/O 这一问题。

其中一部分工作主要关注使用 RAID-5 码、RAID-6 码的磁盘阵列系统。在磁盘阵列系统中磁盘访问通常是瓶颈，文献[21]~[24]针对 RAID-6 码提出了一些对单个不可用数据块修复过程进行优化的算法。Khan 等在文献[24]中指出为任意一种传统纠删码查找最优修复方案的问题是 NP 难的。相比于传统修复方案，以上这些优化算法所获得的性能收益通常低于 30%。Zhu 等[25]考虑了存储节点的异构性，通过引入衡量各节点单位数据下载成本的指标，为 RAID-6 码异构修复问题建立了旨在最小化修复代价的优化模型，并基于该模型提出了一种基于成本的单节点故障修复的算法，该算法可以有效改善单节点故障的修复时间，然而该算法所减少的网络带宽和磁盘 I/O 的数量有限。文献[26]中包含了更多优化传统纠删码技术的启发式算法和相关测试数据。

另一部分工作的主要思路是构造新型满足 MDS 属性的纠删码。Rashmi 等[27]基于 Piggybacked-RS 框架构造了一种新编码并构建了 Hitchhiker 系统[28]，该编码通过将单个 RS 码的条带切分成两个相关条带并构造相关的线性方程把修复单个不可用系统块的网络带宽和磁盘 I/O 降低了 25%～40%。Wang[29]等提出了编解码复杂度相对较低的 Triple-Star 编码。Tamo 等[7]提出了一种满足 MDS 属性并且具有最优修复性能的阵列码——Zigzag 码。(n,k) Zigzag 码能够把修复单个不可用数据块时所依赖的数据降低为传统修复方案的 $1/k$，并且在 $n-k=2$ 时具有高效的编码、解码算法，但是如果要构造出容错能力更高的 Zigzag 码，需要在更大的有限域内进行搜索，目前还没有有效的构造算法。

2. 再生码

Dimakis 等[28]使用信息流图(information flow graph)对分布式存储系统中文件编码分发、故障修复等过程所涉及的数据流进行建模，使用参数 $(n, k, d, \alpha, \gamma)$ 来刻画信息流图，并提出了 RGC 的概念。$(n, k, d, \alpha, \gamma)$ RGC 需要满足以下两个需求：①使用 n 个节点中的任意 k 个节点上存储的数据可以重建出原始数据，即可以容忍 $n-k$ 个节点故障；②存储在任何一个故障节点上的数据都可以借助任意 d 个可用节点(也称为辅助节点)上的数据来修复，其中参数 d 称为修复度(repairdegree)。

此外，参数 α 表示存储在每个节点上的数据量，参数 γ 表示修复一个故障节点需要从所选的 d 个可用节点上下载的数据量，从每个节点下载的数据量为 $\beta = \gamma/\alpha$。在参数 α 和参数 γ 之间存在一个平衡(trade-off)关系，该关系所对应的函数的不同取值形成了二维坐标系下的一条曲线，称为"存储–修复带宽"曲线，曲线的两个端点对应的再生码分别称为最小存储再生(MSR)码和最小带宽再生(MBR)码。文献[30]指出应用线性网络编码[31]可以构造出存储-修复带宽曲线上任意一点所对应的再生码，并通过模拟实验表明再生码能够显著降低故障修复过程的网络带宽开销。

在再生码体系中有多种修复模型[32]，如功能修复、精确修复系统码部分(也称为混合修复)、精确修复。虽然存在采用功能修复再生码的系统构建工作[33,34]，但是实际存储系统还是倾向于采用精确修复再生码。近年来存在大量显式构造 MSR 码和 MBR 码的工作[35~39]。文献[35]借助干扰对齐技术构造精确修复再生码，并指出了高码率精确修复 MSR 码的存在性。由于其构造方式依赖于指数级增长的有限域大小和子包数目，这种高码率精确修复 MSR 无法应用在实际的存储系统中。Rashmi 等[37]引入一种称为 PM (Product Matrix)的框架来构造精确修复 MSR 码和 MBR 码，所构造出的再生码的编解码算法所涉及的有限域规模可以在实际系统中高效实现。为了提高再生码编解码算法的性能，Hou 等[38]在增加了极少量存储开销的情况下构造出了基于移位和异或运算的 MSR 码和 MBR 码，编解码过程中只涉及有限域 GF (2)上的运算。该构造也可以归类于 PM 框架内。Jiekak 等[39]以模拟的方式从系统角度分析了不同种类不同参数的再生码，为存储系统从业人员选择再生码提供了一定的参考。Kermarrec 等泛化了文献[30]中的模型以协同处理多个节点故障，提出了协同再生码 (CRGC)[18]。应用协同再生码的存储系统中发生多个节点故障时，多个执行数据修复的节点会彼此协同，从而降低网络带宽开销，然而并未给出显式的构造算法。

3. LRC

再生码通过最小化故障修复所需的网络流量来解决修复放大问题，而 LRC 则通过最小化参与故障修复的节点数目来解决修复放大问题。LRC 用参数 (k,l,r) 来刻画，需要满足两个需求：①使用 $r+k$ 个节点中的任意 k 个节点上存储的数据可以重建出原始数据；②任意故障节点上存储的数据可以借助某 k/l 个可用节点上存储的数据来修复，即 LRC 在修复单个故障节点时，所能选择的 k/l 个节点是受限制的，往往是由 LRC 的构造方式所确定的。

Dimakis 等[11]提出一种类似于 LRC 的编码，称为局部可修复码(locally repairable codes)，使用参数 (k,l,r) 来刻画，可以使用 $k+r$ 个节点中的任意 k 个节点上存储的数据重建出原始数据，即全局校验组可以容忍 r 个故障数据块；同时每 k/l 个系统块与 1 个校验块构成一个局部校验组，可以高效修复单个故障数据块。但是这种编码不满足极大可修复属性，在相同的局部容错能力和全局容错能力配置下其整体容错能力低于 LRC。

上述内容简要介绍了编码理论研究领域针对修复放大问题的研究现状，综述类文献[5]、文献[6]和文献[32]提供了更多关于新修复算法和新编码构造的内容。本书涉及的多种码均是可以用于存储系统的编码，因此统一称为存储码，其中再生码和 LRC 统称为高效修复码。表 3-5 对存储码研究现状进行了简要总结。

表 3-5　存储码研究现状简要总结

单个故障修复		存储开销		
		≥2×	≥1.5×	<1.5×
系统数据块	网络 I/O	理论最优	理论最优 约束：k 较小	理论最优 约束：$n-k=2$
	磁盘 I/O	=网络 I/O	=网络流量	=网络流量
校验数据块	网络 I/O	理论最优	尚未出现理论最优结果	
	磁盘 I/O	>网络流量		

4. 编码存储系统

Tamo[7]基于 Jerasure 库实现了若干种现存的高效修复存储码，并进行了性能测试，然而并未考察高效修复存储码在实际存储系统中的性能表现。Sathiamoorthy 等[11]在 HDFS-RAID 的基础上实现了局部可修复码，相比于 RS 码，通过增加 17% 的存储开销，使 HDFS-RAID 修复失效数据块的网络带宽和磁盘 I/O 下降了 50%，有效地提升了退化读性能，减少了故障数据块的修复时间。Dimakis 等[28]在 HDFS-RAID 的基础上构建了 Hitchhiker 系统，所采用的编码通过将单个 RS 码的条带切分成两个相关条带并构造相关的线性方程把修复单个不可用系统块的网络带宽和磁盘 I/O 降低了 25%～40%。Zhu 等在文献[24]中把 HDFS 存储节点的异构性和传统纠删码校验集的概念相结合建立优化模型，并给出启发式贪心算法来降低搜索空间，基于该算法在 HDFS-RAID 的基础上构建了 FastDR 系统来优化退化读的性能。Li 等在 HDFS-RAID 的基础上构建了 CORE 系统[40]。CORE 系统中实现了 MSR 码，并且扩展了 MSR 码使其可以修复多个并发的故障，验证了 MSR 码在修复带宽减少方面的有效性。Huang 等[10,11]在 HDFS-RAID 中实现了基于移位和异或操作的高性能 MSR 码，同时也验证了 MSR 码在减少修复带宽方面的有效性。Krishnan 等[14]在 HDFS-RAID 的基础上实现了"RBT（Repair By Transfer）"再生码，然而所选择的 RBT 码的修复度 d 取值较大，难以适用于实际存储系统。

本书第 4 章将会基于作者所在实验室的最新研究成果，详细介绍修复放大问题的具体解决方法。

3.6 本 章 小 结

本章主要介绍了计算机存储领域编码相关的基础知识。为了能够更好地理解信息论的基础知识，本章首先介绍了近世代数的一些基本概念和原理，在这些概念的基础上，给出了纠删码等信息论领域的相关概念。之后，本章介绍了编码领域最为经典的 RS 编码。并且针对一些典型的编码如 BRS 和 CRS 等给出了具体的编码、解码等方面的具体实现。同时，针对相关编码进行了性能的评估，读者也可以根据这些评估准则来评估其他的存储编码。最后介绍了存储编码领域比较典型的问题——修复放大问题。该问题也是目前学者普遍关注的研究方向。本书未能从编码系统到编码理论穷尽讲解，有对此领域感兴趣的读者可以参考《现代编码理论》（赵晓群编著，华中科技大学出版社）一书。

参 考 文 献

[1] Fan B, Tantisiriroj W, Xiao L, et al. Disk Reduce: RAID for data-intensive scalable computing. Proceedings of the 4th Annual Workshop on Petascale Data Storage, 2009: 6-10.

[2] Cutting D, Calarella M, Borthakur D. HDFS-RAID wiki. http://wiki.apache.org/hadoop/HDFS-RAID [2011-11-02].

[3] Sanjay G, Howard G, Shun-Tak L. Colossus. http://www.quora.com/Colossus-Google-GFS2

[2012-11-29].

[4]　Calder B, Wang J, Ogus A, et al. Windows Azure storage: A highly available cloud storage service with strong consistency. Proceedings of the Twenty-Third ACM Symposium on Operating Systems Principles, 2011: 143-157.

[5]　Blaum M, Roth R M. On lowest density MDS codes. IEEE Transactions on Information Theory, 1999, 45(1): 46-59.

[6]　Wicker S B, Bhargava V K. Reed-Solomon codes and their applications. Communications of the Acm Cacm Homepage, 1999, 24(9): 583-584.

[7]　Tamo I, Wang Z, Bruck J. Zigzag codes: MDS array codes with optimal rebuilding. IEEE Transactions on Information Theory, 2013, 59(3):1597-1616.

[8]　Luo X H, Shu J W. Summary of research for erasure code in storage system. Journal of Computer Research and Development, 2012, 49(1): 1-11.

[9]　Weatherspoon H, Kubiatowicz J D. Erasure Coding vs. Replication: A Quantitative Comparison Peer-to-Peer Systems. Berlin: Springer Berlin Heidelberg, 2002: 328-337.

[10]　Sathiamoorthy M, Asteris M, Papailiopoulos D, et al. Xoring elephants: Novel erasure codes for big data. Proceedings of the VLDB Endowment, 2013, 6(5): 325-336.

[11]　Dimakis A G, Godfrey P B, Wu Y, et al. Network coding for distributed storage systems. IEEE Transactions on Information Theory, 2010, 56(9): 4539-4551.

[12]　Blaum M, Brady J, Bruck J, et al. EVENODD: An efficient scheme for tolerating double disk failures in RAID architectures. IEEE Transactions on Computers, 1995, 44(2):192-202.

[13]　Corbett P, English B, Goel A, et al. Row diagonal parity for double disk failure correction. 4th Usenix Conference on File and Storage Tech, 2004: 1-14.

[14]　Dean J, Ghemawat S. MapReduce: Simplified data processing on large clusters. Communications of the ACM, 2008, 51(1): 107-113.

[15]　Xu L, Bohossian V, Bruck J, et al. Low density MDS codes and factors of complete graphs. IEEE Transactions on Information Theory, 1999, 45(6):1817-1826.

[16]　Reed S, Solomon G. Ploynomial codes over certain finite fields. Journal of the Society for Industrial, 1960, 8(2):300-304.

[17]　Bose R C, Ray-Chaudhur D K. On a class of error correcting binary group codes. Information and Control, 1960, 1(3): 68-79.

[18]　Blomer J, Mitzenmacher M, Shokrollahi A. An XOR-based erasure-resilient coding scheme. ICSI Technical Report, 1995: 95048.

[19]　Rashmi K V, Shah N B, Gu D, et al. A solution to the network challenges of data recovery in erasure-coded distributed storage systems: A study on the Facebook warehouse cluster. Proceedings of USENIX HotStorage, 2013: 496-507.

[20] Xu L, Bruck J. X-Code: MDS array codes with optimal encoding. IEEE Transactions on Information Theory, 1999, 45(1):272-276.

[21] Xiang L, Xu Y, Lui J, et al. A hybrid approach to failed disk recovery using RAID-6 codes: Algorithms and performance evaluation. ACM Transactions on Storage(TOS), 2011, 7(3): 11.

[22] Wang Z, Dimakis A G, Bruck J. Rebuilding for array codes in distributed storage systems. GLOBECOM Workshops (GC Wkshps), 2010: 1905-1909.

[23] Zhu Y, Lee P P C, Hu Y, et al. On the speedup of single-disk failure recovery in xor-coded storage systems: Theory and practice. Mass Storage Systems and Technologies(MSST), 2012: 1-12.

[24] Khan O, Burns R C, Plank J S, et al. Rethinking erasure codes for cloud file systems: Minimizing I/O for recovery and degraded reads. FAST, 2012: 20.

[25] Zhu Y, Lee P P C, Xiang L, et al. A cost-based heterogeneous recovery scheme for distributed storage systems with RAID-6 codes. Dependable Systems and Networks(DSN), 2012: 1-12.

[26] Rashmi K V, Shah N B, Ramchandran K. A piggybacking design framework for read-and-download-efficient distributed storage codes. Information Theory Proceedings(ISIT), 2013: 331-335.

[27] Rashmi K V, Shah N B, Gu D, et al. A hitchhiker's guide to fast and efficient data reconstruction in erasure-coded data centers. Proceedings of the 2014 ACM Conference on SIGCOMM, 2014: 331-342.

[28] Dimakis A G, Godfrey P B, Wu Y, et al. Network coding for distributed storage systems. IEEE Transactions on Information Theory, 2010, 56(9): 4539-4551.

[29] Wang Y L, Li G J, Zhong X Q. Triple-Star: A coding scheme with optimal encoding complexity for tolerating triple disk failures in raid. ICIC International, 2012, 1349-4198: 1731-1742.

[30] Li S Y R, Yeung R W, Cai N. Linear network coding. IEEE Transactions on Information Theory, 2003, 49(2): 371-381.

[31] Dimakis A G, Ramchandran K, Wu Y, et al. A survey on network codes for distributed storage. Proceedings of the IEEE, 2011, 99(3): 476-489.

[32] Chen H C H, Hu Y, Lee P P C, et al. NCCloud: A Network-coding-based storage system in a cloud-of-clouds. IEEE Transactions on Computers, 2014, 63(1): 31-44.

[33] 柳青, 冯丹, 李白. 基于再生码的云存储系统. 通信学报, 2014, (4):166-173.

[34] Ramachandran K, Shah N B, Kumar P V. Exact regenerating codes for distributed storage. http://arxiv.org/abs/0906.4913[2015-1-23].

[35] Wu Y, Dimakis A G. Reducing repair traffic for erasure coding-based storage via interference alignment. IEEE International Symposium on Information Theory, 2009: 2276-2280.

[36] Suh C, Ramchandran K. Exact-repair MDS codes for distributed storage using interference

alignment. Proceedings of IEEE International Symposium on Information Theory(ISIT), 2010: 161-165.

[37] Rashmi K V, Shah N B, Kumar P V. Optimal exact-regenerating codes for distributed storage at the MSR and MBR points via a product-matrix construction. IEEE Transactions on Information Theory, 2011, 57(8): 5227-5239.

[38] Hou H, Shum K W, Chen M, et al. BASIC regenerating code: Binary addition and shift for exact repair. IEEE International Symposium on Information Theory Proceedings(ISIT), 2013: 1621-1625.

[39] Jiekak S, Kermarrec A M, Le Scouarnec N, et al. Regenerating codes: A system perspective. ACM SIGOPS Operating Systems Review, 2013, 47(2): 23-32.

[40] Li R, Lin J, Lee P P C. Enabling concurrent failure recovery for regenerating-coding-based storage systems: From theory to practice. IEEE Transactions on Computers, 2015, 64(7): 1898-1911.

第 4 章　分布式存储编码

4.1　引　　言

大数据正深刻改变着人类的生活、工作和思维方式。其技术基础之一是基于互联网海量数据的分布式存储云计算技术。建立、维护和应用大数据的能力已经成为一种核心竞争力。近年来谷歌、亚马逊的数据中心多次宕机表明其基于复制的策略不能提供高可靠性服务。

云存储自从提出以来，就获得了社会各界的广泛关注。云存储的高概率可用性、可靠性以及安全性等均是云存储系统的关键技术问题。本书主要研究云存储的可靠性和可用性所涉及的核心技术——分布式存储编码。国际上对分布式存储编码进行了广泛研究，先是对基于信道的纠错编码进行扩展优化，随后提出了具有 MDS 的奇偶码，即 X-Code、B-Code、RDP、Zigzag 及 RGC，和不具有 MDS 特性的射影自修复码。2007 年使用网络编码理论提出再生码以来，关于再生码的存在性理论研究以及构造方法的研究已经成为分布式存储编码的主要研究方向。因为再生码可以达到失效节点的最佳修复带宽，可以大量地节省宝贵的带宽资源。

然而，上述各种码尚不具备实用性。衡量分布式存储码的指标包括编码解码及修复计算复杂度、编码率、MDS 特性、节点修复带宽、修复所需节点数、数据重建带宽等参数。编码复杂度为构造编码的计算量，而解码复杂度为重建过程的计算量。修复复杂度是修复一个失效节点时的计算量，编解码及修复计算复杂度会影响系统能量的消耗、系统的规模以及响应时间等，是非常重要的性能指标。编码率是指存储的数据量的有效信息，即原始数据的大小与存储数据量的比值。满足 MDS 特性的编码，其存储空间效率可以达到最佳。修复带宽是存储系统的一个重要性能，存储节点可以分布在异构网络的不同地点，随着需要修复的数据量的增加，修复带宽显得异常珍贵。修复节点是指修复过程中使用到的存储节点的个数，修复节点会影响修复时间和修复协议的复杂度，修复节点少，则修复协议相对简单且系统允许多个修复过程同时运行，减少了修复时间。重建带宽是指由存储的编码数据恢复出原始数据的过程中所使用的带宽，该性能同样会影响用户体验。

4.1.1　分布式存储编码概述

随着计算机网络应用的迅速发展，网络信息数据量变得越来越大，海量信息存储变得尤为重要，持续增长的数据存储压力带动着整个存储市场的快速发展。分布式存储以其高性价比、低初期投资、按需付费等优越的特点日益成为当今大数据存储的主流技术。

分布式存储系统的存储节点失效已经成为一种常态。当系统所部署的存储节点变得不可靠时，必须引入冗余来提高节点失效时的可靠性。引入冗余最简单的方法就是对原始数据直接备份，直接备份虽然简单但是其存储效率和系统可靠性不高，而通过编码引入冗余的方法可以提高其存储效率。因此分布式存储的高概率可用性、可靠性以及安全性等均是分布式存储系统的关键技术问题。

在目前的存储系统中，编码方法一般采用 MDS 码，MDS 码可以达到存储空间效率的最佳，一个 (n,k) MDS 纠删码需要将一个原始文件分成 k 个大小相等的模块，并通过线性编码生成 n 个互不相关的编码模块，由 n 个节点存储不同的模块，并满足 MDS 属性（n 个编码模块中任意 k 个就可重构原始文件）。这种编码技术在提供有效的网络存储冗余中占有重要的地位，特别适合存储大的文件以及档案数据备份应用。

在分布式存储系统中，把大小为 B 的数据存储在 n 个存储节点中，每个存储节点存储的数据大小为 $\frac{B}{k}$。数据接收者只需要连接并下载 n 个存储节点中的任意 k 个存储节点的数据即可恢复出原始数据 B，这一过程称为数据重建过程或解码过程。RS 码是满足 MDS 码特性的一种码字。当存储系统中的存储节点失效时，为了保持存储系统的冗余量，需要恢复该失效节点存储的数据并将该数据存储在新节点中，该过程称为修复过程。在修复过程中，RS 码首先需要下载 k 个存储节点的数据并恢复出原始数据，之后为新节点编码出失效节点的存储数据。而当原始数据出现改动时，为了维持数据的一致，需要对冗余的校验编码块进行更改，这个过程称为更新过程。

不同的纠删码都有不同的编码、解码、修复及更新复杂度。复杂度越高，计算量越大，计算时所消耗的时间就越长。设计出一种好的纠删码，能够降低计算量，缩短工作时间，减少资源的消耗，节省系统运行时需要的成本。

4.1.2 分布式存储编码优化指标体系

对于分布式云存储系统中编码的研究，其中一个重要的目标就是研发同时满足低编解码及修复计算复杂度、低编码率、MDS 特性、低修复带宽、修复节点少，以及低重建带宽等特性的码字。本章根据该指标集，基于网络编码理论研究并提出二进制再生码，其编码解码和修复过程只涉及异或运算，大幅度降低计算复杂度和存储冗余系数，提出其高效存储、修复、重构的方法，使其成为实用的分布式存储码。同时，需要保持编码后的数据具有很强的安全性，同一组中的多个数据放在不同的磁盘，不同数据组的所有数据在各物理部件上的分布形态不相同，并且每个磁盘处理的业务是均衡的，不会出现热点，从根本上解决大数据分布式云存储系统的高可用性和可靠性。

分布式存储编码系统的目标是解决目前分布式云存储应用中的一些关键问题，从而提供一个具备实际应用能力、有竞争力的高性能分布式云存储编码方案，并应用落地。

在设计分布式存储编码时需要考虑的几个关键性能包括编解码及修复计算复杂度、编码率、MDS 特性、修复带宽、修复节点，以及重建带宽等。编码复杂度为构造编码的计算量，而解码复杂度为重建过程的计算量。修复复杂度是修复一个失效节点时的计算量，编解码及修复计算复杂度会影响系统能量的消耗、系统的规模以及响应时间等，是非常重要的性能指标。编码率是指存储的数据量的有效信息，即原始数据的大小与存储数据量的比值。满足 MDS 特性的编码，其存储空间效率可以达到最佳。修复带宽是存储系统的一个重要性能，存储节点可以分布在异构网络的不同地点，随着需要修复的数据量的增加，修复带宽显得异常珍贵。修复节点是指修复过程中使用到的存储节点的个数，修复节点会影响修复时间和修复协议的复杂度。修复节点少，则修复协议相对简单且系统允许多个修复过程同时运行，减少了修复时间。重建带宽是指由存储的编码数据恢复出原始数据的过程中所使用的带宽，该性能同样会影响用户体验。

因此，对于分布式存储系统中编码的研究，其中一个重要的目标就是研发同时满足低编解码及修复计算复杂度、低编码率、MDS 特性、低修复带宽、修复节点少，以及低重建带宽等特性的码字。

4.2　再　生　码

为了降低修复带宽，最近提出了结合网络编码理论的再生码(RGC)[1]。在 RGC 的修复过程中，新节点需要在剩下的存储节点中连接 d 个存储节点并分别从这 d 个存储节点中下载 β 大小的数据，所以，在 RGC 的修复过程中，需要下载的修复数据为 $d\beta$。新节点中恢复出的数据不一定和丢失节点中存储的数据一样，只需修复后的存储系统满足 MDS 特性，称这种修复模型为功能修复。为了 MDS 特性，RGC 的运算需要在一个较大的有限域内。

分析表明在节点存储信息量 α 和修复带宽 $d\beta$ 的最优折中曲线上，分别取两个极值点，相当于最优存储效应和最小修复带宽，达到这些极值点的编码分别称为 MSR 和 MBR。图 4-1 为 $k=5$，$n=10$ 的 RGC 节点存储量-修复带宽的最优折中曲线。

对于 MSR，每个节点至少存储 B/k bit 数据，因此可推出 MSR 中

$$(\alpha_{\mathrm{MSR}}, \beta_{\mathrm{MSR}}) = \left(\frac{B}{k}, \frac{Bd}{k(d-k+1)} \right)$$

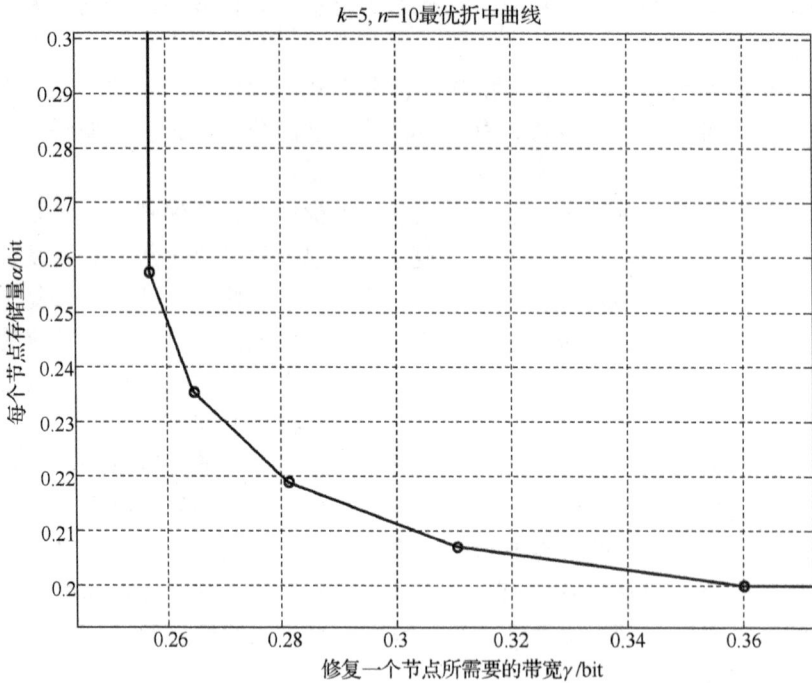

图 4-1　修复带宽与存储量的折中曲线

当 d 取最大值 $n-1$ 时，修复带宽 γ_{MSR} 最小，即 $\gamma_{\mathrm{MSR}}^{\min} = \dfrac{B}{k} \cdot \dfrac{n-1}{n-k}$。

而 MBR 拥有最小修复带宽，可以推出当 $d=n-1$ 时，获得最小修复带宽，其相应的参数为

$$(\alpha_{\mathrm{MBR}}^{\min}, \gamma_{\mathrm{MBR}}^{\min}) = \left(\frac{B}{k} \cdot \frac{2n-2}{2n-k-1}, \frac{B}{k} \cdot \frac{2n-2}{2n-k-1} \right)$$

对于节点失效修复问题，通常考虑三种修复模型。

(1) 精确修复：失效的模块需要精确构造，恢复的信息和所丢失的信息一样。

(2) 功能修复：新产生的模块可以包含不同于丢失节点的数据，只要修复的系统支持 MDS 码属性。

(3) 系统部分精确修复：是介于精确修复和功能修复之间的一个混合修复模型。在这个混合模型中，对于系统节点(存储未编码数据或元数据)要求必须精确恢复，即恢复的信息和失效节点所存储的信息一样；对于非系统节点(存储编码模块)，则不需要精确修复，只需要功能修复使得恢复的信息能够满足 MDS 码属性即可。

目前，在国际关于分布式存储编码理论的研究中，先后提出的 MDS 码有

EVENODD 码、X-Code 码、B-Code 码、RDP 码以及 2011 年提出的 Zigzag 码等。定义修复失效节点下载的数据量与现有数据存储量的比率为修复率，其中 Zigzag 码可以达到最佳的修复率，但其修复带宽不是最佳的。

2007 年，国际上开始使用网络编码理论提出 RGC 以来，关于 RGC 的存在性理论研究以及构造方法的研究已经成为国际上分布式存储编码的主要研究方向。因为 RGC 可以达到失效节点的最佳修复带宽，可以大量地节省宝贵的带宽资源。国内，中国科学技术大学许胤龙教授团队是比较早研究云存储的相关技术的，复旦大学王新教授团队使用网络编码理论研究了提高数据可靠性的相关技术，清华大学舒继武教授和国防科学技术大学肖侬教授团队分析了云存储系统中的关键存储技术。

表 4-1 总结了各种不同编码方式的特点，其中表格最后一列给出了不同编码方法提出的年份。RS 码是一种典型的 MDS 码，满足 MDS 特性，然而其修复带宽较大，浪费了大量宝贵的网络带宽资源。RGC 的概念最早在 2007 年提出，之后诞生了各种各样的优化方案。基于生成矩阵的再生码(PM-MSR、PM-MBR)提供了一种优化的精确再生码方案，在节点存储和修复带宽方面都有很大的提高。简单再生码(SRGC)提出了一种简单的检查修复方法，但是在编解码过程中涉及有限域乘法运算。准周期再生码(QMSR、QMBR)修复过程非常简单，修复带宽比较小。与此同时，为了减小修复过程的复杂度，基于正则图的快速修复码(FRC)也相继提出。在分布式存储系统中使用部分重复码 FR，系统失效修复性能也可以得到明显的提升。GPSRC(General Projective Self-Repairing Codes)在修复带宽和修复节点之间存在折中，然而其代价是丢失 MDS 特性。Zigzag 码有效避免了运算过程中可能存在的冲突问题，降低了编解码的复杂度。

从表 4-1 中明显可以看出，二进制再生码[2](Binary Regeneration Codes，BRGC)在节点存储和修复带宽方面均要优于其他的码字，满足 MDS 特性。

表 4-1　各种分布式存储编码方案特性比较

码	原数据大小	每节点存储 α	修复带宽 γ	修复节点数 d	提出年份
RS	$B > 0$	$\dfrac{B}{k}$	B	$d \geqslant k$	1960
FR	$(B+1)\rho = n\alpha$	$(B+1)\rho = n\alpha$	α	α	2010
PM-MSR	$k(d-k+1)$	$\dfrac{B}{k}$	d	$d \geqslant 2k-2$	2011
Zigzag	$k\alpha$	$\dfrac{B}{k}$	$\dfrac{(n-1)B}{(n-k)k}$	$n-1$	2011
PM-MBR	$\dfrac{k(2d-k+1)}{2}$	d	d	$d \geqslant k$	2011

码	原数据大小	每节点存储 α	修复带宽 γ	修复节点数 d	提出年份
SRGC	fk	$\dfrac{(f+1)B}{fk}$	$\dfrac{(f+1)B}{k}$	$\min(2f, n-1)$	2012
QMSR	$2k$	$\dfrac{B}{k}$	$k+1$	$k+1$	2012
QMBR	$2k$	$\dfrac{2B}{k}$	$\dfrac{2B}{k}$	2	2012
FRC	$B < n$	$t+1$	$t+1$	$t+1$	2012
GPSRC	B	$t+1$	$t+2 \leqslant \gamma \leqslant 2(t+1)$	$2 \leqslant d \leqslant t+2$	2012
BMSR	$2k$	$\dfrac{B}{k}$	$k+1$	$k+1$	2016
BMBR	$\dfrac{k(k+1)}{2}$	k	k	k	

4.2.1　功能修复再生码

功能修复再生码指的是，新产生的模块可以包含不同于丢失节点的数据，只要修复的系统支持 MDS 码属性。

功能修复二进制再生码的存储节点修复方法包括以下步骤：①选择一个新节点用来存储失效节点中存储的数据；②连接的 d 个存储节点中的每个节点均传输 β 个编码包到新节点，每个编码包均是该节点中的 α 个编码包的一个线性组合，线性组合的编码系数是 R_m 中的多项式；③当新节点从连接的 d 个节点中接收到 $d\beta$ 个编码包时，新节点将会计算并存储 α 个编码包；④在新节点中存储的每一个编码包都是一个接收到的 $d\beta$ 个编码包的线性组合，编码系数均为 R_m 中的多项式；其中数据被存储在 n 个存储节点上。该码的有益效果是：功能修复二进制再生码的编解码过程和修复过程均只涉及异或运算，其计算复杂度很低、计算开销很小，在很大程度上降低了系统计算时延，节省时间和资源，能减少成本的消耗，适合实际的存储系统。

功能修复二进制再生码的存储节点修复方法，其特征在于：存储系统中的 n 个存储节点，在每个节点上存储 α 个编码包，每一个编码包都是 B 个数据包的一个线性组合，其中编码系数为一个次数不超过 $m-1$ 的二进制多项式，称编码系数组成的向量为全局编码向量，R_m 表示多项式次数不超过 $m-1$ 的二进制多项式集合，称环 R_m 为多项式环，R_m 中的加法和乘法运算为多项式模 $1+z^m$ 运算；在 n 个存储节点中，如果任意的 k 个节点存储的数据均可解码出原始数据，这种特性为 (n,k) 特性。所以，其修复过程中的计算仅有循环移位和二进制加法。

其优势在于，功能修复二进制再生码的编解码过程和修复过程均只涉及异或运算，其计算复杂度很低、计算开销很小，在很大程度上降低了系统计算时延，节省时间和资源，能减少成本的消耗，适合实际的存储系统；同时给出了功能修复二进制再生码存在的充分条件，这是设计系统实用的低计算复杂度的再生码一个重要理论基础。有限域内的功能修复再生码的一般构造方式有以下两种。

1. 基于有限域的功能修复再生码

用 B 表示文件的大小，单位为有限域 F_{2^w}。数据文件存储在 n 个节点上，每个节点存储在 F_{2^w} 内的 α 个编码包中，数据文件可以通过任意 k 个节点恢复。每一个编码包都是 F_{2^w} 内的 B 个数据包的线性组合。线性组合的系数构成了对应于编码包的全局编码向量。

在修复过程中，通过连接 d 个任意存在节点，产生一个新节点并代替失效节点。参与修复过程的存储节点也称为帮助节点。每个帮助节点传输 β 数据量，每一个传输数据包都是 α 数据包的线性组合。线性组合的系数称为局域编码系数。新节点会生成 α 个新数据包，每一个数据包都是接收到的 $d\beta$ 数据包的线性组合。以上过程称为修复过程，在修复过程中的 $d\beta$ 的数据下载量称为修复带宽。这里指出，在新节点中存储的 α 的数据不需要与失效节点相同，只需要满足可以从任意 k 个节点中恢复原始文件的属性。称这个属性为 (n,k) 恢复属性。

有限域的再生码导致的一个主要结果是，功能修复再生码可以在一个有限域中构造，有限域的大小独立于可以发生的失败或修复节点的数量。需要以下引理来说明功能修复再生码的主要结果。

引理 4.1（Schwartz-Zippel） 设 F 是一个有限域，S 是 F 内元素的子集。使 f 是一个 $F[X_1,X_2,\cdots,X_N]$ 中的 e 次非零多元多项式。多项式 f 在 S^N 中最多有 $e|S|^{N-1}$ 个根。

信息流图是在修复过程中使用的关键概念，表示当节点加入和离开时的信息流演变过程。为了确定 (n,k) 码在每一次修复后恢复特征，描述了有限数据收集器，它包含一个长度为 n 的特征向量 h，显示了存储节点的允许传输能力，数据收集器相当于一个重构原始数据的请求。h 表示数据收集器可以从存储节点获得的信息。

给出系统参数值 n、k、d、α 和 β，使文件大小 B 为

$$B := \sum_{i=1}^{k} \min\{(d-i+1)\beta, \alpha\} \tag{4.1}$$

对于 $i=1,2,\cdots,k$，使 s_i 为式 (4.1) 中的第 i 项

$$s_i := \min\{(d-i+1)\beta, \alpha\}$$

而且对于 $i=k+1,k+2,\cdots,n$，使 $s_i=0$。定义 H 为长度 n 向量的集合，其中元素都是非负整数，被向量 $s=(s_1,s_2,\cdots,s_n)$ 优化。换句话说，如果将向量 $h\in\mathbb{Z}_+^n$ 中的元素按不

增加的顺序排序为 $h_{[1]} \geq h_{[2]} \geq \cdots \geq h_{[3]}$，那么 h 属于 H 有且仅有

$$\sum_{i=1}^{\mu} h_{[J]} = \begin{cases} \leq \sum_{i=1}^{\mu}, & \mu = 1, 2, \cdots, n-1 \\ = B, & \mu = n \end{cases}$$

存在性证明假设任意具有特征 $h' \in H$ 的数据收集器可以在节点失效前恢复原始文件，表明了 (n,k) 码的恢复特性可以在修复后被满足。基于有限域的功能修复再生码的主要结论如下。

定理 4.1　设 F_{2^w} 为一个有限域，如果其大小大于

$$B \cdot \max \left\{ \binom{n\alpha}{B}, 2|H| \right\}$$

则存在一个定义在 F_{2^w} 内的功能修复再生码，它实现了式(4.1)中的最优折中点。

2. 功能修复二进制再生码

假设一个数据文件包含 $B(m-1)$ 比特。在编码过程中，数据文件被平均分到 B 组中，第 i 组的 $m-1$ 比特表示为 $s_{i,0}, s_{i,1}, \cdots, s_{i,m-2}$。首先给每组的 $m-1$ 比特添加一个校验比特 $s_{i,m-1} = s_{i,0} + s_{i,1} + \cdots + s_{i,m-2}$，并表示为数据多项式 $s_i(z) = s_{i,0} + s_{i,1}z + \cdots + s_{i,m-1}z^{m-1}$。注意到每个数据多项式均有偶数个非零系数，为表述方便，用 C_m 表示多项式次数不超过 $m-1$，拥有偶数个非零系数的二进制多项式集合。称环 C_m 中的加法和乘法运算为多项式模 $1+z^m$ 运算的多项式环。将 B 个数据多项式 $s_1(z), s_2(z), \cdots, s_B(z) \in C_m$ 称为数据包或原始数据包。

考虑存储系统中有 n 个存储节点，在每个节点上存储 α 个编码包。每一个编码包都是 B 个数据包的一个线性组合，其中编码系数为一个次数不超过 $m-1$ 的二进制多项式。称编码系数组成的向量为全局编码向量。用 R_m 表示多项式次数不超过 $m-1$ 的二进制多项式集合。称环 R_m 为 R_m 中的加法和乘法运算为多项式模 $1+z^m$ 运算的多项式环。在 n 个存储节点中，如果任意的 k 个节点存储的数据均可解码出原始数据，称这种特性为 (n,k) 特性。当选择全局编码向量时，应该满足 (n,k) 特性。当一个节点失效时，在其余节点中连接任意 d 个存储节点的集合，从每个连接的存储节点中下载 β 个编码包。

功能修复二进制再生码的修复过程不同于有限域上的功能修复再生码，接下来将详细说明。在修复过程中，首先选择一个新节点用来存储失效节点中存储的数据。连接的 d 个存储节点中的每个节点均传输 β 个编码包到新节点，每个编码包均是该节点中的 α 个编码包的一个线性组合，线性组合的编码系数是 R_m 中的多项式。当新节点从连接的 d 个节点中接收到 $d\beta$ 个编码包时，新节点将会计算并存储 α 个编码

包。在新节点中存储的每一个编码包都是一个接收到的 $d\beta$ 个编码包的线性组合，编码系数均为 R_m 中的多项式。修复过程中的计算仅有循环移位和二进制加法。新节点中对应的全局编码向量同样被计算出来并保存。想要证明通过从集合 R_m 中选择局域编码系数的多项式可以保持 (n,k) 特性。

首先需要一个在环 C_m 上的 Schwartz-Zippel 引理。

令 $g(X_1,X_2,\cdots,X_N)$ 为一个 $R_m[X_1,X_2,\cdots,X_N]$ 中的非零多元多项式，系数属于集合 R_m。对 $l\in\{1,2,\cdots,N\}$，令 $r_l\in R_m$，如果在集合 R_m 中不存在一个多项式 $a(z)$，使得 $g(r_1,r_2,\cdots,r_N)a(z)=1$ 或者 $g(r_1,r_2,\cdots,r_N)a(z)=1+h(z)$，其中 $h(z)=1+z+\cdots+z^{m-1}$，则定义 N 维 $(r_1,r_2,\cdots,r_N)$ 为多项式 $g(X_1,X_2,\cdots,X_N)$ 的 C_m 根。

引理 4.2　集合 C_m 上的 Schwartz-Zippel 引理，假设 $f_1(z),f_2(z),\cdots,f_L(z)$ 是多项式 $h(z)$ 的不可约因子。令 S 为一个 R_m 的子集，函数 $\theta_l:S\to F_2[z]/f_l(z)$，定义 $\theta_l(a(z)):=a(z)\bmod f_l(z)$ 是单射的，对于 $\forall l=1,2,\cdots,L$，在这里 $a(z)$ 可以假设为 S 中的任意值。那么多项式 $g(X_1,X_2,\cdots,X_N)$ 在 S^N 中最多有 $L\cdot e\cdot|S|^{N-1}$ 个 C_m 根，其中 e 是多项式 $g(X_1,X_2,\cdots,X_N)$ 的阶。

可以通过中国剩余定理证明以上结果，环 C_m 同构于 $F_2(z)/h(z)$。更进一步，环 $F_2(z)/h(z)$ 同构于有限域 $F_2(z)/f_l(z)$ 的直和，$l=1,2,\cdots,L$。因为 θ_l 是单射的，有集合 $\{\theta_l(a(z)):a(z)\in S\}$ 是一个基为 $|S|$ 的域 $F_2(z)/f_l(z)$ 上的子集，$l=1,2,\cdots,L$。

对于 $l=1,2,\cdots,L$，令 $g_l(X_1,X_2,\cdots,X_N)$ 是 $g(X_1,X_2,\cdots,X_N)$ 的多项式，$g(X_1,X_2,\cdots,X_N)$ 的参数降低模 $f_l(z)$。令 R 为 S^N 中多项式 $g(X_1,X_2,\cdots,X_N)$ 的 C_m 根集合，令 R_l 为 S^N 的子集满足

$$g_l(\theta_l(a_1(z)),\theta_l(a_2(z)),\cdots,\theta_l(a_N(z)))=0$$

在域 $F_2(z)/f_l(z)$ 中，$\forall(a_1(z),a_2(z),\cdots,a_N(z))\in R_l$ 且 $l=1,2,\cdots,L$，有

$$|R|=|R_1\bigcup R_2\bigcup\cdots\bigcup R_L|\leqslant\sum_{l=1}^{L}|R_l|\leqslant L\cdot e\cdot|S|^{N-1}$$

在这里的最后一个不等式中，使用了引理 4.1 的结果。

在基于有限域的再生码的构造中，可以在有限域中任意地选择局域编码系数，使得多个行列式在有限域中是非零的，证明了基于有限域的功能修复再生码的存在性。在二进制再生码的情况下，想要限制局域编码系数为 S 中的多项式，多项式集合在几个有限域中为非零。这里指出，当为集合 S 选择多项式时，在引理 4.2 中定义的映射 θ_l 应该是单射的，$\forall l=1,2,\cdots,L$。因此 S 的基不能超过 $\{F_2(z)/f_1(z),F_2(z)/f_2(z),\cdots,F_2(z)/f_L(z)\}$ 中的最小域的大小，即

$$|S|\leqslant\min(2^{\deg(f_1(z))},\cdots,2^{\deg(f_L(z))})\leqslant2^{\frac{m-1}{L}}$$

基于以上讨论，在定理 4.2 中将说明关于 S 的基数的要求。

定理 4.2　令 n、k、d、α 和 β 为一个分布式存储系统中的混合系统参数。令 m 为一个奇数，且 $f_1(z)f_2(z)\cdots f_L(z)$ 是二进制有限域上校验多项式 $h(z)$ 的素因子分解。如果可以找到一个 R_m 的子集 S 满足：①定义在引理 4.2 中的映射 θ_l 是单射的，$\forall l = 1, 2, \cdots, L$；②如果 $|S|$ 大于

$$L \cdot B \cdot \max\left\{ \binom{n\alpha}{B}, 2\,|\,H\,| \right\} \tag{4.2}$$

那么会存在一个功能性修复 BASIC 再生码，支持文件大小

$$B = \sum_{i=1}^{k} \min\{(d-i+1)\beta, \alpha\}$$

它的局域编码系数来自于子集 S。

当初始化存储系统时，全局编码矩阵是 R_m 中的多项式。在每次修复过程中，局域编码系数是集合 S 中的多项式，它满足 k 个包的集合的一个收集器是可解码的。在这个收集器中的 k 包的每一个集合，需要确保满足可解码性。在应用引理 4.2 时，关于集合 S 的条件应该被满足。

在有限域上功能修复再生码存在性的证明中，只需要在有限域中选择局域编码系数。它们在有限域上将一个多项式集合演变成非零的，而且展示了如果域的大小大于定理 4.1 中给出的条件，那么就存在一个定义在域上的再生码。

定理 4.2 说明了当 S 的基数大于式(4.2)时，所提出的二进制再生码就可以实现在存储量和修复带宽之间的最优折中曲线的每一个点。在本书中提出的二进制再生码的主要不同点，就是假定二进制再生码中的包的值在 C_m 中，且局域编码系数是 S 中的多项式。

可以选择参数 m 为一个素数，并且满足 $2 \bmod m$ 的乘法序是 $m-1$。在这种情况下，多项式 $1+z^m$ 可以分解为两个不可约多项式的乘积，也就是 $1+z$ 和校验多项式 $h(z) = 1 + z + \cdots + z^{m-1}$。在这种情况下，可以令集合 S 为 R_m 中的多项式，它没有非零项并且小于或等于 $(m-1)/2$，并且 $|S| = 2^{m-1}$。可以检验函数 $\theta_1 : S \to F_2(z)/h(z)$，定义为

$$\theta_1(a(z)) := a(z) \bmod h(z)$$

对 S 中的任意多项式 $a(z)$ 是单射的。

4.2.2　精确修复再生码

精确修复再生码指的是，失效的模块需要精确构造，恢复的信息和所丢失的信息一样。随着新的存储媒介的出现和存储设备成本越来越低，存储成为了一种必需

品。但是，对于大规模的分布式存储系统来说，可靠性的要求也越来越高。随着软硬件产品使用越来越广，宕机和拜占庭失效也越来越频繁。为了保证可靠的存储，需要在网络存储系统中增加一定的冗余。冗余可以通过简单地复制数据来实现，但是存储效应不高，而纠错码提供一种不同于复制的有效存储方案。一般编码方式为一个(n,k)MDS 纠错码(如 RS 码)。首先，用有限域 Fq 中的元素个数来表示数据文件的大小，B 表示文件包含的原始个数。其次，使用 RS 码需要将一个原始文件分成 k 个大小相等的模块，并通过线性编码生成 n 个互不相关的编码模块，由 n 个节点存储不同的模块，并保证 MDS 属性，也就是一个终端用户或信宿通过下载 n 个存储节点中任意 k 个节点的编码数据就可重构原始文件。这种编码技术在提供有效的网络存储冗余中占有重要的地位，特别适合存储大的文件和档案数据备份应用。

由于节点失效或者文件损耗，系统的冗余度会随着时间而逐渐丧失，所以需要一种装备来保证系统的可靠性和相应的容错性。文献[3]中提出的纠错码，在存储开销上是比较有效的，然而支持冗余恢复所需要的通信开销也比较大。在失效节点修复过程中，首先从系统中的 k 个存储节点中下载数据并重构原始文件；然后由原始文件再重新编码出新的模块，并存储在新节点上。该修复过程的一个缺点是：为恢复一个存储节点的数据需要下载整个数据文件 B，对于修复带宽来说是一种浪费。

再生码在修复过程中通过在每个节点存储额外的符号或者访问更多的存储节点来实现带宽效益。令 α 为存储在每个存储节点上的有限域 $GF(2^m)$ 符号数，$\beta \le \alpha$ 为在再生过程中从每个存储节点所下载的数据量。为了恢复失效节点所存储的数据，一个新来者需要访问 d 个存活节点，则总共修复带宽为 $d\beta$。一般情况下，总共修复带宽少于 B(而传统的 RS 码需要的修复带宽就是整个数据文件的大小)。一个再生码不仅可以再生丢失的编码数据，还可以用于重构原始信息符号。令存储节点数为 n，一个 (n,k,d) 再生码要求至少 k 个节点进行原始数据恢复，至少 d 个节点进行数据再生，其中 $k \le d \le n-1$。在文献[1]的研究结果中，表明信源和信宿之间的割集界限值必须满足

$$B \le \sum_{i=0}^{k-1} \min\{\alpha,(d-i)\beta\} \tag{4.3}$$

在式(4.3)中求出 α 的最小值将会构成一个最小存储的再生码；求出 β 的最小值将会构成一个最小修复带宽的再生码。在实际中，存储量 α 和修复带宽 β 不可能同时取到最小值，因此在存储和修复带宽间存在一个折中。这两个极值点分别称为 MSR 和 MBR。在 MSR 中，α 和 β 值可以通过先求出 α 的最小值，然后求出满足要求的 β 的最小值，如下

$$\begin{cases} \alpha = B/k \\ \beta = \dfrac{B}{k(k-d+1)} \end{cases} \tag{4.4}$$

在 MBR 中，α 和 β 值是通过先求出 β 的最小值，再求出 α 的最小值，如下

$$\begin{cases} \alpha = \dfrac{2dB}{k(2d-k+1)} \\ \beta = \dfrac{2B}{k(2d-k+1)} \end{cases} \tag{4.5}$$

一个参数为 (α, β, B) 的 (n, k, d) RC 码，满足最佳的条件是：① (α, β, B) 在式 (4.3) 中取等号；②减小 α 或 β 值会导致新的参数不满足式 (4.3)。因此上述 MSR 和 MBR 均是最佳再生码。

本书的编码设计中，令 $\beta = 1$，则式 (4.4) 和式 (4.5) 分别简化为

$$\begin{cases} \alpha = d-k+1 \\ \beta = k(d-k+1) = k\alpha \end{cases} \tag{4.6}$$

$$\begin{cases} \alpha = d \\ \beta = kd-k(k-1)/2 \end{cases} \tag{4.7}$$

当节点失效时，有三种修复方式，分别为精确修复、功能修复和系统部分精确修复。在精确修复中，失效的模块需要正确构造，恢复的信息和丢失的一样；在功能修复中，新产生的模块可以包含不同于丢失节点的数据，只要修复的系统支持 MDS 属性；系统部分精确修复是精确修复和部分修复之间的一个混合的修复模型，在这个混合模型中，对于系统节点(存储未编码数据)要求必须精确恢复，对于非系统节点(存储编码模块)，则进行功能修复。相比精确修复，功能修复具有以下不足：①在存储系统中，服务器必须知道全局的编码系数，因而要求服务器必须不断更新修复节点的编码系数；②由于编码系数的变更，系统修复函数和数据重构的解码函数均需要重新调整；③每次修复过程均需要增加包头以更新编码系数。精确修复不需要以上操作，而且精确修复可以编码成系统码。

现有的精确再生码中，存储节点中的每个码字可以用矩阵 $C(n \times \alpha)$ 的第 i 行表示，矩阵 C 的每一行均有 c 个符号，而矩阵 C 是由 $C = \psi M$ 求出的，其中 ψ 为 $n \times d$ 的编码矩阵，M 为 $d \times \alpha$ 的信息矩阵。矩阵 ψ 是事先就确定的，且独立于信息符号 B。矩阵 M 包含了 B 个信息符号，其中的符号有可能是一样的。码字矩阵 C 的第 i 行可以表示为 $c_i^{\mathrm{T}} = \psi_i^{\mathrm{T}} M$，其中 ψ_i^{T} 为编码矩阵 ψ 的第 i 行，T 用来表示矩阵的转置。在该模型中，所有的符号均属于大小为 q 的有限域 Fq。

数据重构是指客户端从任意的 k 个存储节点获取 $k\alpha$ 符号并解码出信息矩阵 M。

客户端下载的 k 个存储节点用 $\{i_1, i_2, \cdots, i_k\}$ 表示，第 j 个节点将信息向量 $\psi_{i,j}^{\mathrm{T}} M$ 传输给客户端。这样客户端可以收到数据矩阵 $\psi_{\mathrm{DC}} M$，其中 ψ_{DC} 是矩阵 ψ 的 k 行 $\{\psi_{i1}, \cdots, \psi_{ik}\}$ 子矩阵。所以，客户端就可以利用矩阵 ψ 和 M 的特性解码出信息码字。

在失效节点的精确再生过程中，μ_i 为长度为 α 的向量，它为向量 ψ_i 的一部分。为了恢复失效节点 f，代替节点 f 的新节点需要从现存存储节点中选择 d 个节点 $\{h_1, \cdots, h_d\}$ 并各下载一个符号，这 d 个节点称为帮助节点，每个帮助节点传输一个符号给新节点，该符号为其存储的 α 个符号的内部运算，帮助节点 h_j 传输的符号为 $\psi_{h_j}^{\mathrm{T}} M \mu_f$。因此新节点可以获得矩阵 $\psi_{\mathrm{repair}} M \mu_f$，其中 ψ_{repair} 为矩阵 ψ 的 d 行 $\{\psi_{h_1}, \cdots, \psi_{h_d}\}$ 子矩阵。在再生过程中，各个新节点只需要知道失效节点 f 的编码系数，并不需要其他的编码系数。

现有精确再生码只考虑到节点宕机失效后丢失数据的再生过程，而并没有考虑拜占庭节点的情况。对于重构和再生的数据没有进行正确性验证，从而使得整个系统数据极易被污染。另外，在执行数据重构或再生过程中，当数据传输有误时，并没有进一步的解码算法来恢复存储数据。

4.2.3　协同修复再生码(系统部分精确修复)

系统部分精确修复再生码指的是介于精确修复和功能修复之间的一个混合修复模型。在这个混合模型中，对于系统节点(存储未编码数据或元数据)要求必须精确恢复，即恢复的信息和失效节点所存储的信息一样；对于非系统节点(存储编码模块)，则不需要精确修复，只需功能修复使得恢复的信息能够满足 MDS 码属性即可。

4.2.4　二进制最小存储再生码

随着计算机网络应用的迅速发展，网络信息数据量变得越来越大，海量信息存储变得尤为重要。传统意义的文件存储系统已经不能满足现有应用的大容量、高可靠性、高性能等方面的要求，分布式存储系统以其高效的可扩展性和高可用性成为存储海量数据的有效系统。然而在分布式存储系统中，存储数据的节点是不可靠的。为了能够由不可靠的存储节点提供可靠的存储服务，需要在存储系统中引入冗余。引入冗余最简单的方法就是对原始数据直接备份，直接备份虽然简单但是其存储效率和系统可靠性不高，而通过编码引入冗余的方法可以提高其存储效率。在目前的存储系统中，编码方法一般采用 MDS 码，MDS 码可以达到存储空间效率的最佳，一个 (n, k) MDS 纠错码需要将一个原始文件分成 k 个大小相等的模块，并通过线性编码生成 n 个互不相关的编码模块，由 n 个节点存储不同的模块，并满足 MDS 属性(n 个编码模块中任意 k 个就可重构原始文件)。这种编码技术在提供有效的网络存储冗余中占有重要的地位，特别适合存储大的文件和档案数据备份应用。

在分布式存储系统中，把大小为 B 的数据存储在 n 个存储节点中，每个存储节点存储的数据大小为 α。数据接收者只需要连接并下载 n 个存储节点中的任意 k 个存储节点的数据即可恢复出原始数据 B，这一过程称为数据重建过程。RS 码是满足 MDS 码特性的一种码字。当存储系统中的存储节点失效时，为了保持存储系统的冗余量，需要恢复该失效节点存储的数据并将该数据存储在新节点中，该过程称为修复过程。然而，在修复过程中，RS 码首先需要下载 k 个存储节点的数据并恢复出原始数据，之后为新节点编码出失效节点的存储数据。为了恢复一个存储节点的数据而解码出整个原始数据显然对传输带宽是一种浪费。

文献[3]中提出的 EC（Erasure Codes），该码在存储开销上是比较有效的，然而支持冗余恢复所需要的通信开销也比较大。图 4-2 表示只要系统中有效节点数 $d \geq k$，就可以从现有节点中获得原始文件；图 4-3 表示恢复失效节点所存储内容的过程。从图 4-2 和图 4-3 中可以看出整个恢复过程是：①首先从系统中的 k 个存储节点中下载数据并重构原始文件；②由原始文件再重新编码出新的模块，存储在新节点上。该恢复过程表明修复任何一个失效节点所需要的网络负载至少为 k 个节点所存储的内容。

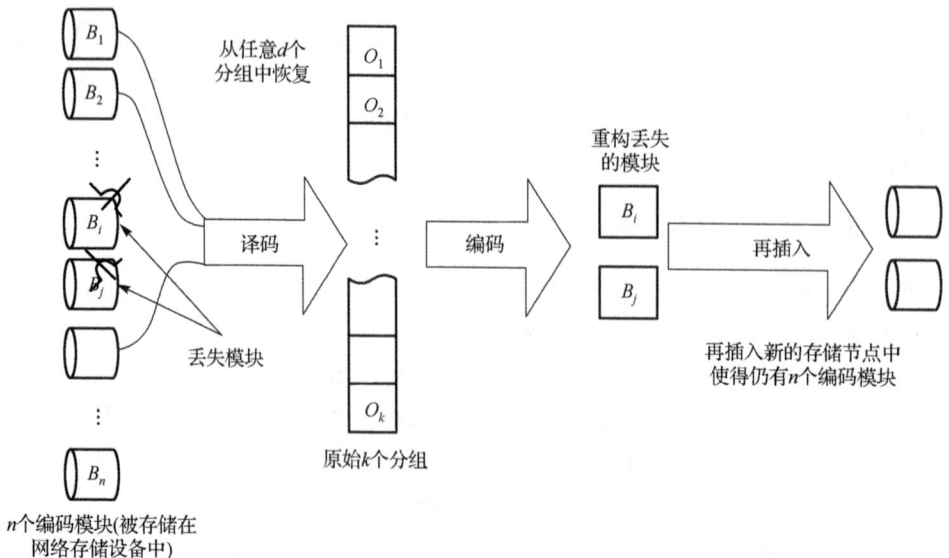

图 4-2　现有技术中 EC 的失效存储节点修复示意图

同时，为了降低修复过程中所使用的带宽，文献[1]利用网络编码理论的思想提出了再生码，再生码也满足 MDS 码特性。再生码的修复过程中，新节点需要在剩

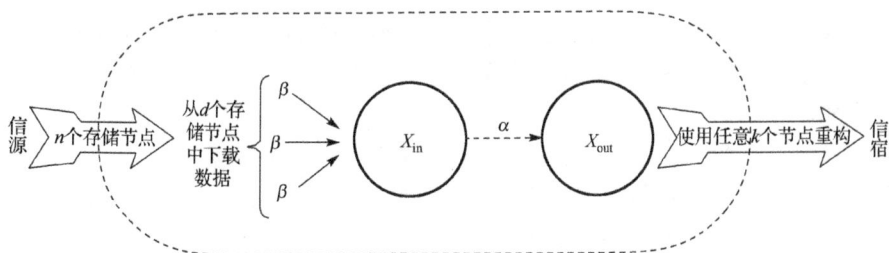

图 4-3　现有技术中再生码的数据重构示意图

下的存储节点中连接 d 个存储节点并分别从这 d 个存储节点中下载 β 大小的数据，所以再生码的修复带宽为 $d\beta$。同时给出了再生码功能修复的模型并提出了再生码的两类最佳码：MSR 和 MBR。再生码的修复带宽优于 RS 码，但再生码的修复过程需要连接 $d(d>k)$ 个存储节点（d 称为修复节点数）。另外，修复节点需要对其存储的数据执行随机线性网络编码操作。为了满足所有编码包是相互独立的，再生码的运算需要在一个较大的有限域内。

专利 PCT/CN2012/083174 中提出了一种实用射影自修复码的编码、数据重构和修复方法。实用射影自修复码（Practical Projective Self-Repairing Codes，PPSRC）同样具有自修复码的两个典型属性：丢失的编码模块可从其他编码模块中下载少于整个文件的数据进行修复；丢失的编码模块从一个给定数的模块中修复，该给定数只与丢失了多少模块数有关，而与具体哪些模块丢失无关。这些属性使得修复一个丢失模块的负载比较低，另外由于系统中各节点地位相同、负载均衡，使得在网络的不同位置，可以独立并发地修复不同丢失模块。

该码字除了满足以上条件外还有以下特性：当一个节点失效时，可以有 $(n-1)/2$ 对修复节点可供选择；当有 $(n-1)/2$ 个节点同时失效时，仍然可以使用剩下的 $(n+1)/2$ 个节点中的两个节点来修复失效节点。

PPSRC 的编码和自修复过程仅涉及异或运算，并不像一般自修复码，其编码需要计算多项式，相对较复杂，PPSRC 的计算复杂度小于射影自修复码（Projective Self-Repairing Codes，PSRC）。同时，PPSRC 的修复带宽和修复节点优于 MSR 码。PPSRC 的冗余是可控的，适用于一般的存储系统，PPSRC 的重建带宽达到最佳。

总而言之，PPSRC 有效地减少了数据存储节点，降低了系统数据存储的冗余度，在很大程度上提高了实用自修复码的使用价值。

然而，PPSRC 也存在一定的不足之处。首先，PPSRC 的编解码过程较为复杂，有限域及其子域的划分运算量相对较大，并且数据重构过程比较烦琐；其次，在 PPSRC 中，编码模块是不可再分的，因此修复编码模块也必须是不可再分的。同时，PPSRC 的整个编解码过程运算复杂度较高，冗余量虽然可控但其实还是相当大的。

通常 PPSRC 存储节点数选取非常大,对于相对小一些的文件来说就显得完全没有必要了。这些均增加了 PPSRC 在实际分布式存储系统中的实施难度,该射影自修复码通用性不强。

再生码中,修复一个丢失的编码模块只需要一小部分的数据量,而不需要重构整个文件。再生码应用线性网络编码思想,利用 NC(Network Coding) 属性(即最大流最小割)来改善修复一个编码模块所需要的开销,从网络信息论上可以证明用和丢失模块相同数据量的网络开销就可修复丢失模块。

再生码的主要思想还是利用 MDS 属性,当网络中一些存储节点失效时,也就相当于存储数据丢失,需要从现有有效节点中下载信息来使得丢失的数据修复丢失的数据模块,并将其存储在新的节点上。随着时间的推移,很多原始节点可能都会失效,一些再生的新节点可以在自身再重新执行再生过程,继而生成更多的新节点。因此再生过程需要确保两点:①失效的节点间是相互独立的,再生过程可以循环递推;②任意 k 个节点就足够恢复原始文件。

图 4-4 描述了当一个节点失效后的再生过程。分布式系统中 n 个存储节点各自存储 α 个数据,当有一个节点失效时,新节点通过从其他 $d \geqslant k$ 个存活节点中下载数据并用于节点再生,每个节点的下载量为 β,每个存储节点 i 通过一对节点 $X^i_{\text{in}}, X^i_{\text{out}}$ 来表示,这对节点通过一个容量为该节点的存储量(即 α)的边连接。再生过程通过一个信息流图描述,X_{in} 从系统中任意 d 个可用节点中各自收集 β 个数据,通过 $X_{\text{in}} \xrightarrow{\alpha} X_{\text{out}}$ 在 X_{out} 中存储 α 个数据,任何一个接收者都可以访问 X_{out}。从信

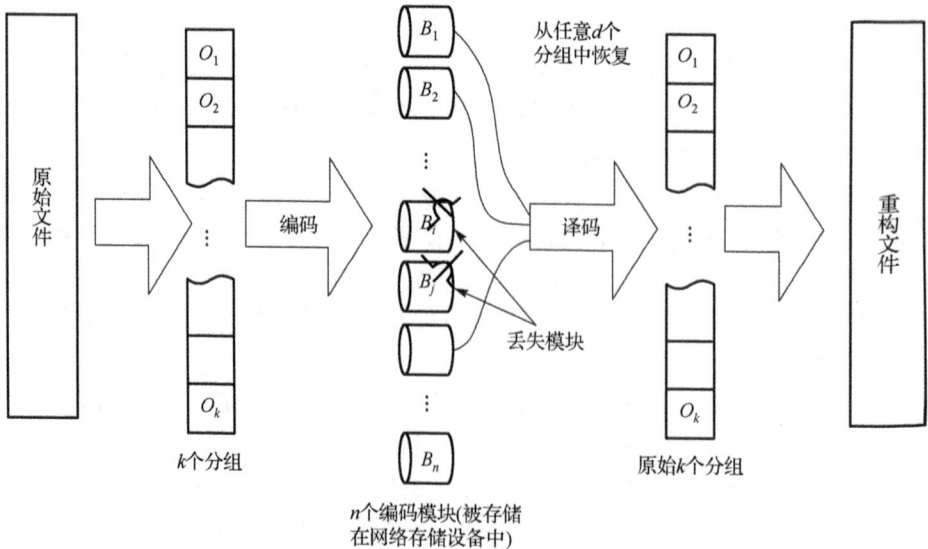

图 4-4 现有技术中 EC 的数据重构示意图

源到信宿的最大信息流是由图中的最小割集决定的，当信宿要重构原始文件时，这个流的大小不能低于原始文件的大小。

　　每个节点存储量 α 和再生一个节点所需要的带宽 γ 之间存在一个折中，因此又引入 MBR 和 MSR。对于最小存储点，可以知道每个节点至少存储 M/k 比特，因此可推出 MSR 中 $(\alpha_{MSR}, \gamma_{MSR}) = \left(\dfrac{M}{k}, \dfrac{Md}{k(d-k+1)} \right)$，当 d 取最大值，即一个新来者同时和所有存活的 $n-1$ 个节点通信时，修复带宽 γ_{MSR} 最小，即 $\gamma_{MSR}^{\min} = \dfrac{M}{k} \cdot \dfrac{n-1}{n-k}$。而 MBR 拥有最小修复带宽，可以推出当 $d=n-1$ 时，获得最小修复负载为

$$(\alpha_{MBR}^{\min}, \gamma_{MBR}^{\min}) = \left(\frac{M}{k} \cdot \frac{2n-2}{2n-k-1}, \frac{M}{k} \cdot \frac{2n-2}{2n-k-1} \right)$$

　　对于节点失效修复问题，考虑了三种修复模型：精确修复，失效的模块需要正确构造，恢复的信息和丢失的一样(核心技术为干扰队列和 NC)；功能修复，新产生的模块可以包含不同于丢失节点的数据，只要修复的系统支持 MDS 码属性(核心技术为 NC)；系统部分精确修复，是介于精确修复和功能修复之间的一个混合修复模型，在这个混合模型中，对于系统节点(存储未编码数据)要求必须精确恢复，即恢复的信息和失效节点所存储的信息一样，对于非系统节点(存储编码模块)，则不需要精确修复，只需要功能修复，使得恢复的信息能够满足 MDS 码属性(核心技术为干扰队列和 NC)。

　　为了使再生码运用到实际的分布式系统中，即使不是最优情况也至少需要从 k 个节点下载数据才能修复丢失模块，因此即使修复过程所需要的数据传输量比较低，再生码也需要高的协议负载和系统设计(NC 技术)复杂度来实现。另外再生码中未考虑工程解决方法，如懒修复过程，因此不能避免临时失效所带来的修复负载。最后，基于 NC 的再生码的编解码实现所需要的计算开销比较大，比传统的 EC 要高一个阶数。

　　下面介绍最小存储再生码的一种编解码方法，其中的编解码运算均只涉及二进制的异或运算。因此，编解码计算复杂度很低。

1. 编码方法

最小存储再生码的编码方法，包括如下步骤。

　　(A)将原始数据平均分为 n 个数据块，得到 n 个第一数据包；所述第一数据包表示为 $S_i, i=1,2,\cdots,n$；其中，所述 n 为偶数。

　　(B)设置 n 个存储节点和正整数 k，使 $n=2k$。

　　(C)分别以第 i 个第一数据包的下一个第一数据包为起点，对该起点及其随后连续 $k-1$ 个第一数据包的数据头或尾部加入设定数量的比特 0，得到 k 个第二数据包，运算所述 k 个第二数据包得到一个编码数据包；重复上述步骤得到 n 个编码数据包；

所述编码数据包表示为 $P_i, i=1,2,\cdots,n$；其中，所述第一数据包的第 n 个和第 1 个是连续的。

(D)将第 i 个第一数据包和以该第一数据包的下一个第一数据包为起点得到的编码数据包存储在第 i 个存储节点。

最小存储再生码的编码方法，其特征在于，以上所述步骤(C)进一步包括如下步骤。

(C1)得到 k 个编码识别码。

(C2)以第 i 个第一数据包的下一个第一数据包为起点，对该起点及跟随其后的、连续的 $k-1$ 个第一数据包分别依据其对应的编码识别码在其数据头部或尾部添加设定数量的比特 0，得到 k 个第二数据包；对所述 k 个第二数据包进行运算，得到一个编码数据包。

(C3)依次分别将步骤(C2)中作为起点的第一数据包之后的第一数据包作为起点，重复步骤(C2)，直到得到 n 个编码数据包。

最小存储再生码的编码方法，其特征在于，以上所述步骤(C1)进一步包括如下步骤。

(C11)判断 k 是否为素数，若是，执行步骤(C12)；否则执行步骤(C13)。

(C12)按照 $(r_1^a, r_2^a, \cdots, r_k^a) = (0, a, 2a, \cdots, (k-1)a) \bmod k, \ a=1,2,\cdots,k$，分别将 $a=1,2,\cdots,k$ 代入数列 $(0, a, 2a, \cdots, (k-1)a)$，并对得到的数列中的元素分别取 k 的模，得到 k 个编码识别码。

(C13)取大于 k 的最小素数 p，并按照 $(r_1^a, r_2^a, \cdots, r_k^a) = (a-1, 2a-1, \cdots, ka-1) \bmod p$，$a=1,2,\cdots,p-1$，分别将 $a=1,2,\cdots,p-1$ 代入数列 $(a-1, 2a-1, \cdots, ka-1)$，并对得到的数列中的元素分别取 p 的模，得到 k 个编码识别码。

以上所述步骤(C2)进一步分解为如下步骤。

(C21)取得编码识别码中的最大值，即 $r_{\max} = \max(r_1^a, r_2^a, \cdots, r_n^a)$。

(C22)在第 $i+1$ 个第一数据包的数据头部添加该编码识别码中第 $i+1$ 个元素值的比特 0，而在第 $i+1$ 个第一数据包的数据尾部添加 $r_{\max} - r_i^a$ 个比特 0，得到一个第二数据包；由所述第 $i+1$ 个第一数据包开始，对连续的 k 个第一数据包重复上述步骤，得到 k 个第二数据包。

(C23)将得到的 k 个第二数据包相加，得到第 i 个编码数据包，即

$$p_i = \sum_{j=(i+1)\bmod n}^{(k+i)\bmod n} s_j(r_t^i), \quad i=1,2,\cdots,n, \quad t \in \{1,2,\cdots,k\}$$

其中，p_i 表示以第 i 个第一数据包的下一个第一数据包为起点得到的编码数据包；$s_j(r_t^i)$ 表示第 j 个第二数据包，j 是 $(i+1)\bmod n \sim (i+k)\bmod n$ 的正整数；t 随着连续的 k 个数据包依次取值 $1 \sim k$，即取得连续的第一个第二数据包时 $t=1$，取得连续的第二

个第二数据包时 $t=2$，并以此类推，直到取得连续的第 k 个第二数据包时 $t=k$。

以上所述存储节点中的第一数据包和编码数据包分别存储，表示为第 i 个存储节点存储的数据包集合为 (s_i, p_i)。

以上所述原始文件的数据量为 n。

以上所述的编码方法中存储节点的存储节点修复方法，其特征包括如下步骤。

(I)确认第 i 个存储节点失效，并取得编码识别码。

(J)依次下载第 $i+1\sim i+k$ 个可用存储节点上的第一数据包，所述下载的 k 个存储节点是连续的；通过对下载的 k 个第一数据包进行编码异或运算得到所述第 i 个存储节点的编码数据包。

(K)下载第 $i-1$ 个存储节点的编码数据包，并取得所述第 $i+1\sim i+k-1$ 个存储节点的第一数据包，所述下载第一数据包的 $k-1$ 个存储节点是连续的；对下载的编码数据包和 $k-1$ 个原始数据包异或运算后得到所述第 i 个存储节点的第一数据包。

(L)组合所述运算得到的第一数据包和编码数据包并存入新的第 i 个存储节点。

以上所述步骤(J)进一步分解为如下步骤。

(J1)取出 k 个编码识别码。

(J2)取得编码识别码中的最大值，即 $r_{max} = \max(r_1^a, r_2^a, \cdots, r_n^a)$。

(J3)在第 $i+1$ 个第一数据包的数据头部添加该编码识别码中第 $i+1$ 个元素值的比特 0，而在第 $i+1$ 个第一数据包的数据尾部添加 $r_{max} - r_i^a$ 个比特 0，得到一个第二数据包；由所述第 $i+1$ 个第一数据包开始，对连续的 k 个第一数据包重复上述步骤，得到 k 个第二数据包。

(J4)将得到的 k 个第二数据包相加，得到第 i 个编码数据包，即

$$p_i = \sum_{j=(i+1)\bmod n}^{(k+i)\bmod n} s_j(r_t^i), \quad i=1,2,\cdots,n, \quad t\in\{1,2,\cdots,k\}$$

其中，p_i 表示以第 i 个第一数据包下一个第一数据包为起点得到的编码数据包；$s_j(r_t^i)$ 表示第 j 个第二数据包，j 是 $(i+1)\bmod n \sim (i+k)\bmod n$ 的正整数；t 随着连续的 k 个数据包依次取值 $1\sim k$，即取得连续的第一个第二数据包时 $t=1$，取得连续的第二个第二数据包时 $t=2$，并以此类推，直到取得连续的第 k 个第二数据包时 $t=k$。

以上所述步骤(K)进一步分解为如下步骤。

(K1)下载第 $i-1$ 个存储节点的编码数据包，并取得所述第 $i+1\sim i+k-1$ 个存储节点的第一数据包，所述下载第一数据包的 $k-1$ 个存储节点是连续的。

(K2)对下载的第 $i-1$ 个存储节点编码数据包和 $k-1$ 个第一数据包异或运算后得到所述第 i 个存储节点对应的第二数据包，即

$$s_i(r_1^{i-1}) = p_{i-1} + \sum_{j=(i+1)\bmod n}^{(i+k-1)\bmod n} s_j(r_t^{i-1}), \quad i=1,2,\cdots,n, \quad t\in\{2,3,\cdots,k\}$$

$s_i(r_1^i)$ 表示第 i 个第二数据包，j 是 $(i+1)\bmod n \sim (i+k-1)\bmod n$ 的正整数；t 随着连续的 $k-1$ 个数据包依次取值 $2\sim k$，即取得连续的第一个第二数据包时 $t=2$，取得连续的第二个第二数据包时 $t=3$，并以此类推，直到取得连续的第 $k-1$ 个第二数据包时 $t=k$。

（K3）取出 k 个编码识别码。

（K4）将得到的第 i 个第二数据包按照编码标识码去掉其数据头部和尾部添加的比特 0，得到第 i 个存储节点的第 i 个第一数据包。

要解决的技术问题在于，针对现有技术的上述运算复杂、开销大、修复带宽较大的缺陷，提供一种运算简单、开销小、修复带宽较小的最小存储再生码的编码和存储节点修复方法。

2. 解码方法

修复存储上述编码数据存储节点的方法，包括如下步骤。

（I）确认第 i 个存储节点失效，并取得编码识别码。

（J）依次下载第 $i+1\sim i+k$ 个可用存储节点上的第一数据包，所述下载的 k 个存储节点是连续的；通过对下载的 k 个第一数据包进行编码运算异或得到所述第 i 个存储节点的编码数据包。

（K）下载第 $i-1$ 个存储节点的编码数据包，并取得所述第 $i+1\sim i+k-1$ 个存储节点的第一数据包，所述下载第一数据包的 $k-1$ 个存储节点是连续的；对下载的编码数据包和 $k-1$ 个原始数据包异或运算后得到所述第 i 个存储节点的第一数据包。

（L）组合所述运算得到的第一数据包和编码数据包并存入新的第 i 个存储节点。

更进一步地，所述步骤（J）进一步分解为如下步骤。

（J1）取出 k 个编码识别码。

（J2）取得编码识别码中的最大值，即 $r_{\max} = \max(r_1^a, r_2^a, \cdots, r_n^a)$。

（J3）在第 $i+1$ 个第一数据包的数据头部添加该编码识别码中第 $i+1$ 个元素值的比特 0，而在第 $i+1$ 个第一数据包的数据尾部添加 $r_{\max} - r_i^a$ 个比特 0，得到一个第二数据包；由所述第 $i+1$ 个第一数据包开始，对连续的 k 个第一数据包重复上述步骤，得到 k 个第二数据包。

（J4）将得到的 k 个第二数据包相加（即将这些数据包彼此相互异或），得到第 i 个编码数据包，即

$$p_i = \sum_{j=(i+1)\bmod n}^{(k+i)\bmod n} s_j(r_t^i), \quad i=1,2,\cdots,n, \quad t\in\{1,2,\cdots,k\}$$

其中，p_i 表示以第 i 个数据包的下一个数据包为起点得到的编码数据包；$s_j(r_1^i)$ 表示第 j 个第二数据包，j 是 $(i+1) \bmod n \sim (i+k) \bmod n$ 的正整数；t 随着连续的 k 个数据包依次取值 $1 \sim k$，即取得连续的第一个第二数据包时 $t=1$，取得连续的第二个第二数据包时 $t=2$，并以此类推，直到取得连续的第 k 个第二数据包时 $t=k$。

更进一步地，所述步骤(K)进一步分解为如下步骤。

(K1)下载第 $i-1$ 个存储节点的编码数据包，并取得所述第 $i+1 \sim i+k-1$ 个存储节点的第一数据包，所述下载第一数据包的 $k-1$ 个存储节点是连续的。

(K2)对下载的第 $i-1$ 个存储节点编码数据包和 $k-1$ 个第一数据包异或运算后得到所述第 i 个存储节点对应的第二数据包，即

$$s_i(r_1^{i-1}) = p_{i-1} + \sum_{j=(i+1) \bmod n}^{(i+k-1) \bmod n} s_j(r_t^{i-1}), \quad i = 1, 2, \cdots, n, \quad t \in \{2, 3, \cdots, k\}$$

$s_i(r_1^i)$ 表示第 i 个第二数据包，j 是 $(i+1) \bmod n \sim (i+k-1) \bmod n$ 的正整数；t 随着连续的 $k-1$ 个数据包依次取值 $2 \sim k$，即取得连续的第一个第二数据包时 $t=2$，取得连续的第二个第二数据包时 $t=3$，并以此类推，直到取得连续的第 $k-1$ 个第二数据包时 $t=k$。

(K3)取出 k 个编码识别码。

(K4)将得到的第 i 个第二数据包按照编码标识码去掉其数据头部和尾部添加的比特 0，得到第 i 个存储节点的第 i 个第一数据包。

该最小存储再生码的编码和存储节点修复方法，具有以下有益效果：由于最小存储再生(BASIC Minimum-Storage Regenerating, BMSR)码满足再生码的基本属性，即修复一个丢失的编码模块只需要一小部分的数据量，而不需要重构整个文件；且其应用线性网络编码思想，利用 NC 属性来改善修复一个编码模块所需要的开销，可以用和丢失模块相同数据量的网络开销修复丢失模块；当网络中一些存储节点失效时，也就相当于存储数据丢失，可以从现有有效节点中下载信息来修复丢失的数据模块，并将其存储在新引入的节点上。同时，再生出的新节点可以在自身再重新执行再生过程，继而生成更多的新节点。其编码确保了：失效的节点间是相互独立的，再生过程可以循环递推；以及任意 k 个节点就足够恢复原始文件。所以，BMSR 码可以保证每个节点存储的数据量达到理论上最小，并且从 k 个节点下载数据就可以恢复一个失效节点所丢失的数据。因此，其运算简单、开销小、修复带宽较小。

如图 4-5 所示，在本书最小存储再生码的编码和存储节点修复方法实例中，该最小存储再生码的编码方法包括如下步骤。

(S41)均分原始数据，得到 n 个第一数据包。在本步骤中，将需要保存在网络上的原始数据均分为 n 份，得到 n 个第一数据包，即每个第一数据包中，具有与其

他第一数据包长度相等的数据，例如，设原始数据中有 6 个字符，最简单的情况是将其 6 等分，得到 6 个第一数据包，每个第一数据包中有 1 个字符，其长度相等。当然，在实际使用时可能不会这么简单，但是，该例子足以说明原始数据的等分方法。在本实例中，将上述第一数据包表示为 $S_i, i = 1, 2, \cdots, n$。

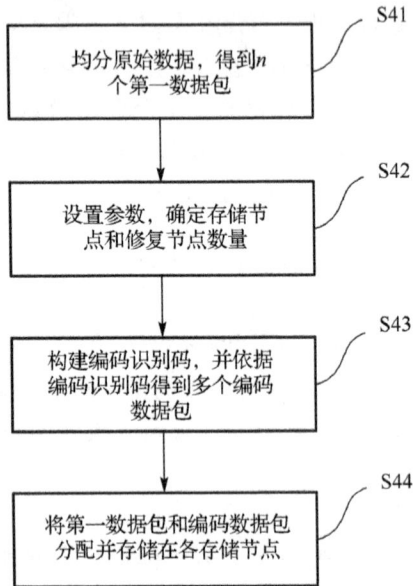

```
┌─────────────────────────┐
│   均分原始数据，得到n      │─── S41
│   个第一数据包            │
└─────────────────────────┘
            │
            ▼
┌─────────────────────────┐
│   设置参数，确定存储节      │─── S42
│   点和修复节点数量        │
└─────────────────────────┘
            │
            ▼
┌─────────────────────────┐
│   构建编码识别码，并依据    │─── S43
│   编码识别码得到多个编码    │
│   数据包                 │
└─────────────────────────┘
            │
            ▼
┌─────────────────────────┐
│   将第一数据包和编码数据包  │─── S44
│   分配并存储在各存储节点    │
└─────────────────────────┘
```

图 4-5　BMSR 编码步骤

（S42）设置参数，确定存储节点。在本步骤中，设置编码相关的参数，包括设置存储节点数量。例如，设置总的存储节点为 n，修复数据用的存储节点（即修复节点）数量为 $k+1$，二者均为正整数，且 $n=2k$。在本实例中，相对于上述步骤中等分的份数，将存储节点数量设置为 n，同时，设置修复节点的数量为 $k+1$。由于第一数据包是直接由原始数据均分而得的，所以可以认为在上述第一数据包之间是相互独立的；而编码的目的，是得到 $n-k$ 个编码数据包，这些编码数据包相互之间以及编码数据包和第一数据包之间均是独立的。

（S43）构建编码识别码，并依据编码识别码得到多个编码数据包。在本步骤中，构建出 n 个编码识别码，每个编码识别码对应于一个第一数据包，且每个编码识别码中包括 n 个元素，这些元素同样对应于第一数据包；在得到编码数据包时，以一个第一数据包为起点，选择其后跟随的、连续的 $k-1$ 个第一数据包，这样，选择的第一数据包总共有 $1+k-1=k$ 个；分别在上述 k 个第一数据包的数据头或尾部加入设定数量（该设定数量与编码识别码相关，稍后详述）的比特 0，然后运算这些加入比特 0 的第一数据包（即第二数据包），得到一个编码数据包；分别选择不同的第一数据包为起点重复上述步骤，分别得到 n 个编码数据包；所述编码数据包表示为

$p_j, j = 1, 2, \cdots, n$；值得一提的是，在上述处理过程中，第 n 个第一数据包与第 1 个数据包是连续的，例如，如果选择第 $n-1$ 个第一数据包作为起点，则跟随在其后的、连续的 k 个第一数据包是 $n, 1, 2, \cdots, k-1$。至于如何得到这些编码数据包及其相互之间独立的理由，在稍后进行较为详细的描述。

(S44) 将第一数据包和编码数据包分配并存储在各存储节点。在本步骤中，将经过上述步骤得到的第一数据包和编码数据包分配后，存储在各存储节点。可以先分别在 n 个存储节点中分别存入 n 个第一数据包，然后再在每个存储节点中存储对应于该节点存储的第一数据包的下一个为起点而得到的编码数据包；也可以将这些第一数据包和编码数据包分配或组合好再一起存入。存储在每个存储节点中的第一数据包和编码数据包是相互独立的。此时，第 i 个存储节点存储的数据包集合为 (s_i, p_i)。

在本实例中的步骤 (S43) 中，其编码数据包的取得具体包括如下步骤。

(S51) 得到编码识别码。在本步骤中，得到与每个第一数据包对应的编码识别码。在有 n 个第一数据包的情况下，在本步骤中得到 n 个编码识别码，每个编码识别码中包括 n 个数值 (或元素)，这些数值指示出每个第一数据包在与和该编码识别码对应的第一数据包进行编码时，应该在该数据包的数据头部添加比特 0 的个数。至于得到上述编码识别码的具体步骤，稍后描述。

(S52) 按照所述编码识别码对所述每个第一数据包在其数据头部或尾部添加设定数量的比特 0，得到 k 个第二数据包。在本步骤中，选择一个第一数据包的下一个第一数据包作为起点，取得其对应的编码识别码，例如，第 i 个数据包的下一个数据包是第 $i+1$ 个第一数据包，选择第 $i+1$ 个第一数据包作为起点，则选择第 $i+1$ 个编码识别码，对跟随第 $i+1$ 个第一数据包其后的、连续的 k 个第一数据包 (即第 $i+1, i+2, \cdots, i+k$ 个第一数据包) 按照第 $i+1$ 个编码识别码中对应元素，分别在其数据头部加入与该元素值相等的比特 0；同时，在该数据包的数据尾部加入 $r_{max} - r_i^a$ 个比特 0，其中，$r_{max} = \max(r_1^a, r_2^a, \cdots, r_n^a)$，为所有编码识别码中元素值的最大值，是事先求得的，通常其最大值为 $k-1$；r_i^a 是该第一数据包在本次操作中对应的编码识别码的元素值。如此，得到一个 (例如，第 $i+1$ 个第一数据包对应的) 第二数据包；对上述跟随在起点之后的、连续的第一数据包重复上述步骤，得到 k 个第二数据包。

(S53) 对所述 k 个第二数据包进行运算，得到其编码数据包。在本步骤中，对上述得到的 k 个第二数据包进行运算，得到对应于上述步骤中选择作为起点的第一数据包对应的编码数据包，即

$$p_i = \sum_{j=(i+1) \bmod n}^{(k+i) \bmod n} s_j(r_i^i), \quad i = 1, 2, \cdots, n, \quad t \in \{1, 2, \cdots, k\}$$

其中，p_i 表示以第 i 个第一数据包下一个第一数据包为起点得到的编码数据包；$s_j(r_t^i)$ 表示第 j 个第二数据包，j 是 $(i+1)\bmod n \sim (i+k)\bmod n$ 的正整数；t 随着连续的 k 个数据包依次取值 $1 \sim k$，即取得连续的第一个第二数据包时 $t=1$，取得连续的第二个第二数据包时 $t=2$，取得连续的第三个第二数据包时 $t=3$，…，并以此类推，直到取得连续的第 k 个第二数据包时 $t=k$。值得一提的是，在本步骤中，运算或相加都是指将这些数据包彼此相互异或。

(S54) 得到 n 个编码数据包。重复上述步骤 (S52)～(S53)，直到得到 n 个编码数据包；所述 n 个编码数据包的集合构成冗余符号。

此外，在本实例中，编码数据包的取得过程请参见图 4-6。图 4-6 从一个侧面表明了第一数据包、第二数据包和编码数据包之间的变换（转换）关系。

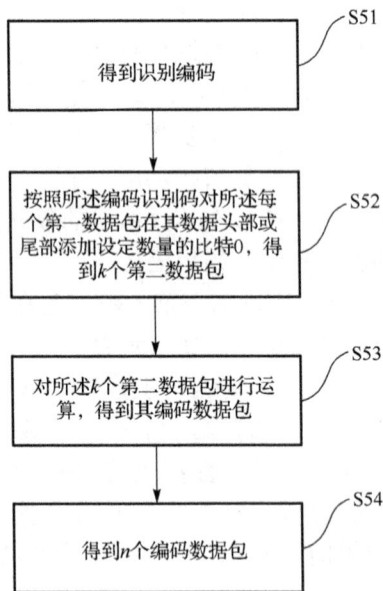

图 4-6　编码和存储节点修复方法实例中编码方法的流程图

图 4-7 示出了在本实例中得到编码识别码的具体步骤，包括如下步骤。

(S61) 判断 k 是否为素数，如果是，执行步骤 (S62)；否则执行步骤 (S63)。

(S62) 按照 $(r_1^a, r_2^a, \cdots, r_k^a) = (0, a, 2a, \cdots, (k-1)a)\bmod k, a = 1, 2, \cdots, k$，得到 k 个编码识别码，分别将 $a = 1, 2, \cdots, k$ 代入数列 $(0, a, 2a, \cdots, (k-1)a)$，并对得到的数列中的元素分别取 k 的模。

(S63) 取大于 k 的最小素数 p，并按照 $(r_1^a, r_2^a, \cdots, r_k^a) = (a-1, 2a-1, \cdots, ka-1)\bmod p$，$a = 1, 2, \cdots, p-1$，得到 k 个编码识别码，分别将 $a = 1, 2, \cdots, p-1$ 代入数列 $(a-1, 2a-1, 2a, \cdots, ka-1)$，并对得到的数列中的元素分别取 p 的模。

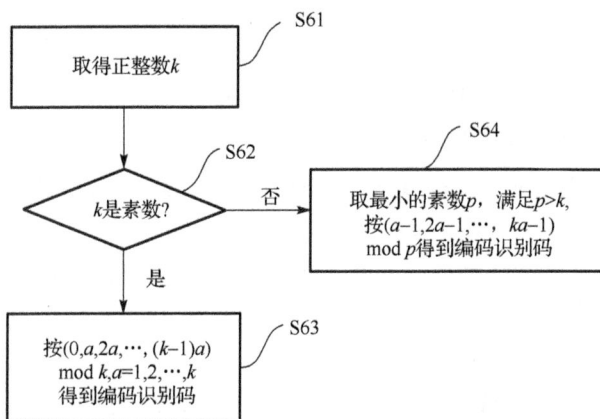

图 4-7　本实例中编码数据包的取得流程图

对于本实例而言，总体上来说，传统的 MSR 构造都是基于有限域 GF(q) 的。为了减小 MSR 的编码和运算复杂性，使用了基于有限域 GF(2) 的 MSR，称为 BMSR 码。

一般情况下，把满足 n 个数据包(包括数据包和编码包)中的任意 k 个数据包是线性独立的数据包称为 (n, k) 独立。

一个简单的例子是，取一个文件 $B=\{c_1,c_2\}$，包含两个数据包 c_1、c_2。明显可以看出，运用异或编码，存在三个线性独立的数据包 $\{c_1,c_2,c_1 \oplus c_2\}$。然而，这并不能满足分布式存储系统的要求。如果在数据包 c_1 头部添加一个比特 0，在数据包 c_2 尾部添加一个比特 0。记变动后的数据包为 $c_i(r_i)$，其中 r_i 是在数据包 c_i 头部添加的比特数。就上述三个数据包而言，变动后的数据包和编码包是线性独立的。

一般情况下，k 个原始的数据包(长度为 L 比特)，不妨记为

$$c_i = b_{i,1}b_{i,2}\cdots b_{i,L}, \quad i=1,2,\cdots,k$$

编码包 y_a 通过如下方式给出

$$y_a = c_1(r_1) \oplus c_2(r_2) \oplus \cdots \oplus c_k(r_k)$$

每个数据包 c_i 头部总共添加的冗余比特数目为 $r_{\max}=\max\{r_1,r_2,\cdots,r_k\}$。编码块 y_a 唯一的标识符为 $\mathrm{ID}_a=(r_1^a,r_2^a,\cdots,r_k^a)$。可以看出，在数据包 c_i 头部添加的 r_i 冗余比特等效于操作 $c_i(r_i)=2^{r_{\max}-r_i}c_i$。

对于任意素数 k 而言，编码块 y_a 唯一的标识可以通过如下方式给出，即

$$\mathrm{ID}=(r_1^a,r_2^a,\cdots,r_k^a)=(0,a,2a,\cdots,(k-1)a)\bmod k, \quad a=1,2,\cdots,k$$

则通过上述编码方式编码出的 n 个数据包 $\{c_1,c_2,\cdots,c_k,y_1,y_2,\cdots,y_{n-k}\}$ 是线性独立的。例如，当 $k=5$ 时，编码标识相应地为 $\mathrm{ID}_1=(0,1,2,3,4)_1$，$\mathrm{ID}_2=(0,2,4,1,3)_2$，$\mathrm{ID}_3=(0,3,1,4,2)_3$，$\mathrm{ID}_4=(0,4,3,2,1)_4$，$\mathrm{ID}_5=(0,0,0,0,0)_5$。

同理，对于其他非素数的正整数 k，可以选择最小的素数 p，并且满足 $p>k$。此

时编码标识可以表示为

$$(r_1^a, r_2^a, \cdots, r_k^a) = (a-1, 2a-1, \cdots, ka-1) \bmod p, \quad a = 1, 2, \cdots, p-1$$
$$(r_1^p, r_2^p, \cdots, r_{k-1}^p) = (0, 0, \cdots, 0)$$

例如，当 $k=4$ 时，取 $p=5$，编码标识相应地为 $\text{ID}_1 = (0,1,2,3)_1$，$\text{ID}_2 = (1,3,0,2)_2$，$\text{ID}_3 = (2,0,3,1)_3$，$\text{ID}_4 = (3,2,1,0)_4$，$\text{ID}_5 = (0,0,0,0)_5$。

综上所述，对于任意正整数 k，如果 k 是素数，通过在 k 个原始数据包头前添加 $k-1$ 比特数据（k 是素数），可以构造出 (n, k) 线性独立的数据包。如果 k 不是素数，同样可以构造出 (n, k) 线性独立的数据包，只是此时在每个原始数据包添加 $p-2$ 比特数据（p 是素数，且 $p>k$）。标识符 ID 构造流程为：选择一个正整数 k，作为求模的基数；判断整数 k 是否为素数；若整数 k 是素数，则可以按如下方式取标识符 ID，即

$$\text{ID} = (r_1^a, r_2^a, \cdots, r_k^a) = (0, a, 2a, \cdots, (k-1)a) \bmod k, \quad a = 1, 2, \cdots, k$$

若整数 k 不是素数，则取最小的素数 p，同时满足 $p>k$，此时标识符 ID 可以取

$$(r_1^a, r_2^a, \cdots, r_k^a) = (a-1, 2a-1, \cdots, ka-1) \bmod p, \quad a = 1, 2, \cdots, p-1$$

因此，我们总是可以将原始的 k 个数据包构造成 (n, k) 线性独立的数据包。

通常，参数为 (n, k, d) 的 MSR 包含 n 个节点，记为 $\{N_1, N_2, \cdots, N_n\}$。同时，在本实例中提出的 BMSR 码满足下面两个条件：$d=k+1$ 和 $B=n$。

也就是说，原始文件大小和存储节点数相同，并且修复一个节点所需的节点数 $d=k+1$。具体地，BMSR 的构造步骤如下：将原始数据 B 平均分割成 n 个数据块，每个数据块有 L 比特数据，记为 $S = (s_1, s_2, \cdots, s_n)$；构建冗余符号 P 为

$$P = (p_1, p_2, \cdots, p_n), \quad p_i = \sum_{j=i+1}^{k+i} s_j (r_j^i), \quad i = 1, \cdots, n$$

其中，r_j^i 表示在数据包 s_j 前面添加的 "0" 的比特数，从而形成编码数据包 p_i。r_j^i 通过如下方式给出，即

$$(r_j^i, r_{j+1}^i, \cdots, r_{j+k-1}^i) = (r_j^{i+k}, r_{j+1}^{i+k}, \cdots, r_{j+k-1}^{i+k}) = (a-1, 2a-1, \cdots, ka-1) \bmod p$$

在每个存储节点上存储数据，存储节点 $N_i (i=1, 2, \cdots, n)$ 存储的数据为 (s_i, p_i)。

实际的分布式存储系统中，节点经常会发生失效。这时需要引入新的节点，替换失效的节点以保证系统冗余维持在一定的范围内。这一过程称为节点再生。在本实例中的 BMSR 码中再生一个失效的节点，并且最小化所需的修复带宽，可以通过如下方式进行。

（S71）确认节点失效。在本步骤中，确认第 i 个存储节点失效，并取得编码识别码；值得一提的是，在本步骤需要得到失效节点的编号，即具体到某一节点。

(S72) 以失效节点为起点，下载其后连续 k 个节点的第一数据包，并得到该失效节点的编码数据包。在本步骤中，由于失效节点为第 i 个，所以依次下载第 $i+1\sim i+k$ 个可用存储节点上的第一数据包，下载的 k 个存储节点是连续的；通过对下载的 k 个第一数据包进行编码运算得到第 i 个存储节点的编码数据包；具体来讲，可以划分为：取出 k 个编码识别码；取得编码识别码中的最大值，即 $r_{\max}=\max(r_1^a,r_2^a,\cdots,r_n^a)$；在第 $i+1$ 个第一数据包的数据头部添加该编码识别码中第 $i+1$ 个元素值的比特 0，而在第 $i+1$ 个第一数据包的数据尾部添加 $r_{\max}-r_i^a$ 个比特 0，得到一个第二数据包；由所述第 $i+1$ 个第一数据包开始，对连续的 k 个第一数据包重复上述步骤，得到 k 个第二数据包；将得到的 k 个第二数据包相加（即将这些数据包彼此相互异或），得到第 i 个编码数据包，即

$$p_i=\sum_{j=(i+1)\bmod n}^{(k+i)\bmod n}s_j(r_t^i),\quad i=1,2,\cdots,n,\quad t\in\{1,2,\cdots,k\}$$

其中，p_i 表示（以第 i 个第一数据包下一个数据包为起点）得到的编码数据包；$s_j(r_t^i)$ 表示第 j 个第二数据包，j 是 $(i+1)\bmod n\sim(i+k)\bmod n$ 的正整数；t 随着连续的 k 个数据包依次取值 $1\sim k$，即取得连续的第一个第二数据包时 $t=1$，取得连续的第二个第二数据包时 $t=2$，取得连续的第三个第二数据包时 $t=3$，$\cdots$，并以此类推，直到取得连续的第 k 个第二数据包时 $t=k$。也就是说，实际上与编码时得到第 i 个存储节点的编码数据包是一样的操作步骤。

(S73) 分别下载第 $i-1$ 个存储节点的编码数据包，并取得第 $i+1\sim i+k-1$ 个存储节点的第一数据包，运算后得到第 i 个存储节点的第一数据包。在本步骤中，下载第 $i-1$ 个存储节点的编码数据包，并取得所述第 $i+1\sim i+k-1$ 个存储节点的第一数据包（这些第一数据包前面步骤中已经下载过），下载第一数据包的 $k-1$ 个存储节点是连续的；对下载的编码数据包和 $k-1$ 个原始数据包运算后得到所述第 i 个存储节点的第一数据包；具体的运算步骤如下：下载第 $i-1$ 个存储节点的编码数据包，并取得所述第 $i+1\sim i+k-1$ 个存储节点的第一数据包，所述下载第一数据包的 $k-1$ 个存储节点是连续的；对下载的编码数据包和 $k-1$ 个原始数据包异或运算后得到所述第 i 个存储节点添加比特 0 后的第一数据包（即第二数据包），即

$$s_i(r_1^{i-1})=p_{i-1}+\sum_{j=(i+1)\bmod n}^{(i+k-1)\bmod n}s_j(r_t^{i-1}),\quad i=1,2,\cdots,n,\quad t\in\{2,3,\cdots,k\}$$

$s_i(r_1^i)$ 表示第 i 个添加比特 0 后的第二数据包；j 是 $(i+1)\bmod n\sim(i+k-1)\bmod n$ 的正整数；t 随着连续的 $k-1$ 个数据包依次取值 $2\sim k$，即取得连续的第一个第二数据包对应 $t=2$，取得连续的第二个第二数据包对应 $t=3$，并以此类推，直到取得第 $k-1$ 个第二数据包对应 $t=k$。之后，取出 k 个编码识别码；将之前所得的添加比特 0 后的第

一数据包(即第 i 个第二数据包)，根据编码标识码去掉添加的、位于数据头部和尾部的比特 0，得到第 i 个存储节点的第一数据包。

(S74)存储上述步骤中得到的第一数据包和编码数据包。在本步骤中，组合所述运算得到的第一数据包和编码数据包并存入新的第 i 个存储节点。

在本实例中，BMSR 码可以保证任意 n 个存储节点中的任意 k 个节点存储的数据就可以解码出原始的文件，这使得数据再生也变得十分容易。

在本实例中，作为一个例子，介绍参数为(6，3，4)的 BMSR 码的构造过程。假设原始文件大小为 $B=n=6$，将它等分成六个数据符号，即 $S=(s_1,s_2,\cdots,s_6)$。每一个存储节点存储数据为 (s_i,p_i)，其中 p_i 由如下形式给出，即

$$p_i = \sum_{j=i+1}^{i+3} s_j(r_j^i), \quad i=1,2,\cdots,6$$

$$(r_1^{a+3},r_2^{a+3},r_3^{a+3}) = (r_1^a,r_2^a,r_3^a) = (0,a,2a)\bmod 3, \quad a=1,2,3$$

在该例子中，存储节点中存放的数据块和冗余符号的情况如图 4-8 所示。

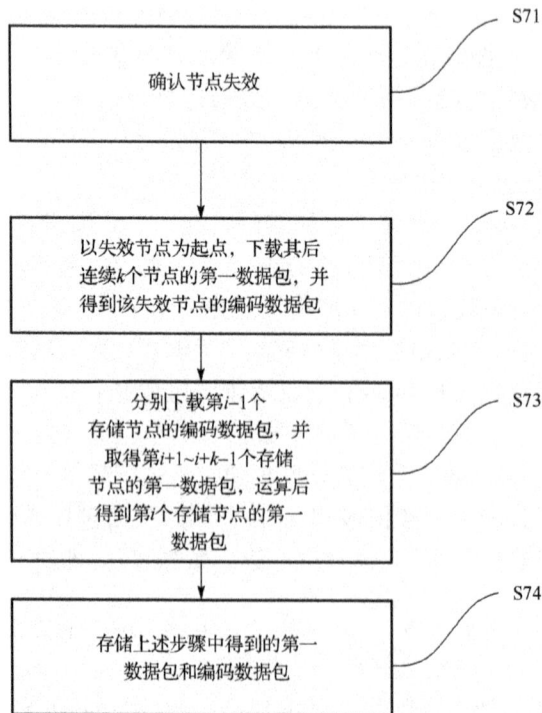

图 4-8　编码识别码的取得流程图

此外，为清楚地展示本实例中的编码方法的优点，主要分析比较本实例中所提出的 BMSR 码与传统再生码、RS 码在编码、解码以及修复过程中的计算复杂度如下。

3. 编码计算复杂度

对于 BMSR 码，系统总共有 $n-k$ 个校验节点，每个校验节点存储 k 个编码数据包，每个数据包是 k 个原始数据包通过异或运算得到的。因此，编码计算复杂度为 $k(n-k)(k-1)$ 个异或运算。

对于再生码(基于 GF(q))，同样系统有 $n-k$ 个校验节点，每个校验节点存储 k 个编码数据包。不同的是，编码包是通过 k 个原始数据包在有限域 GF(q) 选择相应多项式系数，进行异或运算得到的。因而，传统再生码编码计算复杂度为 $k(n-k)(k-1)$ 个异或运算，同时 $k^2(n-k)$ 个有限域 GF(q) 上的乘法运算。

对于 RS 码，原始文件大小为 $B=k(k+1)/2$，每个节点仅存储一个数据包。通常为了存储大小为 B 的文件，需要存储 $(k+1)/2$ 倍的 RS(n,k) 码所需的数据量。RS 码编码过程和再生码相似，因此其计算复杂度为 $k(k+1)(n-k)/2$ 的有限域乘法运算、$(k-1)(k+1)(n-k)/2$ 的异或运算。

4. 修复计算复杂度

对于 BMSR 码的修复过程，如果系统中同时有系统节点和校验节点失效，系统节点可以理解为优先级高于校验节点。也就是说，系统先修复系统节点，然后再修复校验节点。为修复一个系统节点，至少需要一个校验节点，至多需要 k 个校验节点，因而修复一个系统节点的计算复杂度为至少 $k-1$、至多 $k(k-1)$ 的异或运算。修复一个校验节点需要 k 个系统节点，则校验节点的修复计算复杂度为 $k(k-1)$ 的异或运算。

为了修复再生码的一个节点，k 个协助节点将 k 个数据包汇集于新引入的节点，通过运算将 k 个数据包再生成之前失效的数据包。所以，整个修复过程的计算复杂度至少为 $2k^2$ 的有限域乘法运算、$2k(k-1)$ 的异或运算。

而对于 RS 码，修复一个失效的节点需要下载原始文件大小的数据量以重建原始文件，再编码生成失效节点存储的数据包。修复过程的计算复杂度为 $k^2(k+1)/2+k$ 的有限域乘法运算、$k^2(k+1)/2+k-1$ 的异或运算。

5. 解码计算复杂度

为了恢复出原始文件，BMSR 码需要 $k(k-1)(k+1)/2$ 的异或运算。相似地，再生码的解码复杂度为 k^3 的有限域乘法运算、k^3 的异或运算。RS 码的解码运算复杂度为 $k^2(k+1)/2$ 的有限域乘法运算、$k^2(k+1)/2$ 的异或运算。

总结 BMSR 码与传统再生码、RS 码在编码、解码以及修复过程中的计算复杂度，如表 4-2 所示。

表 4-2　三种码的相关性能比较

码	编码复杂度	修复复杂度	解码复杂度
BMSR	$k(k-1)(n-k)\cdot X$	$k(k-1)\cdot X$	$k(k^2-1)/2\cdot X$
RS	$(k^2-1)(n-k)/2\cdot X$ $(k^2+k)(n-k)/2\cdot M$	$(k^2(k+1)/2+k-1)\cdot X$ $(k^2(k+1)/2+k)\cdot M$	$k^2(k+1)/2\cdot X$ $k^2(k+1)/2\cdot M$
再生码	$k(k-1)(n-k)\cdot X$ $k^2(n-k)\cdot M$	$2k(k-1)\cdot X$ $2k^2\cdot M$	$k^3\cdot X$ $k^3\cdot M$

其中，BMSR、RS 和再生码表示各种码的计算复杂度，X 代表异或运算，M 代表有限域乘法运算。

BMSR 相比传统再生码，最大的优势在于其大大减小了编解码过程中的计算复杂度，以简单易于实施的异或运算取代了有限域复杂的运算。传统再生码的构造基于有限域 GF(q)，编解码过程中涉及有限域加法、减法和乘法。有限域的运算虽然理论研究比较成熟，但实际运用起来比较烦琐、时间消耗大，明显不能符合当今分布式存储系统快速可靠的设计指标。BMSR 则不同，编解码的运算仅限于快速的异或运算，大大提高了节点修复和数据块再生的速率，在实际的分布式存储系统中具有很高的应用价值和发展潜力。

BMSR 码不仅降低了系统运算复杂度，同时可以保证节点存储数据量是理论上最小的(即原始文件的简单分块，不需要添加额外的数据)，并不消耗多余的带宽。在存储空间和带宽资源越来越宝贵的今天，BMSR 码带来的裨益是显然的。BMSR 码可以保证：①丢失的编码块可以直接下载其他编码模块的若干子集进行修复；②丢失的编码块可以通过固定数目的编码模块进行修复，该固定数目只与系统丢失了多少模块数有关，而与具体哪些模块丢失无关。同时，BMSR 码修复后的节点存储的数据和失效节点是完全一致的，也就是精确修复，在很大程度上减少了系统操作复杂度(如元数据更新、更新后的数据广播等)，如图 4-9 和图 4-10 所示。

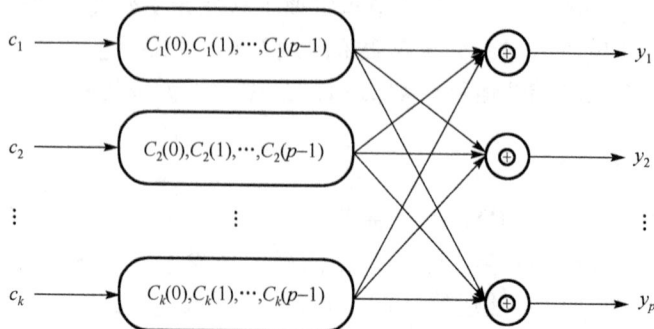

图 4-9　所述实例中存储节点的修复流程图

4.2.5　二进制最小带宽再生码

二进制最小带宽再生码(BMBR)的编码和修复过程仅涉及异或运算,并不像一般再生码,一般再生码需要计算多项式相对较复杂。图 4-10 描述了 BMBR 的数据包存放规则。

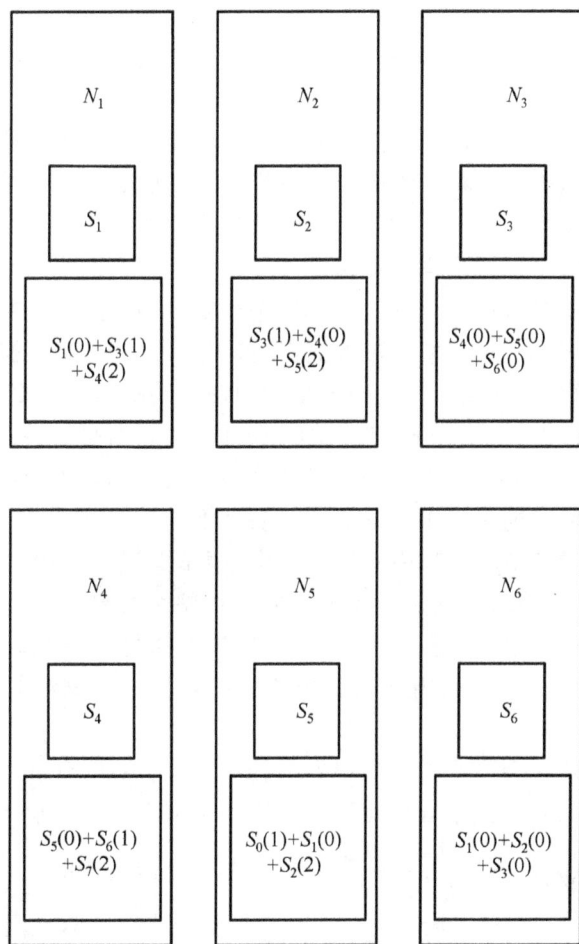

图 4-10　所述实例中存储节点中数据包存放示意图

然而,PPSRC 也存在一定的不足之处。首先,PPSRC 的编解码过程较为复杂,有限域及其子域的划分运算量相对较大,并且数据重构过程比较烦琐;其次,在 PPSRC 中,编码模块是不可再分的,因此修复编码模块也必须是不可再分的。最后,PPSRC 的整个编解码过程运算复杂度较高,冗余量虽然可控但其实还是相当大的。通常 PPSRC 存储节点数选取非常大,对于相对小一些的文件来说就显得完全没有必要了。这些均增加了 PPSRC 在实际分布式存储系统中的实施难度，该 PPSRC 通用性不强。

通过属性——当任意一个模块所存储的信息是由两个其他模块的信息异或得到时，任意两个模块信息就可用来修复第三个模块，文献[4]中提出了一种分层码 (Hierarchical Codes, HC)。HC 是一种选代构造，从小的 EC 开始逐渐构成一个大的编码，通过异或由 EC 构造的子模块而产生。

其主要思想是：考虑一个大小为 $s \times k$ 的文件，将文件分成 s 个子群，每个子群包含 k 个未编码模块，在每个子群中使用一个 (n, k) EC 来产生 $n-k$ 个局部冗余编码模块。通过编码计划进一步由所有的 $s \times k$ 个未编码模块来产生 r 个全局冗余编码模块。因此形成一个编码群，将 $s \times k$ 个未编码模块编码成 $s \times n + r$ 个编码模块。局部冗余模块可以用来修复子群中节点的失效，因此只需要访问少于整个文件大小的模块就可以进行修复；而全局冗余模块提供进一步修复保证，即当一个子群中失效的模块太多而不能自修复时可通过全局冗余模块进行修复。由于 HC 中系统结构不对称，有些模块的地位或许比其他模块地位要高，使得很难做一个深入的恢复力分析(影响对编码有效性的理解)；在实际系统中如果利用该编码则需要更复杂的算法(不管是重构还是修复)；在 HC 中不同编码模块的地位不同，因而修复丢失的模块所需要的模块数不仅取决于丢失的模块数，还与具体哪些模块丢失有关；同样地，重构原始文件所需要的模块数可能也因不同的丢失模块而不同。

专利 PCT/CN2012/071177 中提出了一种再生码，该方案中修复一个丢失的编码模块只需要一小部分的数据量，而不需要重构整个文件。再生码应用线性网络编码思想，利用 NC 属性(即最大流最小割)来改善修复一个编码模块所需要的开销，从网络信息论上可以证明用和丢失模块相同数据量的网络开销就可修复丢失模块。

每个节点存储量 α 和再生一个节点所需要的带宽 γ 之间存在一个折中，因此又引入 MBR 和 MSR。对于最小存储点可以知道每个节点至少存储 M/k 比特，因此可推出 MSR 中 $(\alpha_{\mathrm{MSR}}, \gamma_{\mathrm{MSR}}) = \left(\dfrac{M}{k}, \dfrac{Md}{k(d-k+1)} \right)$，当 d 取最大值即一个新来者同时和所有存活的 $n-1$ 个节点通信时，修复带宽 γ_{MSR} 最小，即 $\gamma_{\mathrm{MSR}}^{\min} = \dfrac{M}{k} \cdot \dfrac{n-1}{n-k}$。而 MBR 码拥有最小修复带宽，可以推出当 $d=n-1$ 时，获得最小修复负载，即

$$(\alpha_{\mathrm{MBR}}^{\min}, \gamma_{\mathrm{MBR}}^{\min}) = \left(\frac{M}{k} \cdot \frac{2n-2}{2n-k-1}, \frac{M}{k} \cdot \frac{2n-2}{2n-k-1} \right)$$

对于节点失效修复问题，考虑了三种修复模型：精确修复，失效的模块需要正确构造，恢复的信息和丢失的一样(核心技术为干扰队列和 NC)；功能修复，新产生的模块可以包含不同于丢失节点的数据，只要修复的系统支持 MDS 码属性(核心

技术为 NC)；系统部分精确修复，是介于精确修复和功能修复之间的一个混合修复模型，在这个混合模型中，对于系统节点(存储未编码数据)要求必须精确恢复，即恢复的信息和失效节点所存储的信息一样，对于非系统节点(存储编码模块)，则不需要精确修复，只需功能修复使得恢复的信息能够满足 MDS 码属性(核心技术为干扰队列和 NC)。

为了使再生码运用到实际的分布式系统中，即使不是最优情况也至少需要从 k 个节点下载数据才能修复丢失模块，因此即使修复过程所需的数据传输量比较低，再生码也需要高的协议负载和系统设计(NC 技术)复杂度来实现。另外再生码中未考虑工程解决方法，如懒修复过程，因此不能避免临时失效所带来的修复负载。最后基于 NC 的再生码的编解码实现所需的计算开销比较大，比传统的 EC 要高一个阶数。

针对现有技术的上述运算复杂、开销大、修复带宽较大的缺陷，提供一种运算简单、开销小、修复带宽较小的 MBR 的编码和存储节点修复方法。

MBR 的编码方法，包括如下步骤。

(A)将大小为 B 的原始数据平均分为 $k(k+1)/2$ 个数据块，每个数据块大小为 L 比特，得到第一数据包；所述第一数据包表示为 $c_i = b_{i,1}b_{i,2}\cdots b_{i,L}, i = 1,2,\cdots,k(k+1)/2$。

(B)使用所述第一数据包构建尺寸为 $k \times k$、对称的系统矩阵 S；其中，按照其编号依次取得第一数据包，并将取得的第一数据包按照所述系统矩阵中元素所在列的顺序，逐行依次填入所述系统矩阵 S 的上三角中，得到所述系统矩阵 S 的上三角。

(C)构建 k 个编码标识码，每个编码标识码包括 k 个元素；分别将所述系统矩阵的一列中的第一数据包按照一个标识编码中对应于该第一数据包编号的元素的值在该第一数据包的数据头或尾部加入设定数量的比特 0，得到 k 个第二数据包，运算所述 k 个第二数据包得到一个编码数据包；对所述系统矩阵中的该列使用不同的编码标识码重复上述步骤得到 k 个编码数据包；所述 k 个编码数据包按使用的编码数据包的编号排列而得到一个编码数据包集 $P_g = p_{g,1}p_{g,2}\cdots p_{g,k}$，其中，$g = 1,2,\cdots$，$n-k$，$p_{g,k}$ 是由所述第 k 个编码标识码和所述系统矩阵的第 g 列得到的编码数据包；分别选择 $n-k$ 个不同的系统矩阵的列重复上述步骤，得到 $n-k$ 个编码数据包集。

(D)构建大小为 $(n-k) \times k$ 的校验矩阵 P，所述校验矩阵 P 的各行为依次排列的所述编码数据包集 P_g。

(E)分别将所述系统矩阵中的每一行包括的第一数据包存储到一个存储节点，得到 k 个系统节点；分别将所述校验矩阵中的每一行存储到一个存储节点，得到 $n-k$ 个校验节点，所述 n 是存储节点总数。

更进一步地，所述步骤(C)进一步分解为如下步骤。

(C1)得到 k 个编码标识码。

(C2)取得一个编码标识码，选择所述系统矩阵的一列，对所选择的列的 k 个第一数据包分别依据该编码标识码中元素的最大值和该列中第一数据包所在行数对应的编码标识码元素值在该列第一数据包的数据头部或尾部分别添加设定数量的比特0，得到 k 个第二数据包；对所述 k 个第二数据包进行运算，得到一个编码数据包。

(C3)依次使用不同的编码标识码分别对所选择的系统矩阵的列重复步骤(C2)，直到得到 k 个编码数据包；将得到的编码数据包依次排列得到一个编码数据包集。

(C4)分别依次选择所述系统矩阵中 k 个不同的列并使用所述编码标识码重复步骤(C2)和(C3)，得到 $n-k$ 个编码数据包集。

更进一步地，所述步骤(C1)进一步分解为如下步骤。

(C11)判断 k 是否为素数，如是，执行步骤(C12)；否则执行步骤(C13)。

(C12)按照 $(r_1^a,r_2^a,\cdots,r_k^a)=(0,a,2a,\cdots,(k-1)a)\bmod k,a=1,2,\cdots,n-k$ ，分别将 $a=1,2,\cdots,n-k$ 代入数列 $(0,a,2a,\cdots,(k-1)a)$ ，并对得到的数列中的元素分别取 k 的模，得到 $n-k$ 个编码标识码。

(C13)取大于 k 的最小素数 p ，并按照 $(r_1^a,r_2^a,\cdots,r_k^a)=(a-1,2a-1,\cdots,ka-1)\bmod p$, $a=1,2,\cdots,n-k$ ，分别将 $a=1,2,\cdots,n-k$ 代入数列 $(a-1,2a-1,2a-1,\cdots,ka-1)$ ，并对得到的数列中的元素分别取 p 的模，得到 $n-k$ 个编码标识码。

更进一步地，所述步骤(C2)进一步分解为如下步骤。

(C21)取得所述编码标识码中的最大值，即 $r_{\max}=\max(r_1^a,r_2^a,\cdots,r_k^a)$ 。

(C22)在该系统矩阵被选择的列的第 y 个第一数据包的数据头部添加等于当前使用的编码标识码中第 y 个元素值的比特 0，而在该第一数据包的数据尾部添加 $r_{\max}-r_y^a$ 个比特 0，得到一个第二数据包，其中，$y=1,2,\cdots,k$ ；依次分别对该列的 $k-1$ 个第一数据包按照其在该列的行数取相同的 y 值并重复上述步骤，得到 k 个第二数据包；g 是被选择的系统矩阵的列，g 是 $1,2,\cdots,n-k$ 中的一个。

(C23)将得到的 k 个第二数据包相加，得到由当前编码标识码产生的一个编码数据包 $p_{g,j}$ ，表示通过系统矩阵的第 g 列数据和第 j 个编码标识码运算得到的编码数据包。

更进一步地，所述步骤(C4)中进一步分解为如下步骤。

(C41)选择所述步骤(C2)中编码标识码的相邻的下一个编码标识码。

(C42)将所述取得的编码标识码作为当前使用的编码标识码，并重复步骤(C2)和(C3)，直到所有的编码标识码均已使用。

更进一步地，所述步骤(B)中进一步分解为如下步骤。

(B1)将得到的第一数据包按照其编号取出，并按照所述系统矩阵 S 中元素所在列

的顺序，逐行依次填入所述系统矩阵 S 的上三角部分，得到系统矩阵的上三角，即

$$
\begin{bmatrix}
c_1 & c_2 & \cdots & c_k \\
 & c_{k+1} & \cdots & c_{2k-1} \\
 & & & \vdots \\
 & & & c_B
\end{bmatrix}
$$

其中，$B = k(k+1)/2$。

(B2)将上述步骤中得到的上三角部分沿其对角线对折而得到该系统矩阵的下
三角部分，系统矩阵表示为

$$
S = \begin{bmatrix}
c_1 & c_2 & \cdots & c_k \\
c_2 & c_{k+1} & \cdots & c_{2k-1} \\
\vdots & \vdots & & \vdots \\
c_k & c_{2k-1} & \cdots & c_B
\end{bmatrix}
$$

所述校验矩阵表示为

$$
P = \begin{bmatrix}
P_1 \\
P_2 \\
\vdots \\
P_{n-k}
\end{bmatrix} = \begin{bmatrix}
p_{1,1} & p_{1,2} & \cdots & p_{1,k} \\
p_{2,1} & p_{2,2} & \cdots & p_{2,k} \\
\vdots & \vdots & & \vdots \\
p_{n-k,1} & p_{n-k,2} & \cdots & p_{n-k,k}
\end{bmatrix}
$$

其中，$P_1 \sim P_{n-k}$ 是上述步骤中每次重复步骤(C3)时分别得到的编码数据包集；所述
步骤(D)中，还包括如下步骤：将所述系统矩阵和所述校验矩阵排列为一个数据矩
阵，并将该数据矩阵的每一行分别存储在各存储节点中；所述数据矩阵表示为
$M = \begin{bmatrix} S \\ P \end{bmatrix}$。

修复存储上述编码数据存储节点的方法，包括如下步骤。

(I)确认存储节点失效，判断失效存储节点的类型是否为系统节点，若是，执行
步骤(J)；否则执行步骤(K)。

(J)由剩余的每个正常的系统节点中下载该存储节点存储的第 f 个数据，即该系
统节点位于系统矩阵第 f 列的数据，得到该失效节点中存储的 $k-1$ 个数据，所述 f
是失效的系统节点位于系统矩阵的行数；$f = 1, 2, \cdots, k$；选择该列数据对应的校验节
点下载其存储的数据，使用所述由校验节点下载的数据和编码标识码运算，并结合
所得到的所述失效系统节点中存储的系统矩阵中一列的数据；得到所述失效系统节
点中的全部数据；将得到的数据存储在新的存储节点并使存储节点取代失效的系统
节点。

(K)取得失效校验节点所存储编码数据包集对应的系统矩阵的列号，从所有系

统节点中分别下载一个数据，所述下载的数据是系统矩阵中一个完整的、对应于所述取得列号的列；使用所有编码标识码对所述下载的数据进行编码，得到所述失效校验节点存储的数据，将其存储到新的存储节点并使其取代失效的校验节点。

更进一步地，所述步骤(J)进一步分解为如下步骤。

(J1)取得失效系统节点在系统矩阵中的行数 f，对于剩余正常的每个系统节点，分别下载其位于系统矩阵的第 f 列的第一数据包。

(J2)选择存储由所述系统矩阵第 f 列产生编码数据包集的校验节点下载其存储的编码数据包，使用下载的编码数据包和编码标识码进行编码运算的逆运算，得到所述系统矩阵第 f 列的第一数据包。

(J3)由所述系统矩阵的行、列间的对应关系得到所述失效的系统节点存储的第一数据包。

更进一步地，所述步骤(K)进一步分解为如下步骤。

(K1)确定失效的校验节点在编码矩阵中，行数 e，$e=1,2,\cdots,n-k$；取得 k 个编码标识码。

(K2)分别下载 k 个系统节点的第 e 个第一数据包，得到所述系统矩阵的第 e 列数据；取得编码标识码中的最大值，即 $r_{\max}=\max(r_1^a,r_2^a,\cdots,r_n^a)$。

(K3)对于得到的系统矩阵第 e 列数据，分别使用取得的编码标识码对其进行编码处理，得到存储在所述失效节点的数据。

更进一步地，所述步骤(K3)进一步分解为如下步骤。

(K31)取得所述编码标识码中的最大值，即 $r_{\max}=\max(r_1^a,r_2^a,\cdots,r_k^a)$。

(K32)在该系统矩阵被选择的列的第 y 个第一数据包的数据头部添加等于当前使用的编码标识码中第 y 个元素值的比特 0，而在该第一数据包的数据尾部添加 $r_{\max}-r_y^a$ 个比特 0，得到一个第二数据包，其中，$y=1,2,\cdots,k$；依次分别对该列的 $k-1$ 个第一数据包按照其在该列的行数取相同的 y 值并重复上述步骤，得到 k 个第二数据包；g 是被选择的系统矩阵的列，g 是 $1,2,\cdots,n-k$ 中的一个。

(K33)将得到的 k 个第二数据包相加，得到由当前编码标识码产生的一个编码数据包 $p_{g,j}$，表示通过系统矩阵的第 g 列数据和第 j 个编码标识码运算得到的编码数据包。

实施该 MBR 的编码和存储节点修复方法，具有以下有益效果：传统再生码的构造基于有限域GF(q)，编解码过程中涉及有限域加法、减法和乘法；有限域的运算虽然理论研究比较成熟，但实际运用起来比较烦琐、时间消耗大；而在本实例中，由于减小了编解码过程中的计算复杂度，以简单易于实施的异或运算取代了有限域复杂的运算。其编解码的运算仅限于快速的异或运算(即上述的相加)，大大提高了节点修复和数据块再生的速率；本实例中的 BMBR 不仅降低了系统运算复杂度，同时可以保证节点修复过程中所消耗的带宽是最小的(即原始文件大小)，并不消耗多余的带宽。在带宽资源越来越宝贵的今天，上述 BMBR 码带来的裨益是显然的。BMBR 码可以保证：丢失的编码块可以直接下载其他编码模块的若干子集进行修复；丢失的编码块可以通过固定数目的编码模块进行修复，该固定数目只与系统丢失了多少模块数有关，而与具体哪些模块丢失无关。同时，BMBR 码修复后的节点存储的数据和失效节点是完全一致的，也就是精确修复，在很大程度上减少了系统操作复杂度。因此，综上，其运算简单、开销小、修复带宽较小。

如图 4-11 所示，在本书 MBR 的编码和存储节点修复方法实例中，该 MBR 的编码方法包括如下步骤。

(S41)均分原始数据，得到第一数据包。在本步骤中，将大小为 B 的原始数据平均分为 $k(k+1)/2$ 个数据块，每个数据块大小为 L 比特，得到第一数据包；所述第一数据包表示为 $c_i = b_{i,1}b_{i,2}\cdots b_{i,L}, i = 1, 2, \cdots, k(k+1)/2$；在本实例中，为了简单起见，作为一个例子，设上述得到数据块的大小为 1 比特，这样，每个第一数据包中包括了一比特的数据，即 $c_i = b_{i,1}$；这样，在本实例中，上述参数 B 和 $k(k+1)/2$ 在数量上是相等的，即 $B = k(k+1)/2$。

(S42)使用得到的第一数据包构建系统矩阵。在本步骤中，使用上述步骤中得到的第一数据包构建尺寸为 $k \times k$ 的、对称的系统矩阵 S；其中，按照其编号依次取得第一数据包，并将取得的第一数据包按照系统矩阵 S 中元素所在列的顺序，逐行依次填入系统矩阵 S 的上三角中，得到系统矩阵 S 的上三角。也就是说，在本步骤中，通过使用上述步骤中得到的第一数据包，得到一个系统矩阵 S。在本实例中，该系统矩阵是对称矩阵，即以该矩阵的对角线为轴，轴两侧的矩阵元素是对称的。为此，在本实例中，采用了先得到该系统矩阵的上三角，然后再将其对折，得到整个系统矩阵的方法。得到系统矩阵上三角的方法为：按照第一数据包的编号(即其表达式中的下标 i)将其取出，将 $i=1$ 的第一数据包放置在系统矩阵第 1 行中的第 1 列元素的位置上，将 $i=2$ 的第一数据包放置在

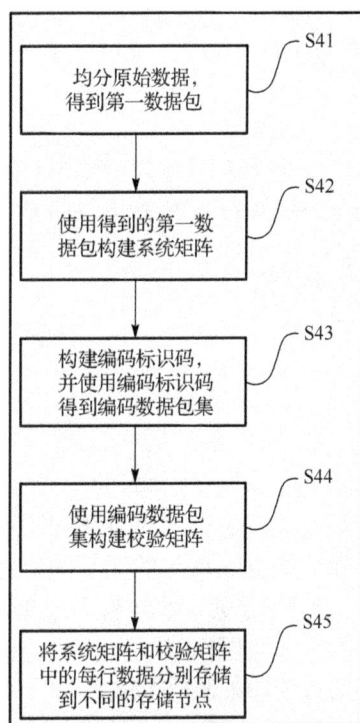

图 4-11　编码和存储节点修复方法
实例中编码方法的流程图

系统矩阵第 1 行中的第 2 列元素的位置上，将 $i=3$ 的第一数据包放置在系统矩阵第 1 行中的第 3 列元素的位置上，以此类推，放置到第 k 个第一数据包时，得到系统

数据包的第 1 行；由于是构建系统矩阵的上三角，所以，第 $i=k+1$ 个第一数据包放置到该系统矩阵 S 的第 2 行第 2 列元素的位置，按照上述方法，第 $k+2$ 个第一数据包放置在该系统矩阵 S 的第 2 行第 3 列，…，到第 2 行第 k 列时，放置的是第 $2k-1$ 个第一数据包。总之，在构建上述上三角时，系统矩阵 S 的第 1 行按照上述方法填入 k 个第一数据包（$c_1 \sim c_k$），第 2 行填入 $k-1$ 个数据包（$c_{k+1} \sim c_{2k-1}$），第 3 行填入 $k-2$ 个第一数据包（$c_{2k} \sim c_{3k-2}$），…，第 k 行填入 1 个第一数据包（c_B），于是，系统矩阵 S 的上三角共使用

$$k \times (k-1) \times (k-2) \times (k-3) \times \cdots \times 2 \times 1 = k(k-1)/2$$

个数据包，刚好将上述步骤中得到的第一数据包用完。得到系统矩阵的上三角后，将其沿对角线对折，得到系统矩阵 S。也就是说，在本实例中，将得到的第一数据包按照其编号取出，并按照系统矩阵 S 中元素所在列的顺序，逐行依次填入所述系统矩阵 S 的上三角部分，得到系统矩阵 S 的上三角部分为

$$\begin{bmatrix} c_1 & c_2 & \cdots & c_k \\ & c_{k+1} & \cdots & c_{2k-1} \\ & & & \vdots \\ & & & c_B \end{bmatrix}$$

其中，$B=k(k+1)/2$；然后，将上述步骤中得到的上三角部分沿其对角线对折而得到该系统矩阵 S 的下三角部分，于是，系统矩阵表示为

$$S = \begin{bmatrix} c_1 & c_2 & \cdots & c_k \\ c_2 & c_{k+1} & \cdots & c_{2k-1} \\ \vdots & \vdots & & \vdots \\ c_k & c_{2k-1} & \cdots & c_B \end{bmatrix}$$

（S43）构建编码标识码，并使用编码标识码得到编码数据包集。在本步骤中，构建 k 个编码标识码，每个编码标识码包括 k 个元素（编码标识码的构建方法在稍后详述）；之后，分别将系统矩阵 S 的一列中的第一数据包按照一个标识编码中对应于该第一数据包编号的元素的值在该第一数据包的数据头或尾部加入设定数量的比特 0，得到 k 个第二数据包，运算所述 k 个第二数据包得到一个编码数据包；对系统矩阵 S 中的该列使用不同的编码标识码重复上述步骤得到 k 个编码数据包；所述 k 个编码数据包按使用的编码数据包的编号排列而得到一个编码数据包集 $P_g = p_{g,1} p_{g,2} \cdots p_{g,k}$，其中，$g = 1, 2, \cdots, n-k$，$p_{g,k}$ 是由所述第 g 个编码标识码和系统矩阵 S 的第 k 列得到的编码数据包；然后，分别选择 $n-k$ 个不同的系统矩阵 S 的列重复上述步骤，得到 $n-k$ 个编码数据包集。也就是说，在本实例中，选择系统矩阵 S 中的一列，先使用得到的 $n-k$ 个编码标识码中的一个（例如，编号为 1 的编码标识码）对其进行添加比特 0

的处理,得到 k 个第二数据包,对得到的 k 个第二数据包进行异或运算,得到一个编码数据包;按照编码标识码的编号依次使用不同的编码标识码分别对该列进行相同的处理,共得到 k 个编码数据包;将这些得到的编码数据包按照其处理时使用的编码标识码依次排列,得到一个编码数据包集。分别再选择上述系统矩阵 S 中 $n-k-1$ 个不同的列进行上述步骤,共得到 $n-k$ 个编码数据包集。值得一提的是,在本实例中,通常可以由系统矩阵 S 的第一列开始,一直选择到第 $n-k$ 列来运行上述步骤。

(S44)使用编码数据包集构建校验矩阵。在本步骤中,构建大小为 $(n-k)\times k$ 的校验矩阵 P,校验矩阵 P 的各行为依次排列的所述编码数据包集 P_g;即该校验矩阵 P 的每行是一个上述得到的编码数据包集;每行的第 1 列是使用第 1 个编码标识码得到的编码数据包,第 2 列是使用第 2 个编码标识码得到的编码数据包,以此类推,第 k 列是使用第 k 个编码标识码得到的编码数据包;校验矩阵 P 中不同的行是选择系统矩阵 S 不同的列而得到的编码数据包集;通常,校验矩阵 P 的行是按照系统矩阵 S 的列号顺序排列的;例如,由系统矩阵 S 的第一列得到的编码数据包集是校验矩阵 P 的第一行,由系统矩阵 S 的第二列得到的编码数据包集是校验矩阵 P 的第二行,由系统矩阵 S 的第三列得到的编码数据包集是校验矩阵 P 的第三行,并以此类推。

(S45)将系统矩阵和校验矩阵中的每行数据分别存储到不同的存储节点。在本步骤中,分别将系统矩阵 S 中的每一行包括的第一数据包存储到一个存储节点,得到 k 个系统节点;分别将校验矩阵 P 中的每一行存储到一个存储节点,得到 $n-k$ 个校验节点,以实现数据编码和存储。其中,n 是存储节点总数。

在本实例中的步骤(S43)中,其编码数据包的取得具体包括如下步骤。

(S51)得到编码标识码。在本步骤中,得到 k 个编码标识码(取得编码标识码的具体步骤在稍后详述)。每个编码标识码中包括 k 个数值(或元素),这些数值指示出该编码标识码用于与系统矩阵 S 的列运算产生第二数据包时,应该在与该数值(编码识别码中的数值)位置对应的第一数据包的数据头部添加比特 0 的个数。

(S52)按照所述编码标识码对所述每个第一数据包在其数据头部或尾部添加设定数量的比特 0,得到 k 个第二数据包。在本步骤中,首先选择一个系统矩阵 S 的列,例如,系统矩阵 S 的第一列;然后,选择一个编码识别码,例如,包括了 k 个元素的第一个编码识别码,使用该第一个编码识别码对该选择的列进行处理,得到 k 个第二数据包。处理过程如下:取得该第一列的第一个第一数据包,在其前面加该编码识别码中第一个元素值的比特 0;得到所有编码识别码中元素值的最大值,将其与上述编码识别码中第一个元素值相减,得到一个数值;在该列第一个第一数据包的尾部增加上述相减得到数值个数的比特 0,得到一个第二数据包;其中,在该数据包的数据尾部加入 $r_{max} - r_i^a$ 个比特 0,其中,$r_{max} = \max(r_1^a, r_2^a, \cdots, r_n^a)$,为所有编码标识码中元素值的最大值,是事先求得的,通常其最大值为 $k-1$;r_i^a 是该第一数据包在本次操作中对应的编码标识码的元素值。如此,得到一个(例如,系统矩阵

S 第 1 列第 1 行的第一数据包对应的)第二数据包;在上述选择的系统矩阵 S 的列中,分别对其中位于不同行的第一数据包重复上述步骤,得到 k 个第二数据包。

(S53)对所述 k 个第二数据包进行运算,得到其编码数据包。在本步骤中,如上所述,在选择的系统矩阵列上,使用一个编码识别码,可以得到 k 个第二数据包,在本步骤中,将上述得到的 k 个第二数据包进行编码运算,得到一个编码数据包。值得一提的是,在本步骤中,运算或相加都是指将这些数据包彼此相互异或。对上述选择的系统矩阵 S 的列分别使用剩余的 $k-1$ 个编码标识码重复上述步骤(S53),得到 k 个编码数据包,这 k 个编码数据包是在相同的系统矩阵 S 的列上,使用不同的编码标识码而得到的。将得到 k 个编码数据包按其使用的编码标识码序号排列为一行,得到一个编码数据包集。

(S54)得到 $n-k$ 个编码数据包集。选择不同的系统矩阵 S 的列,重复上述步骤(S52)和步骤(S53),直到得到 $n-k$ 个编码数据包集;所述 $n-k$ 个编码数据包集构成冗余符号。将这些得到的编码数据包集按照其产生时选择的系统矩阵 S 的列号(通常,顺序选择系统矩阵 S 的第 1、2、3、…、$n-k$ 列)排列为一列,即可得到编码矩阵 P。

此外,在本实例中,编码数据包的取得过程请参见图 4-12。图 4-12 从一个侧面表明了第一数据包、第二数据包和编码数据包之间的变换(转换)关系。

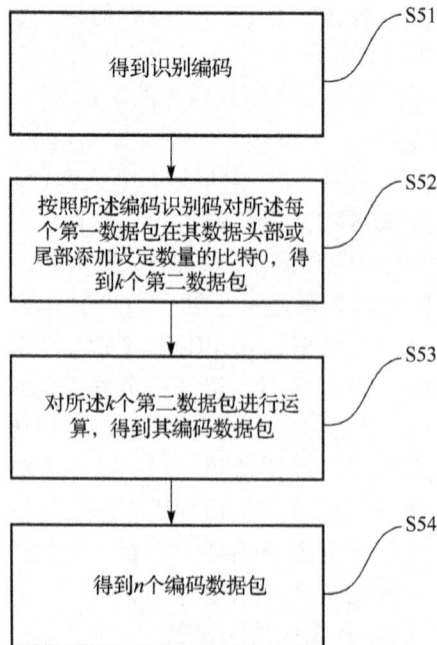

图 4-12　所述实例中编码数据包的取得流程图

图 4-13 示出了在本实例中得到编码标识码的具体步骤，如下。

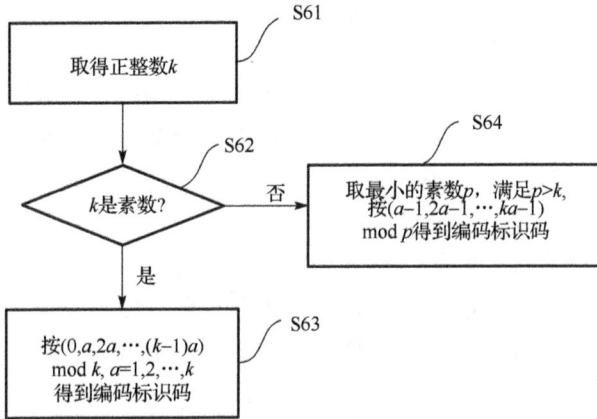

图 4-13　所述实例中编码标识码的取得流程图

（S61）判断 k 是否为素数，如果是，执行步骤（S62）；否则执行步骤（S63）；在本实例中，这个 k 就是将原始数据平均分配为 $k(k+1)/2$ 部分的 k，是依据原始数据的大小事先设定的。

（S62）按照 $(r_1^a,r_2^a,\cdots,r_k^a)=(0,a,2a,\cdots,(n-1)a)\bmod k, a=1,2,\cdots,k$，得到 k 个编码标识码。在本实例中，按照上述记载，分别将 $a=1,2,\cdots,k$ 代入数列 $(0,a,2a,\cdots,(n-1)a)$，并分别对得到的数列中的元素分别取 k 的模，得到 k 个编码标识码。每个 a 分别代入数列并对其进行求模处理，得到一个编码标识码，其中，a 的数值就是该编码标识码的序号。

（S63）取大于 k 的最小素数 p，并按照

$$(r_1^a,r_2^a,\cdots,r_k^a)=(a-1,2a-1,\cdots,ka-1)\bmod p,\quad a=1,2,\cdots,p-1$$

得到 k 个编码标识码。分别将 $a=1,2,\cdots,p-1$ 代入数列 $(a-1,2a-1,2a-1,\cdots,ka-1)$，并分别对得到的数列中的元素分别取 p 的模，得到 k 个编码标识码。每个 a 分别代入数列并对其进行求模处理，得到一个编码标识码，其中，a 的数值就是该编码标识码的序号。

实际的分布式存储系统中，节点经常会发生失效。这时需要引入新的节点，替换失效的节点以保证系统冗余维持在一定的范围内，这一过程称为节点再生。在本实例中的最小带宽码中再生一个失效的节点，并且最小化所需的修复带宽，可以通过如下方式进行。

（S71）确认节点失效。在本步骤中，确认有存储节点失效。

（S72）判断该失效节点的类型。在本步骤中，判断失效节点的类型，就本实例而言，存储节点的类型包括两种：一种是系统节点，一个系统节点存储系统矩阵 S

中的一行数据，共有 k 个系统节点；一种是校验节点，一个校验节点存储所述校验矩阵 P 中的一行数据，共有 $n-k$ 个校验节点。在本步骤中，判断该失效节点是系统节点还是校验节点，如果是系统节点，还要判断该失效的存储节点在系统节点中的编号，例如，第 f 个系统节点失效，此时，f 在 $1\sim k$ 取值，然后执行步骤(S73)；如果是校验节点，还要判断该失效的存储节点在校验节点中的编号，例如，第 i 个校验节点失效，此时，i 在 $1\sim n-k$ 取值，然后执行步骤(S74)。值得一提的是，本步骤的判断方法是结合实际的节点部署而得的。例如，在本实例中，选择 n 个存储节点，前 k 个是系统节点，后面的 $n-k$ 个节点为校验节点。由于系统在分配存储点或分配存储节点所存储的数据时会记录相关节点分配信息，通常是以元数据的形式存储。这里的系统，可以理解为一个服务器，它负责调度、管理以及所述节点失效判断。所以，可以从系统中得到一个存储节点是系统节点还是校验节点的信息，同时，也可以得到该节点对应的原始编码的列。

（S73）选择剩余的 $k-1$ 个系统节点，分别下载其中的第 f 个数据，并选择对应的校验节点下载其数据，得到失效节点所存储的数据。在本步骤中，从剩余的每个正常的系统节点中下载该存储节点存储的第 f 个数据，即该系统节点位于系统矩阵第 f 列的数据(缺少一个失效节点的第 f 个数据)，得到该失效节点中存储的 $k-1$ 个数据(在本实例中，设发现一个失效节点就立即进行修复)，其中，f 是失效的系统节点位于系统矩阵的行数；$f=1,2,\cdots,k$；选择该列数据对应的校验节点下载其存储的数据(也就是由系统矩阵的、上述下载的列与编码标识码运算得到的校验数据)，使用所述由校验节点下载的数据和编码标识码运算，并结合所得到的失效系统节点中存储的系统矩阵中一列(即上述下载了 $k-1$ 个数据的列)的已下载数据；得到失效系统节点中的全部数据；将得到的数据存储在新的存储节点并使存储节点取代失效的系统节点。在本步骤中，由于可以由上述步骤中所述的系统得到失效节点的相关编码信息，对于每一个失效的校验节点，总是可以找到其对应的原始编码的列数据。

也就是说，在本步骤中，取得失效系统节点在系统矩阵中的行数 f，对于剩余正常的每个系统节点，分别下载其位于系统矩阵的第 f 列的第一数据包；选择系统矩阵第 f 列产生编码数据包集的校验节点，下载其存储的编码数据包，使用下载的编码数据包和编码标识码进行编码运算的逆运算，得到所述系统矩阵第 f 列的第一数据包；由所述系统矩阵的行、列间的对应关系得到所述失效的系统节点存储的第一数据包。

（S74）取得失效节点对应的系统矩阵列号，下载该列数据，编码得到失效校验节点存储的数据。在本步骤中，取得产生失效校验节点所存储编码数据包集对应的系统矩阵的列号 e，$e=1,2,\cdots,n-k$（该校验节点存储的编码数据包集是由系统矩阵的该列数据和编码标识码运算而得到的），从所有系统节点中分别下载一个数据，下载的数据是系统矩阵中一个完整的、对应于取得列号的列(即系统矩

阵的第 e 列）；使用所有编码标识码分别对下载的列数据进行编码（与编码时的运算相同），得到所述失效校验节点存储的数据，将其存储到新的存储节点并使其取代失效的校验节点。

（S75）节点修复完成。在执行完上述步骤（S73）或步骤（S74）之后，执行本步骤，使得到的新的存储节点代替上述步骤中检测到的失效节点，完成节点的修复。

也就是说，对于校验节点失效而言，需要确定失效的校验节点在编码矩阵中的行数 e，$e=1,2,\cdots,n-k$；并取得 k 个编码标识码（编码标识码是事先已知并存储的）；然后，分别下载 k 个系统节点的第 e 个第一数据包，得到系统矩阵的第 e 列数据；对于得到的系统矩阵第 e 列数据，分别使用取得的编码标识码对其进行编码处理，得到存储在所述失效节点的数据。

编码时，取得所述编码标识码中的最大值，即 $r_{\max}=\max(r_1^a,r_2^a,\cdots,r_k^a)$；在该系统矩阵被选择的列的第 y 个第一数据包的数据头部添加等于当前使用的编码标识码中第 y 个元素值的比特 0，而在该第一数据包的数据尾部添加 $r_{\max}-r_y^a$ 个比特 0，得到一个第二数据包，其中，$y=1,2,\cdots,k$；依次分别对该列的 $k-1$ 个第一数据包按照其在该列的行数取相同的 y 值并重复上述步骤，得到 k 个第二数据包；g 是被选择的系统矩阵的列，g 是 $1,2,\cdots,n-k$ 中的一个；将得到的 k 个第二数据包相加（也就是将其异或），得到由当前编码标识码产生的一个编码数据包 $p_{g,j}$，表示通过系统矩阵的第 g 列数据和第 j 个编码标识码运算得到的编码数据包。

在本实例中，对于 k 个原始的数据包（长度为 L 比特），不妨记为 $c_i=b_{i,1}b_{i,2}\cdots b_{i,L}$，$i=1,2,\cdots,k$。难点在于成功找到 $n-k$ 个独立的编码包，使得 n 个数据包（包括数据包和编码包）中的任意 k 个数据包是线性独立的。一般情况下，把满足以上条件的数据包称为 $(n,\ k)$ 独立。

例如，取一个文件 $B=\{c_1,c_2\}$，包含两个数据包 c_1、c_2。明显可以看出，运用异或编码，存在三个线性独立的数据包 $\{c_1,c_2,c_1\oplus c_2\}$。然而，这并不能满足分布式存储系统的要求。如果在数据包 c_1 头部添加一个比特 0，在数据包 c_2 尾部添加一个比特 0。记变动后的数据包为 $c_i(r_i)$，其中 r_i 是在数据包 c_i 头部添加的比特数。就上述三个数据包而言，变动后的数据包和编码包是线性独立的。

一般来讲，k 个原始的数据包（长度为 L 比特），不妨记为 $c_i=b_{i,1}b_{i,2}\cdots b_{i,L}$，$i=1,2,\cdots,k$，编码包 y_a 通过如下方式给出

$$y_a=c_1(r_1)\oplus c_2(r_2)\oplus\cdots\oplus c_k(r_k)$$

每个数据包 c_i 头部总共添加的冗余比特数目为 $r_{\max}=\max\{r_1,r_2,\cdots,r_k\}$。编码块 y_a 唯一的标识符（即编码标识码）为 $\mathrm{ID}_a=(r_1^a,r_2^a,\cdots,r_k^a)$。可以看出，在数据包 c_i 头部添加的 r_i 冗余比特等效于操作 $c_i(r_i)=2^{r_{\max}-r_i}c_i$。

如果 k 是任意素数 k，编码块 y_a 唯一的标识符(即编码标识码)可以通过如下方式得到，即

$$ID = (r_1^a, r_2^a, \cdots, r_k^a) = (0, a, 2a, \cdots, (k-1)a) \bmod k, \quad a = 1, 2, \cdots, k$$

通过上述编码方式编码出的 n 个数据包 $\{c_1, c_2, \cdots, c_k, y_1, y_2, \cdots, y_{n-k}\}$ 是线性独立的。例如，当 $k=5$ 时，编码标识相应地为 $ID_1 = (0,1,2,3,4)_1$，$ID_2 = (0,2,4,1,3)_2$，$ID_3 = (0,3,1,4,2)_3$，$ID_4 = (0,4,3,2,1)_4$，$ID_5 = (0,0,0,0,0)_5$。

如果 k 不是素数，而是一个正整数 k，可以选择最小的素数 p，并且满足 $p>k$。此时编码标识可以表示为

$$(r_1^a, r_2^a, \cdots, r_k^a) = (a-1, 2a-1, \cdots, ka-1) \bmod p, \quad a = 1, 2, \cdots, p-1$$

$$(r_1^p, r_2^p, \cdots, r_{k-1}^p) = (0, 0, \cdots, 0)$$

例如，当 $k=4$ 时，取 $p=5$，编码标识相应地为 $ID_1 = (0,1,2,3)_1$，$ID_2 = (1,3,0,2)_2$，$ID_3 = (2,0,3,1)_3$，$ID_4 = (3,2,1,0)_4$，$ID_5 = (0,0,0,0)_5$。

综上所述，对于任意正整数 k：如果 k 是素数，通过在 k 个原始数据包头前添加 $p-1$ 比特数据(p 是素数，且 $p>k$)，可以构造出 $(n+k, k)$ 线性独立的数据包。如果 k 不是素数，同样可以构造出 $(n+k, k)$ 线性独立的数据包，只是此时在每个原始数据包添加 $p-2$ 比特数据。

通常，参数为 (n, k, d) 的 MBR 包含 n 个节点，记为 $\{N_1, N_2, \cdots, N_n\}$。BMBR 码应用于包含 n 个节点的系统中，每个节点存储 k 个数据块。任意 k 个节点存储的数据 $(\{s_i\}_{i=1,2,\cdots,k})$ 涵盖了文件的所有原始数据，通常也将这种编码称为系统码。剩下的 $n-k$ 个节点，通常称为校验节点，存储的是编码后的数据块。

将大小为 B 的文件等分成 $k(k+1)/2$ 份，每份大小为 L 比特。记 S 为 $k \times k$ 对称的系统矩阵，该矩阵的上三角数据来自集合 $\{c_i\}_{i=1,2,\cdots,B}$。因为 S 为严格对称矩阵，所以相应地可以构造出完整的系统矩阵 S，即

$$S = \begin{bmatrix} S_1 \\ S_2 \\ \vdots \\ S_k \end{bmatrix} = \begin{bmatrix} c_1 & c_2 & \cdots & c_k \\ c_2 & c_{k+1} & \cdots & c_{2k-1} \\ \vdots & \vdots & & \vdots \\ c_k & c_{2k-1} & \cdots & c_B \end{bmatrix}$$

同理，记校验节点存储的编码块的矩阵为 P，其具体形式为

$$P = \begin{bmatrix} P_1 \\ P_2 \\ \vdots \\ P_{n-k} \end{bmatrix} = \begin{bmatrix} p_{1,1} & p_{1,2} & \cdots & p_{1,k} \\ p_{2,1} & p_{2,2} & \cdots & p_{2,k} \\ \vdots & \vdots & & \vdots \\ p_{n-k,1} & p_{n-k,2} & \cdots & p_{n-k,k} \end{bmatrix}$$

其中，$p_{i,j}$ 是标识符为 $(0, i, 2i, \cdots, (k-1)i)_i \bmod k$ 的数据包相异或后的编码包。例如，

当 $k=3$ 时，$S = \begin{bmatrix} S_1 \\ S_2 \\ S_3 \end{bmatrix} = \begin{bmatrix} c_1 & c_2 & c_3 \\ c_2 & c_4 & c_5 \\ c_3 & c_5 & c_6 \end{bmatrix}$。如果取 $L=3$ 比特，数据包文件相应地就可以定

义为 $M = \begin{bmatrix} S \\ P \end{bmatrix}$。

当一个系统节点 $S_i(i = 1, 2, \cdots, k)$ 失效时，需要引入新的节点替换它，此时可以从任意 k 个节点中分别下载一个数据包进行修复。具体的做法是，所有选中的节点将其第 i 块数据包传输给该新引入的节点。如果校验节点 $P_i(i = 1, 2, \cdots, n-k)$ 失效了，同样需要引入新的节点进行替换，此时可以从每个系统节点中分别下载一个数据包并进行相应的编码。编码的过程采用失效节点的标识符，将编码成功后的数据块传送给新引入的节点。由于编码过程所采用的标识符与失效节点的标识符一样，明显可以看出，修复后的节点存储的数据和失效节点是完全一致的。

无论是系统节点还是校验节点失效，BMBR 码总是可以实现失效节点的精确修复，同时满足最小割所规定的带宽界限。因此，就修复带宽而言，BMBR 的修复过程是最优的。

BMBR 码同样是一种 MBR 码，满足所有 MDS 码的特性。也就是说，从任意 k 个节点下载数据就可以恢复出原始数据 B。通常，再生过程中下载所需要的带宽为 k^2，这显然不是最优的。下面将给出最优再生过程，可以使得修复过程中下载所需要的带宽最小。

最优再生过程如下：数据采集者(Data Collector，DC)可以选择下载数据矩阵 M 第一列的任意 k 个数据，第二列任意 $k-1$ 个数据，第三列任意 $k-2$ 个数据，直到第 k 列下载一个数据。从 BMBR 码的构造过程可以知道，矩阵 M 的任意一列任意 k 个数据是相互独立的。同时，矩阵 S 是对称的，可以看出我们选择的只是矩阵 S 的下三角数据以及矩阵 P 的数据。因此，DC 可以获得 B 个线性独立的数据包，最终解码出原始的文件。

由以上再生过程可以看出，整个再生过程 DC 下载的数据总量为原始数据大小 B，达到了理论上最优的修复带宽。

BMBR 码性能评估时，主要分析比较本章所提出的 BMBR 码与传统再生码、RS 码在编码、解码以及修复过程中的计算复杂度。

编码计算复杂度如下。

对于 BMBR 码，系统总共有 $n-k$ 个校验节点，每个校验节点存储 k 个编码数据包，每个数据包是 k 个原始数据包通过异或运算得到的。因此，编码计算复杂度为 $k(n-k)(k-1)$ 的异或运算。

对于再生码(基于GF(q)),同样系统有 $n-k$ 个校验节点,每个校验节点存储 k 个编码数据包。不同的是,编码包是通过 k 个原始数据包在有限域GF(q)选择相应多项式系数,进行异或运算得到的。因而,传统再生码编码计算复杂度为 $k(n-k)(k-1)$ 的异或运算,同时 $k^2(n-k)$ 的有限域GF(q)上的乘法运算。

对于 RS 码,原始文件大小为 $B=k(k+1)/2$,每个节点仅存储一个数据包。通常为了存储大小为 B 的文件,需要存储 $(k+1)/2$ 倍的 RS(n,k) 码所需的数据量。RS 码编码过程和再生码相似,因此其计算复杂度为 $k(k+1)(n-k)/2$ 的有限域乘法运算,$(k-1)(k+1)(n-k)/2$ 的异或运算。

修复计算复杂度如下。

对于 BMBR 码的修复过程,如果系统中同时有系统节点和校验节点失效,系统节点可以理解为优先级高于校验节点。也就是说,系统先修复系统节点,然后再修复校验节点。为修复一个系统节点,至少需要一个校验节点,至多需要 k 个校验节点,因而修复一个系统节点的计算复杂度为至少 $k-1$、至多 $k(k-1)$ 的异或运算。修复一个校验节点需要 k 个系统节点,则校验节点的修复计算复杂度为 $k(k-1)$ 的异或运算。

为了修复再生码的一个节点,k 个协助节点将 k 个数据包汇集于新引入的节点,该节点通过运算将 k 个数据包再生成之前失效的数据包。所以,整个修复过程的计算复杂度至少为 $2k^2$ 的有限域乘法运算、$2k(k-1)$ 的异或运算。

而对于 RS 码,修复一个失效的节点需要下载原始文件大小的数据量以重建原始文件,再编码生成失效节点存储的数据包。修复过程的计算复杂度为 $k^2(k+1)/2+k$ 的有限域乘法运算、$k^2(k+1)/2+k-1$ 的异或运算。

解码计算复杂度如下。

为了恢复出原始文件,BMBR 码需要 $k(k-1)(k+1)/2$ 的异或运算。相似地,再生码的解码复杂度为 k^3 的有限域乘法运算、k^3 的异或运算。RS 码的解码运算复杂度为 $k^2(k+1)/2$ 的有限域乘法运算、$k^2(k+1)/2$ 的异或运算。

总结 BMBR 码与传统再生码、RS 码在编码、解码以及修复过程中的计算复杂度,如表 4-3 所示,其中,X 代表异或运算,M 代表有限域乘法运算。

表 4-3　三种码性能比较

码	编码复杂度	修复复杂度	解码复杂度
BMBR	$k(k-1)(n-k)\cdot X$	$k(k-1)\cdot X$	$k(k^2-1)/2\cdot X$
RS	$(k^2-1)(n-k)/2\cdot X$	$(k^2(k+1)/2+k-1)\cdot X$	$k^2(k+1)/2\cdot X$
	$(k^2+k)(n-k)/2\cdot M$	$(k^2(k+1)/2+k)\cdot M$	$k^2(k+1)/2\cdot M$
再生码	$k(k-1)(n-k)\cdot X$	$2k(k-1)\cdot X$	$k^3\cdot X$
	$k^2(n-k)\cdot M$	$2k^2\cdot M$	$k^3\cdot M$

　　本实例中的 BMBR 相比传统再生码,最大的优势在于其大大减小了编解码过程中的计算复杂度,以简单易于实施的异或运算取代了有限域复杂的运算。传统再生码的构造基于有限域 GF(q),编解码过程中涉及有限域加法、减法和乘法。有限域的运算虽然理论研究比较成熟,但实际运用起来比较烦琐、时间消耗大,明显不能符合当今分布式存储系统快速可靠的设计指标。BMBR 则不同,编解码的运算仅限于快速的异或运算,大大提高了节点修复和数据块再生的速率,在实际的分布式存储系统中具有很高的应用价值和发展潜力。

　　本实例中最小带宽再生码不仅降低了系统运算复杂度,同时可以保证节点修复过程中所消耗的带宽是最小的(即原始文件大小),并不消耗多余的带宽。在带宽资源越来越宝贵的今天,BMBR 码带来的裨益是显然的。BMBR 码可以保证:丢失的编码块可以直接下载其他编码模块的若干子集进行修复;丢失的编码块可以通过固定数目的编码模块进行修复,该固定数目只与系统丢失了多少模块数有关,而与具体哪些模块丢失无关。同时,BMBR 码修复后的节点存储的数据和失效节点是完全一致的,也就是精确修复,在很大程度上减少了系统操作复杂度(如元数据更新、更新后的数据广播等)。

4.3　二进制循环码

　　二进制循环码的编解码框架特征在于:由线性码和字母表组成,该线性码为二进制循环码,二进制循环码为一种基于 R_m 的线性码,二进制奇偶校验码 C_m 作为字母表;其中,R_m 表示为一个多项式环,$R_m := F_2[z]/(1+z^m)$,矢量 $(a_0, a_1, \cdots, a_{m-1}) \in F_2^m$ 对应为环 R_m 中的多项式 $\sum_{i=0}^{m-1} a_i z^i$,变量 z 代表环 R_m 的循环右移操作;C_m 由 R_m 上的偶数个非零系数的多项式组成,$C_m = \{a(z)(1+z) : a(z) \in R_m\}$,在基于二进制有限域 F_2 中,奇偶校验码 C_m 的维度是 $m-1$,C_m 的校验多项式是 $h(z) := 1 + z + \cdots + z^{m-1}$。

　　以上所述的二进制循环码的编解码框架,其特征在于:二进制循环码的编解码框架中,给定一个奇数 m 和正整数 k、v,二进制循环码是一种从 F_2 到 C_m^v 的映射,由环 R_m 上的一个 $k \times v$ 的生成矩阵来表示。编码过程具体为:①将 $(m-1)k$ 比特均分到 k 组中,每一组包含 $m-1$ 比特,对于每个组的 $m-1$ 比特,增添一个奇偶校验比特,生成一个 C_m 上的多项式,将生成的多项式一起组成一个 k 元组 $w = (s_1(z), s_2(z), \cdots, s_k(z)) \in C_m^k$,二进制循环编码是对应于 $(m-1)k$ 个输入比特的编码,通过 wG 得到;②通过添加一个奇偶校验比特得到的 C_m 中的多项式称为原始数据包或者数据包,将一个 wG 中的多项式称为编码包,一个编码包是 k 个数据包的 R_m 线性组合,编码系数为 R_m 中的多项式,其中 G 为对应的编码包的生成矩阵。

以上所述的二进制循环码的编解码框架，其特征在于：二进制循环码的编解码框架的编解码算法均只涉及二进制的异或运算。

二进制循环码的编解码框架中，二进制循环码的解码过程为：将 k 个编码包中恢复出 k 个原始数据包。具体为：设 $s_1(z),\cdots,s_k(z)$ 为 k 个数据包，$p_1(z),\cdots,p_k(z)$ 为以 I 为索引的 k 个编码包，解码过程为 $(p_1(z),\cdots,p_k(z))=(s_1(z),\cdots,s_k(z))\cdot G_I$，其中 G_I 为 G 的一个 $k\times k$ 子矩阵。

以上所述的二进制循环码的编解码框架，其特征在于：二进制循环码在加法和乘法上是封闭的。

柯西 RS（Cauchy Reed-Solomon，CRS）码是当前最常用的 RS 编码之一，已经广泛用于分布式存储系统中，例如，在 HDFS 中就提供了一套基于 CRS 编码的分布式存储系统；传统 RS 码的运算中，加法是较为简单的，但是乘法和除法的运算却非常复杂，甚至需要借助离散对数运算和查表才能实现，CRS 码克服了传统 RS 码中的乘法问题，突破性地使用了一种只由 0 和 1 构成的有限域二进制矩阵作为生成矩阵，大大提高了编解码的效率，在这基础上，经过人们不断地优化，目前已经成为一种高效和广泛应用的存储编码；但是，CRS 依然存在着一些缺陷。首先，使用 0-1 生成矩阵，虽然能大大降低编解码复杂度，但实际上，它的解码复杂度却不是最优的。其次，它用于编解码的有限域二进制矩阵还是比较复杂，散乱无章的 0 和 1 使得编解码难以更进一步优化。

RDP（Row Diagonal Parity）码，是一种简单的纠删码[5]，它不需要使用有限域或者生成矩阵，只是按行和按泛对角线进行异或计算，生成两个校验块，构成一种带有两个校验块的纠删码，它在解码时，只需要按生成校验块的方式直接进行逆向计算，就能循环解出所有的原始数据块，简单的编解码规则，使得 RDP 成为带有两个校验块的纠删码中编解码复杂度最优的一种；但是，RDP 码也存在缺陷：不可拓展，RDP 只有两个校验块，最多容许两个块丢失，就像三个数据备份的策略一样，如果丢失数量超过两个块就不能修复。

为了解决现有技术中的问题，本书提供了一种二进制循环码的编解码框架，解决现有技术中修复解码时计算复杂度高和计算开销大的问题。

本书提供了一种二进制循环码的编解码框架，由线性码和字母表组成，该线性码为二进制循环码，二进制循环码为一种基于 R_m 的线性码，二进制奇偶校验码 C_m 作为字母表；其中，R_m 表示为一个多项式环，$R_m := F_2[z]/(1+z^m)$，矢量 $(a_0,a_1,\cdots,a_{m-1})\in F_2^m$ 对应为环 R_m 中的多项式 $\sum_{i=0}^{m-1}a_i z^i$，变量 z 代表环 R_m 的循环右移操作；C_m 由 R_m 上的偶数个非零系数的多项式组成，即 $C_m=\{a(z)(1+z):a(z)\in R_m\}$，在基于二进制有限域 F_2 中，奇偶校验码 C_m 的维度是 $m-1$，C_m 的校验多项式是 $h(z):=1+z+\cdots+z^{m-1}$。

作为本书的进一步改进：二进制循环码的编解码框架中，给定一个奇数 m 和正整数 k、v，二进制循环码是一种从 F_2 到 C_m^v 的映射，由环 R_m 上的一个 $k \times v$ 生成矩阵来表示。编码过程具体为：①将 $(m-1)k$ 比特均分到 k 组中，每组包含 $m-1$ 比特，对于每个组的 $m-1$ 比特，增添一个奇偶校验比特，生成一个 C_m 上的多项式，将生成的多项式一起组成一个 k 元组 $w = (s_1(z), s_2(z), \cdots, s_k(z)) \in C_m^k$，二进制循环编码是对应于 $(m-1)k$ 输入比特的编码，通过 wG 得到；②通过添加一个奇偶校验比特得到的 C_m 中的多项式称为原始数据包或者数据包，将一个 wG 中的多项式称为编码包，一个编码包是 k 个数据包的 R_m 线性组合，编码系数为 R_m 中的多项式。二进制循环码的编解码框架的编解码算法均只涉及二进制的异或运算。二进制循环码的编解码框架中，二进制循环码的解码过程为：从 k 个编码包中恢复出 k 个原始数据包。具体为：设 $s_1(z), \cdots, s_k(z)$ 为 k 个数据包，$p_1(z), \cdots, p_k(z)$ 为以 I 为索引的 k 个编码包，解码过程为 $(p_1(z), \cdots, p_k(z)) = (s_1(z), \cdots, s_k(z)) \cdot G_I$，其中 G_I 为矩阵 G 的一个 $k \times k$ 子矩阵。二进制循环码在加法和乘法上是封闭的。

二进制循环码的编解码过程均只涉及异或运算，其计算复杂度很低、计算开销很小，在很大程度上降低了系统计算时延，节省了时间和资源，能减少成本的消耗，适合实际的存储系统。

二进制循环码在加法和乘法上是封闭的。

二进制循环码的理论知识，令 m 为一个正奇数，R_m 表示为一个多项式环

$$R_m := F_2[z] / (1 + z^m) \tag{4.8}$$

称环 R_m 中的元素为多项式。矢量 $(a_0, a_1, \cdots, a_{m-1}) \in F_2^m$ 可对应为环 R_m 中的多项式 $\sum_{i=0}^{m-1} a_i z^i$。在式 (4.8) 中，变量 z 代表环 R_m 的循环右移操作。定义一个长度为 m 的二进制循环码为一个 R_m 的子集，该子集在加法和乘法上是封闭的。

在本书中，只考虑简单奇偶校验码 C_m，它是由 R_m 上的偶数个非零系数的多项式组成的，即

$$C_m = \{a(z)(1+z) : a(z) \in R_m\} \tag{4.9}$$

在基于二进制的有限域 F_2 中，奇偶校验码 C_m 的维度是 $m-1$，C_m 的校验多项式是

$$h(z) := 1 + z + \cdots + z^{m-1}$$

1. 二进制循环码的编码方法

定义二进制循环码为一种基于 R_m 的线性码，它用二进制奇偶校验码 C_m 作为字母表。具体地，给定一个奇数 m 和正整数 k、v，二进制循环编码是一种从 F_2 到 C_m^v 的映射，它可以由环 R_m 上的一个 $k \times v$ 生成矩阵来表示。编码过程可以分为两步：

首先，将 $(m-1)k$ 比特均分到 k 组中，每一组包含 $m-1$ 比特。对于每个组的 $m-1$ 比特，增添一个奇偶校验比特，生成一个 C_m 上的多项式。将生成的多项式一起组成一个 k 元组 $w=(s_1(z),s_2(z),\cdots,s_k(z))\in C_m^k$。二进制循环编码是对应于 $(m-1)k$ 输入比特的编码，通过 wG 得到。

此后，将通过添加一个奇偶校验比特得到的 C_m 中的多项式称为原始数据包或者数据包，而将一个 wG 中的多项式称为编码包。一个编码包是 k 个数据包的 R_m 线性组合，编码系数为 R_m 中的多项式。

下面通过一个例子来说明二进制编码的编码过程。假设想要将 $2(m-1)$ 信息比特存储到 4 个存储节点中，其中 m 为奇正整数。在存储节点中，在每个节点上存储 m 比特。称节点 1 和节点 2 为信息节点，它们分别存储 $m-1$ 信息比特和 1 奇偶校验比特。称节点 3 和节点 4 为编码节点，它们分别存储 m 编码比特。

将 $2(m-1)$ 信息比特平均分成两部分。第一部分的比特表示为 $s_{1,0},s_{1,1},\cdots,s_{1,m-2}$，第二部分比特表示为 $s_{2,0},s_{2,1},\cdots,s_{2,m-2}$。对于 $i=1,2$，节点 i 存储比特 $s_{i,0},s_{i,1},\cdots,s_{i,m-2}$，奇偶校验比特为

$$s_{i,m-1}=\sum_{j=0}^{m-2}s_{i,j}$$

节点 3 存储比特为

$$s_{3,j}:=s_{1,j}+s_{2,j}$$

$j=0,1,\cdots,m-1$，节点 4 存储比特为

$$s_{4,j}:=s_{1,j}+s_{2,j\oplus_m 1}$$

其中，$j=0,1,\cdots,m-1$；符号"$\oplus_m$"表示模 m 加。在表 4-4 中给出了一个 $m=7$ 的例子。发现节点 3 中的编码比特由节点 1 和节点 2 中的比特相加计算得到，与此同时，节点 4 中的编码比特由节点 1 中的比特和节点 2 中比特的循环转换相加计算得到。

表 4-4　一个 4 节点二进制循环编码的例子

节点 1	节点 2	节点 3	节点 4
$s_{1,0}$	$s_{2,0}$	$s_{3,0}=s_{1,0}+s_{2,0}$	$s_{4,0}=s_{1,0}+s_{2,1}$
$s_{1,1}$	$s_{2,1}$	$s_{3,1}=s_{1,1}+s_{2,1}$	$s_{4,1}=s_{1,1}+s_{2,2}$
$s_{1,2}$	$s_{2,2}$	$s_{3,2}=s_{1,2}+s_{2,2}$	$s_{4,2}=s_{1,2}+s_{2,3}$
$s_{1,3}$	$s_{2,3}$	$s_{3,3}=s_{1,3}+s_{2,3}$	$s_{4,3}=s_{1,3}+s_{2,4}$
$s_{1,4}$	$s_{2,4}$	$s_{3,4}=s_{1,4}+s_{2,4}$	$s_{4,4}=s_{1,4}+s_{2,5}$
$s_{1,5}$	$s_{2,5}$	$s_{3,5}=s_{1,5}+s_{2,5}$	$s_{4,5}=s_{1,5}+s_{2,6}$
$s_{1,6}=\sum_{j=0}^{5}s_{1,j}$	$s_{2,6}=\sum_{j=0}^{5}s_{2,j}$	$s_{3,6}=s_{1,6}+s_{2,6}$	$s_{4,6}=s_{1,6}+s_{2,0}$

　　下面证明任意两个节点中的数据可以恢复出原始的信息比特。在节点 1 和节点 2 中，可以直接获得信息比特。如果想要从节点 1 和节点 3 中解码信息比特，可以从 $s_{3,j} = s_{1,j} + s_{2,j}$ 中减去 $s_{1,j}$ 来获得 $s_{2,j}$ 的值。相似地，可以从任意一个信息节点和任意一个编码节点中恢复信息比特。最后，想要从节点 3 和节点 4 中解码信息比特。首先，可以计算

$$c_j = s_{3,j} + s_{4,j} = s_{2,j} + s_{2,j \oplus_m 1}$$

其中，$j = 1,3,5,\cdots,m-2$。接下来，可以计算出 $s_{2,0}$，即

$$\sum_{l=1}^{(m-1)/2} c_{2l-1} = s_{2,1} + s_{2,2} + \cdots + s_{2,m-1} = s_{2,0}$$

　　如果 $s_{2,0}$ 的值是已知的，那么可以通过 $s_{3,0} + s_{2,0} = s_{1,0}$ 得到 $s_{1,0}$，通过 $s_{4,0} + s_{1,0} = s_{2,1}$ 来得到 $s_{2,1}$。其余的信息比特可以迭代地解码。

　　以上给出了二进制编码的参数为 $m = 7$、$k = 2$ 和 $v = 4$ 的一个例子。两个数据包是 $s_i(z) = \sum_{j=0}^{6} s_{i,j} z^j$，$i = 1,2$，它的生成矩阵是

$$G = \begin{bmatrix} 1 & 0 & 1 & z \\ 0 & 1 & 1 & 1 \end{bmatrix}$$

　　因为对于所有的 $c(z) \in C_m$，有 $c(z)h(z) = 0$，因此编码包作为一个数据包的线性组合可以由多种方式获得。可以在生成矩阵 G 的任意元中增加校验多项式，而不会改变编码包。例如，可以选择

$$G = \begin{bmatrix} 1 & 0 & 1 & z \\ 0 & 1 & 1 & z+z^2+\cdots+z^{m-1} \end{bmatrix}$$

作为该例子中的生成矩阵。

2. 二进制循环码的解码方法

　　称 k 个编码包是可解码的，是指可以从这 k 个编码包中恢复出 k 个原始数据包。在本小节，给出了二进制循环码可解的充要条件。首先定义一些符号。对于一个多项式 $\tilde{f}(z) \in R_m$，如果可以找到另一个多项式 $\tilde{f}(z)$，使之满足 $f(z)\tilde{f}(z)$ 等于 1 或者 $1 + h(z)$，则称 R_m 上的多项式 $f(z)$ 为 C_m 可逆的。对于一个 $|I| = k$ 的子集 $I \subseteq \{1,2,\cdots,v\}$，令 G_I 为矩阵 G 的一个 $k \times k$ 子矩阵。

　　首先给出其充分条件：如果 $\det(G_I)$ 是 C_m 可逆的，那么由 I 索引的 k 个编码包是可解码的。

　　设 $s_1(z),\cdots,s_k(z)$ 为 k 个数据包，$p_1(z),\cdots,p_k(z)$ 为以 I 为索引的 k 个编码包，其

编码过程为

$$(p_1(z), \cdots, p_k(z)) = (s_1(z), \cdots, s_k(z)) \cdot G_I$$

假设 G_I 的行列式是 C_m 可逆的，根据定义，可以得到 R_m 上的一个多项式，其满足 $\delta(z)\det(G_I)$ 等于 1 或 $1 + h(z)$。因此，可以通过下列方式从 k 个编码包恢复原始数据包，即

$$
\begin{aligned}
(p_1(z), \cdots, p_k(z)) \cdot \mathrm{adj}(G_I) \cdot \delta(z) &= (s_1(z), \cdots, s_k(z)) \cdot G_I \cdot \mathrm{adj}(G_I) \cdot \delta(z) \\
&= (s_1(z), \cdots, s_k(z)) \cdot \det(G_I) \cdot \delta(z) \\
&= (s_1(z), \cdots, s_k(z))
\end{aligned}
$$

在上式中，$\mathrm{adj}(G_I)$ 是 G_I 的伴随矩阵。在最后一步，使用了 C_m 中的特性：如果 $s_i(z) \in C_m$，则 $s_i(z)(1 + h(z)) = s_i(z)$。

接下来将给出判断一个环 C_m 上的多项式是否为 C_m 可逆的充要条件。设 $f_1(z), f_2(z), \cdots, f_L(z)$ 是基于二进制有限域 F_2 的校验多项式 $h(z)$ 的素因子分解。不可约多项式 $f_1(z) \sim f_L(z)$ 在除 $1 + z^m$ 时是不同的，因为 m 为奇数。在一个拥有单位元的一般交换环 R 中，对于一个元素 $u \in R$，如果能够找到一个元素 $\tilde{u} \in R$ 满足 $u\tilde{u}$ 等于 R 中的单位元，那么称 u 为一个单元。

假设 $f_1(z), f_2(z), \cdots, f_L(z)$ 是奇偶校验码 C_m 的校验多项式 $h(z)$ 的不可约因子。令 $a(z)$ 为 R_m 上的一个多项式，则下列条件是等价的。

(1) $a(z)$ 是 C_m 可逆的。

(2) $a(z)$ 模 $h(z)$ 是 $F_2[z] / (h(z))$ 上的一个单元。

(3) $a(z)$ 对于所有 $l = 1, 2, \cdots, L$ 是 $F_2[z] / (f_l(z))$ 上的一个单元。

条件 (1) $\Leftrightarrow$ 条件 (2)。定义 $f_0(z)$ 为多项式 $1 + z$。由中国剩余定理，得到环 R_m 同构于

$$R'_m := F_2[z] / (f_0(z)) \oplus F_2[z] / (h(z))$$

实际上，可以定义映射 $\phi: R_m \to R'_m$ 为

$$a(z) \mapsto (a(z) \bmod 1 + z, a(z) \bmod h(z))$$

定义逆映射 $\phi': R'_m \to R_m$ 为

$$(a_0(z), a_1(z)) \mapsto h(z)a_0(z) + (1 + h(z))a_1(z) \bmod 1 + z^m$$

以上两个映射之间是可逆的。假设 $a(z) \bmod h(z)$ 是 $F_2[z] / (h(z))$ 的一个单元，可以找到一个多项式 $d(z)$ 满足 $\phi(a(z)d(z)) = (a, 1)$，a 等于 0 或 1。因此 $a(z)d(z)$ 等于 $\phi'((0,1)) = 1 + h(z)$ 或 $\phi'((1,1)) = 1$。所以，$a(z)$ 是 C_m 可逆的。

反过来，假设 $a(z)$ 是 C_m 可逆的，即存在多项式 $\tilde{a}(z) \in R_m$ 满足 $a(z)\tilde{a}(z)$ 等于 1 或 $1 + h(z)$。如果将映射 ϕ 用于 $a(z)\tilde{a}(z)$，对于 $a \in F_2$，有 $\phi(a(z)\tilde{a}(z)) = (a, 1)$。因此 $a(z) \bmod h(z)$ 是一个单元。

条件 (2) $\Leftrightarrow$ 条件 (3)。$h(z)$ 可以被分解成为 $f_1(z)f_2(z)\cdots f_L(z)$，由中国剩余定理，可以得出定理的条件 (2) 和条件 (3) 是等价的。

令 I 为基数为 k 的索引集，$I \subseteq \{1,2,\cdots,v\}$。由 I 为索引的编码数据包是可解码的充要条件为 $\det(G_I)$ 是 C_m 可逆的。

已经证明了"充分"部分。下面论述"必要"部分，假设 $\det(G_I)$ 不是 C_m 可逆的。对于一些 $l_0 \in \{1,2,\cdots,L\}$，满足 $\det(G_I) = 0 \bmod f_{l_0}(z)$。如果把矩阵 G_I 的元素模 f_{l_0}，那么生成矩阵在有限域 $F_2[z]/(f_{l_0}(z))$ 上是奇异矩阵。因此，可以找到一个非零向量 $\overline{a} = (\overline{a}_1(z),\cdots,\overline{a}_k(z))$，它的每个元素均属于 $F_2[z]/(f_{l_0}(z))$，那么 $\overline{a}G_I \bmod f_{l_0}(z)$ 是非零向量。对于 $j = 1,2,\cdots,k$，选择 $a_j(z) \in C_m$ 满足

$$a_j(z) = \begin{cases} \overline{a}_j(z) \bmod f_l(z), & l = l_0 \\ 0 \bmod f_l(z), & l \neq l_0 \end{cases}$$

如果将 $a_j(z)$ 作为原始数据包，那么由 $(a_1(z),a_2(z),\cdots,a_k(z))G_I$ 得到的 v 元组是零 v 元组。那么编码表不是单射的，则由 I 索引的编码包就是不可解码的。

继续前面 $m=7$ 的例子。多项式 $1+z^7$ 可以分解为 $f_0(z) = 1+z$、$f_1(z) = 1+z+z^2$ 和 $f_2(z) = 1+z^2+z^3$ 的乘积。可以检验其中任意两个编码包是可解码的。例如，如果索引集合为 $I = \{3,4\}$，行列式 $\det(G_I) = 1+z$ 不能分解成 $f_1(z)$ 和 $f_2(z)$。实际上，$1+z$ 是 C_m 可逆的，因为

$$(1+z)(z+z^3+z^5) = z+z^2+\cdots+z^6 = 1+h(z)$$

因此，可以从节点 3 和节点 4 中计算出两个数据包。

在软件实现中，可以通过使用指针来实现循环移位。在内存中连续地存储 m 比特，使用一个指针来存储数据包的头地址。循环移位可以只通过修改指针来实现，而不需要修改数据包本身。也可以用字节循环移位替代比特循环移位，而这对于软件实现也是更易于控制的。

另外，可以验证现有技术之一的 RDP 码可以看成本书提出的二进制循环码的一个例子，其生成矩阵为

$$G = \begin{bmatrix} 1 & 0 & \cdots & 0 & 1 & 1+z^{m-1} \\ 0 & 1 & \cdots & 0 & 1 & z+z^{m-1} \\ \vdots & \vdots & & \vdots & 1 & \vdots \\ 0 & 0 & \cdots & 1 & 1 & z^{m-2}+z^{m-1} \end{bmatrix}$$

相比于之前的编码方案，如 RDP 码，二进制循环码更一般化，RDP 码可以看成二进制循环码的一个特例。

4.4　部分重复码

传统再生码的修复过程计算复杂度比较高，通常涉及大量的有限域运算。参与修复的节点读出所存储的数据块并进行特定的线性运算，再向替换节点传递组合后的数据块。考虑到实际系统中节点读写带宽小于网络带宽[6]，因此读写带宽很容易成为系统性能瓶颈。为了降低修复过程运算复杂度，Rouayheb 和 Ramchandran[7]在MBR 码的基础上提出了部分重复(Fractional Repetition，FR)码的概念，指出了 FR码可以提供精确有效的修复。典型的 FR 码包含两个部分：一个外部 MDS 码以及一个内部重复码。数据块经过 MDS 编码后，将输出的编码块复制 f 倍再分散到各存储节点。系统中发生节点失效时，可以通过从其他节点直接下载数据并存储到替换节点来完成修复，不需要额外的运算。当复制倍数 $f = 2$ 时，文献[7]提出了基于正则图的 FR 码设计；而对于多节点失效($f > 2$)，FR 码的构造采用 Steiner 系，但参数不在 Steiner 系范围内的 FR 码设计是一个开放性问题。文献[8]~[13]给出了 FR 码的其他构造方法，如相互正交拉丁方、仿射几何、可分解设计等。

目前 MDS 码的研究已经相对成熟，几乎可以满足任何符合条件的参数。所以，部分重复码的构造难点在于内部重复码设计。FR 码的实质是复制倍数为 f 的 θ 个数据块在节点上的一种排列，同时保证每个数据块的副本分别存储在不同的节点上。

我们用 (n,k,d) 来确定一个分布式存储系统，其中 n 表示存储系统的节点总数，k 表示重构原文件所需最少节点数，d 表示修复一个失效节点所需的可用节点数，并且满足 $k \leq d \leq n-1$。一个适用于参数为 (n,k,d) 分布式存储系统的部分重复码 $C = (U, M)$，复制倍数为 f，是指特定 n 个子集的集合 $M = \{M_1, \cdots, M_n\}$，其中每个子集的元素均来自于符号集 $U = \{1, \cdots, \theta\}$。同时满足以下两个条件。

(1)每个子集的大小均为 d。

(2) U 中的每个元素属于 M 中 f 个子集。

在上述定义中，每个子集 M_i 中的元素表示经过 MDS 编码后数据块的下标，这些数据块相应地存储在节点 N_i $(i = 1, \cdots, n)$。可见，每个子集对应于一个存储节点。所有数据块分布在 n 个不同的节点上，且每个节点的存储容量为 d。因此

$$f\theta = nd \tag{4.10}$$

例 4.1　设 $X = (X_1, \cdots, X_5) \in F_q^5$ 表示一个包含 5 个数据块的文件，F_q^5 表示大小为 q 的有限域。经过参数为 $(6,5)$ 的 MDS 编码，输出 6 个数据块 $Y_1, \cdots, Y_6$。其中 $Y_i = X_i, i = 1, \cdots, 5$；$Y_6 = \sum_{i=1}^{5} X_i$。每个输出的编码块均复制两倍，将生成的数据块存储

在 4 个节点上，如图 4-14 所示。方框中的数字表示编码块的下标，如节点 N_1 存储的三个数据块依次为 Y_1、Y_3、Y_5。任意两个节点存储的数据可以重构出原文件，因此有 $k=2$。当节点失效时，可以从其他三个节点下载数据进行修复，则 $d=3$。

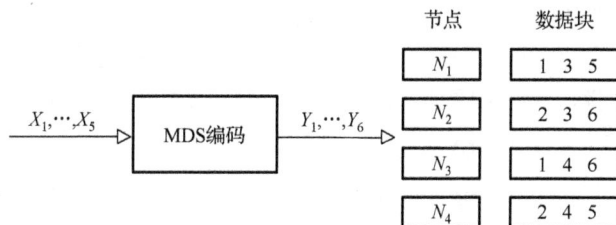

图 4-14　采用 FR 码的 (4,2,3) 分布式存储系统

例 4.2　取一个包含 6 个数据块的文件，记为 $X_1,\cdots,X_6$。经过参数为 (8,6) 的 MDS 编码，输出 8 个编码块 $Y_1,\cdots,Y_8$。系统中的数据块存储方式如图 4-15 所示。

值得注意的是，与传统随机访问模式不同，FR 码采用基于表格 (table-based) 的修复方式。具体地说，修复表格指明了每个特定失效节点可选择的修复方案。如例 4.2 所示，如果节点 N_8 失效，可以通过节点 N_2、N_4、N_6 来进行修复，而非节点 N_1、N_2 及 N_3。对于一个应用于参数为 (n,k,d) 分布式存储系统的 FR 码，复制倍数为 f，其修复表格生成过程如下。

(1) 建立数据块修复方式：记录编码后的数据块修复方式。由于复制倍数为 f，每个数据块均存在 f 种修复选择方案。

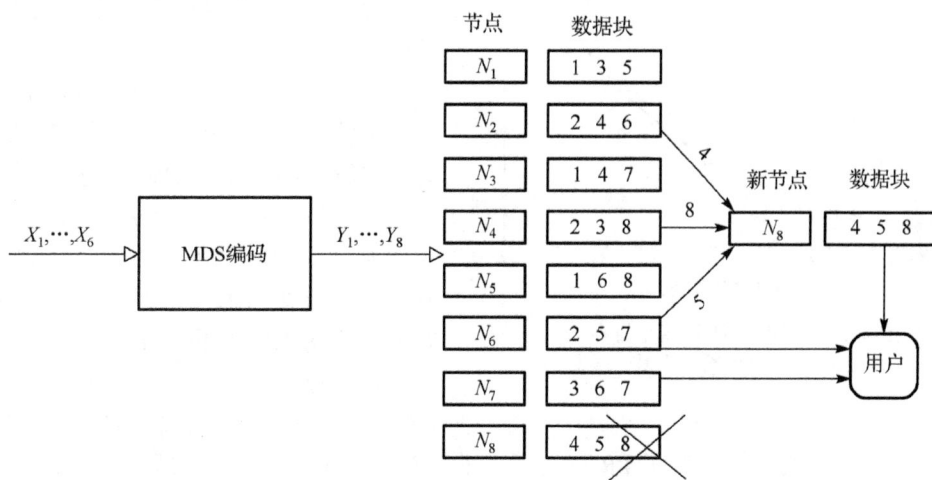

图 4-15　参数为 (8,3,3) 的存储系统，所采用 FR 码的复制倍数为 3

(2) 创建单节点修复方案：每个节点的修复方案就是该节点所包含的 d 个数据块可选的修复方式，所以时间复杂度为 $O(df)$。

(3)构造完整的修复表格：遍历系统中所有节点，生成 n 个节点的修复表格。因此，整个过程时间复杂度为 $O(ndf)$。

实际存储系统部署中通常包含一个追踪服务器(tracker server)，用于记录系统元数据。因此，可以将修复表格信息写入元数据，便于失效修复的快速访问读取。就降低修复过程的复杂度而言，建立和维护节点修复表格的代价是值得的[3]。

对 MDS 码来说，系统中发生节点失效时可以通过从其他 $n-1$ 个可用节点中随机选择 k 个下载数据，重构出原始文件再进行编码修复。因此，对于任一节点失效，MDS 码存在 $\binom{n-1}{k}$ 种修复方案。这种指明了节点失效修复可选的方案数，称为该节点的修复选择度。

与随机访问模式不同，FR 码采用基于表格的修复方式，其中表格给出了节点具体的修复方案。由于每个数据块的 f 个副本分布在不同的节点并且一对不同的数据块存储在唯一的节点上，当一个节点失效时，可以连接其他与该节点存储相同数据块的节点，下载所丢失数据块的副本构造出替换节点。由此可知，给定一个容量为 d 的存储节点，系统存在 $(f-1)^d$ 种失效修复方案。图 4-16 给出了复制倍数为 3 的FR 码的节点修复选择度与存储容量 d 之间的关系。

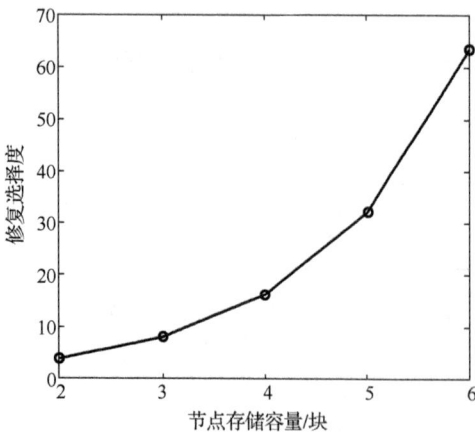

图 4-16　节点修复选择度与存储
容量 d 之间的关系，其中 $f=3$

从图中可以看出，虽然 FR 码的修复方式基于表格，其节点修复选择度依然可以达到很高的水平。对于复制倍数一定的 FR 码，节点修复选择度随着节点存储容量 d 呈指数倍增长。

本书采用业内流行的 Hadoop 分布式文件系统，实现了 FR 码，完成了文件的编解码以及失效恢复功能。实验中系统服务器的 CPU 配置为Intel(R) Xeon(R) E5-2609 2.40GHz，内存大小为 24GB。采用普通 PC(CPU为 AMD A8-5600k 3.0GHz，4GB 内存)作为数据存储节点，配置了相同的实验环境，并且实验过程中每个节点无任何其他作业。在节点存储容量相同的条件下，从不同的 (n,k) 值比较分析了 FR 码与经典的 RS 码、MBR 码在修复时间上的差异。

设定节点数量 $n=9$，即任意 6 个节点存储的数据可以重构出原文件。同时，实验中采用复制倍数为 2 的 FR 码，分别在节点存储容量为 100MB、200MB、300MB的情况下测试三种编码的单节点失效修复时间。在相同条件下运行多次取平均测试值，实验结果如图 4-17 所示。从图中可以看出，与 RS 码和 MBR 码相比，FR 码大幅降低了节点失效恢复时间。

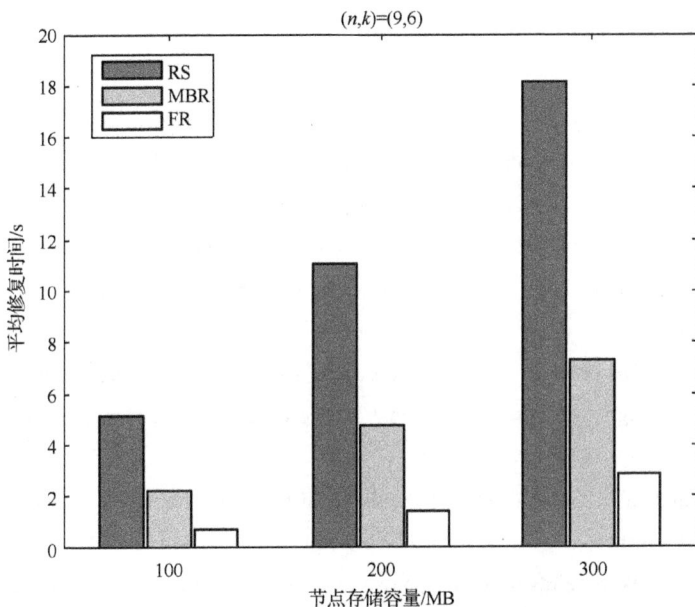

图 4-17　参数为 (9,6) 的三种编码修复时间对比

　　传统的 RS 码节点修复过程中需恢复出原始文件，重新编码再将生成的编码块存储到替换节点，因此修复时间比较长。对于 MBR 码，参与修复的节点对存储的数据进行线性运算，再将组合后的数据块传送到替换节点。该节点对接收的所有数据块进一步整合，进而恢复出失效的数据。整个过程涉及大量的有限域运算，增加了修复时间。当检测出节点失效时，系统首先判定具体哪一个节点失效，根据 FR 码修复表格 (存储在系统元数据中) 确定修复方案。同时在连接方案中指定的可用节点，下载相应数据块并直接存储到替换节点中。可见，整个修复过程仅涉及文件读取工作，并不引入其他复杂运算。虽然在一定程度上增加了系统的冗余量，实验结果表明，FR 码可以大幅降低失效修复时间。

4.5　本 章 小 结

　　本章主要向读者介绍了几种典型的存储编码。为了便于读者理解，首先带读者了解了分布式存储编码的背景知识以及存储编码的各个优化指标。之后分别介绍了三种不同的再生码，这三种再生码均是笔者所在实验室的最新研究成果，针对再生码在带宽等的不同方面进行了改进，并且取得了比较优良的性能。接着，笔者介绍了二进制循环码以及部分重复码的构造以及编解码方法。经过本章的学习，读者应该对于存储编码的构造、编解码方法等有比较深入的认识，并且感兴趣的读者可以自己动手来改进一些码的性能。

参 考 文 献

[1] Dimakis A G，Godfrey P G，Wainwright M J，et al. Network coding for distributed storage systems. IEEE Transactions on Information Theory，2007，56(9):2000-2008.

[2] Hou H，Shum K W，Chen M，et al. BASIC codes low-complexity regenerating codes for distributed storage systems. IEEE Transactions on Information Theory, 2016, 62(6): 3053-3069.

[3] Rodrigues R，Liskov B. High availability in DHTs: Erasure coding vs. replication. IPTPS，2010，3640: 226-239.

[4] Duminuco A，Biersack E. Hierarchical codes: How to make erasure codes attractive for peer-to-peer storage systems. International Conference on Peer-to-peer Computing，2008，4(4):89-98.

[5] Corbett P, English R, Golel A, et al. Row diagonal parity for double disk failure correction. 4th Usenix Conference on File and Storage Technologies，2004: 1-14.

[6] Venkatesan V. Fast rebuilds in distributed storage systems using network coding. IBM Research Laboratory，2009: 172-181.

[7] El Rouayheb S, Ramchandran K. Fractional repetition codes for repair in distributed storage systems. Proceedings of Annual Allerton Conference, 2010: 1510-1517.

[8] Olmez O, Ramamoorthy A. Repairable replication-based storage systems using resolvable designs. Proceedings of Annual Allerton Conference, 2012: 1174-1181.

[9] Zhu B，Shum K W，Li H，et al. On low repair complexity storage codes via group divisible designs. Proceedings of 19th IEEE Symposium on computers and Communication(ISCC)，2014: 1-5.

[10] Zhu B，Li H，Shum K W. Repair efficient storage codes via combinatorial configurations. Proceedings of IEEE International Conference on Big Data，2014: 80-81.

[11] Silberstein N, Etzion T. Optimal fractional repetition codes based on graphs and designs. IEEE Transactions on Information Theory，2015，8(61):4164-4180.

[12] Pawar S，Noorshams N，El Rouayheb S，et al. Dress codes for the storage cloud: Simple randomized constructions. Proceedings of IEEE ISIT，2011: 2338-2342.

[13] Koo J, Gill J. Scalable constructions of fractional repetition codes in distributed storage systems. Proceedings of Annual Allerton Conference，2011: 1366-1373.

第5章　大规模分布式存储系统

5.1　概　　述

信息时代，随着互联网技术的进步和智能设备的普及，海量的信息资源需要被存储和提取，存储系统作为数据生态链的源泉，越来越受到工业界和学术界的重视。相对于单机存储系统小规模的存储量，大规模的分布式存储系统提供了更大体量的数据存储。

5.1.1　分布式存储系统

Google、Amazon、Facebook 等互联网公司的成功催生了云计算、大数据两大热门领域。无论是云计算、大数据，其后台基础设施的主要目标都是构建低成本、高性能、可扩展、易用的分布式存储系统。

分布式存储系统在学术界的研究进行了多年，近些年来，由于互联网大数据应用的兴起才使得分布式存储系统大规模地应用于工程实践之中。相比于传统的单机存储系统，目前在实践应用当中的分布式存储系统具有两个最为重要的特点：一个是数据规模庞大，需要处理用户海量的数据；另一个是成本低廉，几乎都是由众多低价的单机服务器构建而成的。不同的应用场景造就了不同的设计方案，所以目前各大公司都在使用各色适合自身业务架构的存储系统。

最初的分布式存储系统应用诞生于 20 世纪 70 年代，之后逐步扩展到了各个应用领域。从早期的 NFS 到现在的 GFS，分布式存储系统在系统规模、体系结构、可扩展性、性能、可用性等各个方面经历了巨大的变化。

1. 第一代分布式存储系统

早期的分布式存储系统一般以提供标准接口、访问远程存储数据为目的，更多地关注访问的性能和数据的可靠性，以 NFS 最具代表性，它们对日后的分布式存储系统的设计也有十分重要的影响。

NFS 从 1985 年出现至今，已经历了多个版本的更新，被移植到了几乎任何主流的操作系统中，成为分布式存储系统事实上的标准。NFS 利用 UNIX 系统中的虚拟文档系统(Virtual File System，VFS)机制，将客户机对存储系统的请求，通过规范的文件访问协议和远程过程调用(RPC)，转发到服务器端进行处理；服务器端在 VFS 之上，通过本地存储系统完成文件的处理,实现了全局的分布式的存储系统。NFS 不断发展,在第四版中提供了基于租约(lease)的同步锁和基于会话(session)语义的一致性等。

早期的分布式存储系统一般以提供标准接口的远程文档访问为目的,在受网络环境、本地磁盘、处理器速度等方面限制的情况下,更多地关注访问的性能和数据的可靠性。NFS 在系统结构方面进行了有意义的探索。它们所采用的协议和相关技术,为后来的分布式存储系统设计提供了很多借鉴。

2. 第二代分布式存储系统

20 世纪 90 年代初,面对广域网和大容量存储应用的需求,借鉴当时先进的高性能对称多处理器的设计思想,由加利福尼亚大学设计研发的 xFS,克服了以前的分布式存储系统一般都运行在局域网(Local Area Network,LAN)上的弱点,很好地解决了在广域网上进行缓存,以减少网络流量的难题。它所采用的多层次结构很好地利用了文档系统的局部访问的特性,无效写回(invalidation-based write back)缓存一致性协议,减少了网络负载。对本地主机和本地存储空间的有效利用,使它具备较好的性能。xFS 考虑到标准 NFS 在性能、容量方面存在的限制,采用在客户端和服务器之间架设一个中间转发器,以提高性能和可扩展性。将客户端的访问分为小文件数据、大文件数据、元数据服务三类请求。这样 xFS 系统就能够支持多个存储服务器,提高整个系统的容量和性能。但是根据请求内容的转发是静态的,对于整个系统中负载的变化难以作出及时反应。

3. 第三代分布式存储系统

网络技术的发展极大地推动了基于网络的存储技术发展,所以通过网络技术实现的 SAN、NAS 得到了广泛应用。这也促进了分布式存储系统新的发展。在此时数据总线带宽、磁盘速度的增长无法满足应用对数据带宽的需求,存储介质成为计算机系统发展的瓶颈。

多种应用的分布式存储系统体系纷纷出现,如 GPFS(General Parallel File System)、惠普的 DiFFS、SGI 公司的 CXFS、EMC 的 HighRoad、Sun 的 qFS、XNFS 等。

数据共享、性能、容量的需求使得这一时期的分布式存储系统的规模更加庞大、更加复杂,对存储介质的直接访问、磁盘检索效率的优化、元数据的集中管理等都反映了对性能和容量的追求。系统的动态性也变得异常重要,如设备增减、缓存的一致性、系统可靠性的需求逐渐增强。而更多的先进技术开始逐步应用到分布式存储系统实现中,如分布式锁、缓存管理技术、文件级别的负载平衡等。

4. 第四代分布式存储系统

伴随着 SAN 和 NAS 两种结构逐渐成熟,以及海量数据的爆炸性增长,工业界与学术界开始考虑更加新颖的解决方案。在这一时期，Google 的 GFS、阿里巴巴的 TFS、Apache 基金会下诞生的 HDFS，正是这种体系结构的代表。此时人类活动产生的数据量比以前任何时期都更多，生成的速度更快。通信技术的发展为不同计算机之间的数据访问提供了更高的带宽，使通过海量计算机来满足海量数据存储处理成为可能。随着应用的不断变化，系统规模也可以适应应用来不断变化，提供了极大的扩展性。伴随着存储的规模的庞大，分布式存储系统的本身更加复杂，这也给系统的管理带来了新的挑战。

5.1.2　系统架构和功能需求

目前，各分布式存储系统的架构都或多或少不一样，但是总的来说，可以分为两种，即中心化架构和去中心化架构。

中心化架构，就是在整个系统中有某些节点，非常重要，关系到整个系统的运行状况。中心化架构非常简单，如图 5-1 所示，各分布节点使用分布式软件组合成一个整体，客户端通过访问中心服务器来访问各存储节点，实现数据的存储。中心化架构有点类似于网络拓扑中的星型拓扑，中心节点负责应对所有的客户端请求以及管理整个分布式系统。因此，中心节点任务繁重，通信的负载也是最大的，而各个分布式节点的负载相对比较小，所以那个中心节点很容易成为整个系统的瓶颈。但是中心化架构，直接对元数据进行了全局性的把控，数据一致性管理相对容易。

另外在中心化架构的基础上，增加备份中心服务器，减小单个中心节点的负载，可以在一定程度上缓解中心化架构的一部分缺陷，例如，在 Hadoop 2.x 之后引入的 HA（High Available）架构，通过实现主备服务器同步的方式，可在一个 NameNode 不可用时进行自动切换，通过这样的方式，增强了系统的健壮性与可用性。

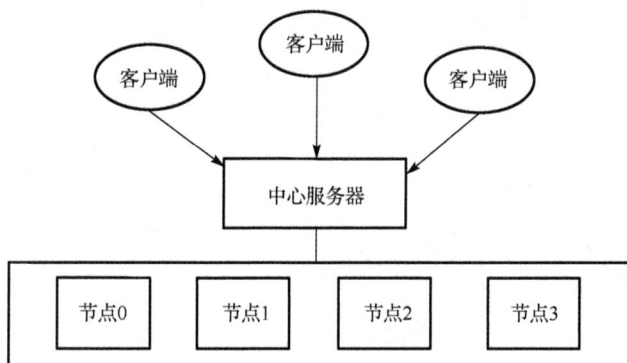

图 5-1　中心化架构

去中心化架构，系统中不存在中心服务器，每个分布节点的作用大致相同。对于去中心化架构，一个非常重要的问题就是把存储节点组合成一个整体的系统，在实际中重要的就是采用哈希算法或者建立一份整体系统信息表,来组合各分布节点。整体而言,去中心化架构实现难度要大些,消除了单点故障,系统的可用性更高,可扩展性也更高。但是去中心化架构更加依赖节点间的网络通信,节点间通信频繁。另外,与中心化架构相比,去中心化架构增大了维护数据一致性的难度,去中心化架构如图 5-2 所示。

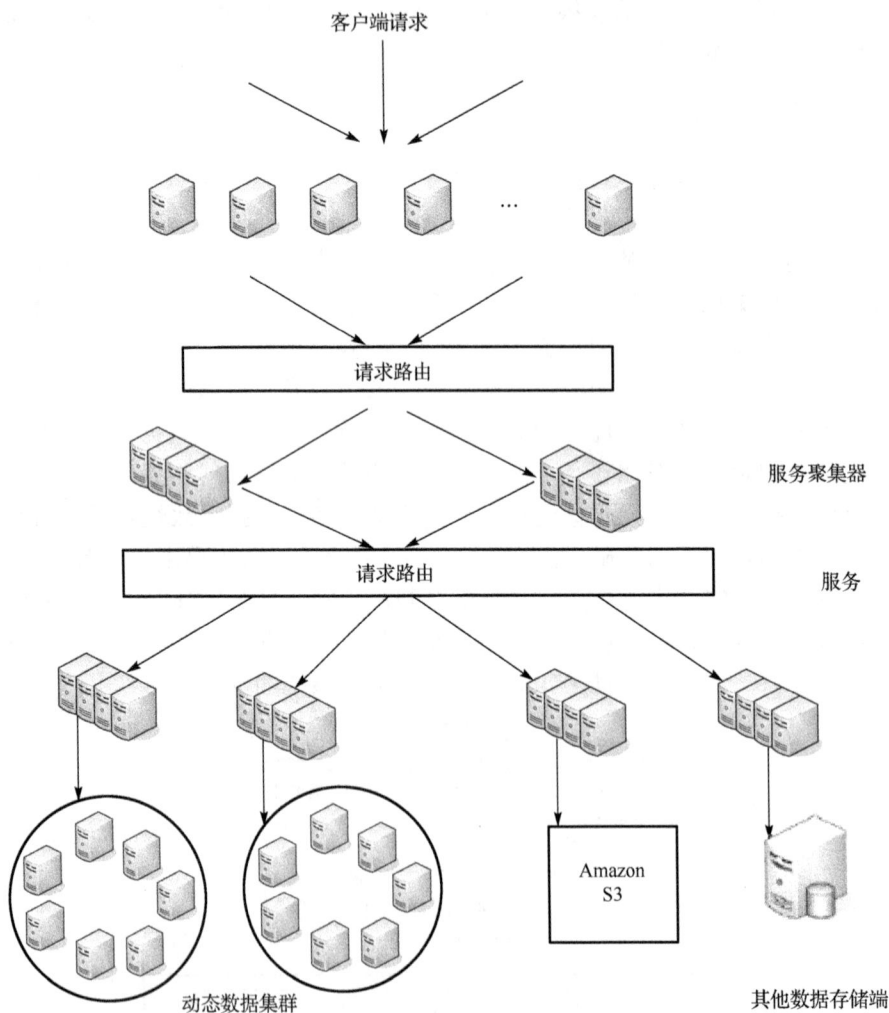

图 5-2　去中心化架构

5.1.3　分布式文件系统

　　文件系统是操作系统中负责管理和存储文件信息的软件部分,文件系统由三部分组成:系统的接口、操纵和管理的软件集合、对象及属性。它用于系统中文件的增加、删除、查询和修改等操作，并控制文件的存取权限和管理。

在各类操作系统中，单机文件系统是必不可少的一个部分。但随着数据存储量的增加，单机文件系统的容量和操作速度在一些条件下已经无法满足应用需求，尤其是对于服务器文件系统来说，与日俱增的数据量，要求通过可承载大容量的分布式存储集群来管理，分布式文件系统便应运而生。

分布式文件系统的优势在于对于存储集群上的文件可以统一管理，屏蔽掉在不同节点上的文件操作细节，从而使文件管理好像只在单机文件系统下操作一样快捷方便。而分布式的文件系统具有以下重要的三个特点。

(1) 高可用性：分布式文件系统必须具有高容错能力，无论是客户端还是部分服务器出现了故障，都必须保证整个系统仍然能够正常工作。为了做到这一点，分布式文件系统需要容忍单点甚至多点的失效，如使用资源冗余技术或者提供失效恢复服务。

(2) 并发访问：在分布式文件系统中，由多个用户来共享文件资源，当不同的用户或者进程并发访问文件资源时，怎么样来进行并发控制便是分布式文件系统的核心问题。针对这一问题，分布式文件系统需要提供避免进程间出现冲突的方法来允许一个文件被同时访问，如文件锁技术。

(3) 资源透明：这一点对于用户对文件系统的体验而言是最为重要的。文件系统的透明性体现在多个方面。例如，访问透明性是指文件系统要使用户能够以相同的方式和方法访问本地文件和远程文件，而性能透明性是指文件系统要使用户能在各种不同的负载环境下高效、可靠地操作文件。在分布式文件系统中，文件名必须是与文件存储位置无关的，这是一种位置透明性。文件系统的节点数量和容量应该能被动态扩展且不影响系统运行和用户体验，实现扩展的透明性。

在 5.2 节中，会选取几个典型的分布式文件系统，来一一剖析它们的特点与架构。

5.1.4　分布式对象存储系统

对象存储的核心是将数据操作和控制操作分离，数据操作即数据的读或写，控制操作即元数据的操作，元数据是数据的属性，并基于对象存储设备(Object-based Storage Device，OSD)构建存储系统。对象存储设备有一定的智能度，能够自动管理其上的数据分布。

对象存储结构由对象、对象存储设备、元数据服务器、对象存储系统的客户端四部分组成，如图 5-3 所示。

1. 对象

作为系统中数据存储的基本单位，每个对象是由数据和数据属性集构成的。在传统的存储系统中基本的存储单位一般是文件或块。而对象在灵活性方面远远优于传统的块存储设备，传统块设备要记录每个存储数据块的位置，而对象可以维护自己的属性，极大地简化了存储系统的管理负担。对象的大小不像块那样是固定的，不同的对象大小可以不同，还可以包含整个数据结构。在 OSD 中，所有对象都通过唯一的一个对象标识（OID）被访问。通过访问对象，可以对数据进行读写甚至实现一些特殊的数据操作，这样，分布式对象存储系统相对于传统的分布式块存储会更加灵活，提供了更好的功能扩展性。所以，对象存储结合了块存储与文件存储的优点，目前广泛运用在分布式存储系统之中。

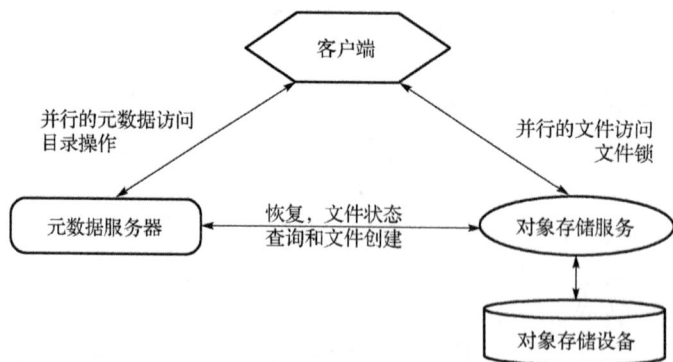

图 5-3　对象存储结构

从图 5-4 中可以很明显地看出对象磁盘与块磁盘对于磁盘存储空间的组织形式是不一样的，块磁盘将磁盘空间分割成连续的大小相等的块，而对象磁盘内部数据的组织形式是一个个大小不等的经过封装了的对象形式。块存储读写速度快，但是不易共享，而对象存储既能够保证读写速度，又易于用户共享。

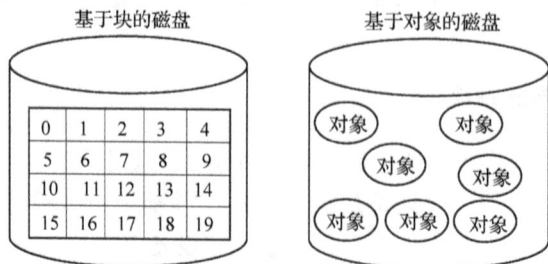

图 5-4　基于块的磁盘与基于对象的磁盘的对比

如图 5-5 所示，每个对象都有一个对象唯一标识符（OID）、二进制数据（data）、对象属性（attribute）和元数据（metadata）。元数据一般是一组键值对，如文件所有者、创建日期、最后修改日期、文件大小等。

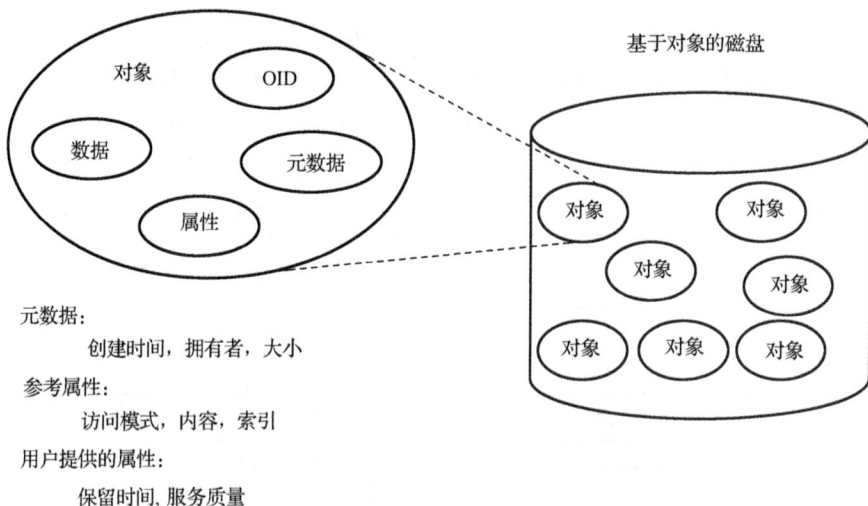

元数据:
　　　　创建时间, 拥有者, 大小
参考属性:
　　　　访问模式, 内容, 索引
用户提供的属性:
　　　　保留时间, 服务质量

图 5-5　包含数据、OID、元数据和属性的对象

2. 对象存储

每个 OSD 都是一台智能计算机,具有自己的存储介质,如处理器、磁盘、网络系统以及内存等,负责通过简单的计算来实现本地对象的管理。OSD 与块设备的不同在于两者提供的访问接口不同,而不是存储介质的不同,对象存储系统的访问接口和传统的文件系统访问接口很相似,更贴合用户访问需求。OSD 内的一定数量的磁道和扇区组合起来的对象即可对外界提供数据服务。

从图 5-6 中可以看出,OSD 模型和传统模型最明显的两个区别:第一,存储管理部分(主要是对元数据的管理和负载均衡的管理)从传统的文件系统转移到了存储设备,也就是说,具有一定智能性的对象存储设备也承担了一部分计算,可以有效地均衡负载;第二,OSD 模型中的存储设备不再提供块读取接口,而是直接提供对象接口,需要经过 OSD 计算封装提供。

OSD 的主要功能有三个。

(1) 数据存储:存储介质的作用是可靠地在物理介质如磁带磁盘上存取数据,OSD 磁盘上的磁道和扇区也需要很好的管理,但是 OSD 与传统的块存储磁盘不同,OSD 并不提供块接口的访问方式,而是根据对象存储的设计思想提供"对象"级别的访问接口,也就是说用户根据对象的 ID、偏移地址 offset、请求的数据长度 length 就可以向 OSD 请求数据的读写。需要注意的是,用户无法通过块接口的访问方式访问 OSD 中的某个"块"存储的数据。

(2) 智能分布:OSD 由于具有独立的存储介质和处理器,可以利用自己的 CPU 和内存来使数据分布决策达到其最优,例如,OSD 接收一个对象,根据对象属性发现这是一个较大的多媒体信息，就可以为其分配磁盘上一段连续的区域来存储。此外，OSD 还支持预取(pre-fetching)功能，可以通过提前读(read-ahead)和预取将磁盘上的数预先读到缓存上以提高读性能，同样的 OSD 拥有的写后缓存(write-behind cache)使得大量重复的写数据可以放在缓存中以便写入多个磁盘。

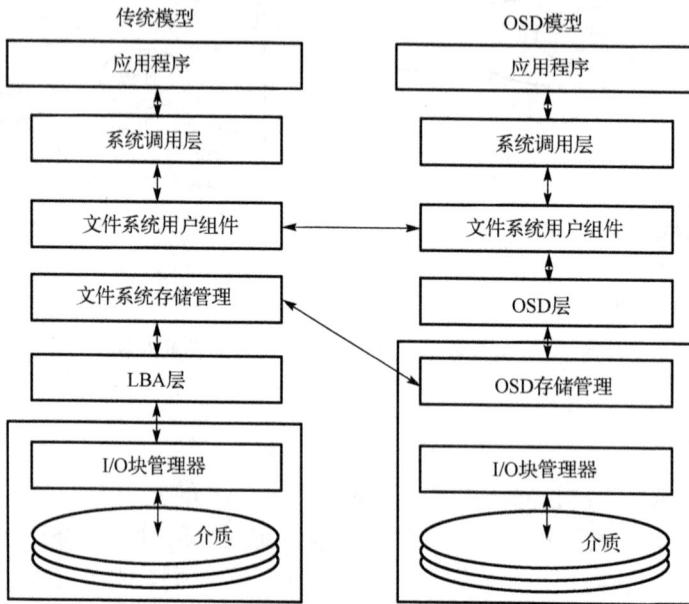

图 5-6 传统模型和 OSD 模型的比较

(3)管理元数据：元数据和传统的 inode 元数据很相似，二者都包括对象的常用时间戳、对象的存储偏移地址以及对象的长度等重要属性。元数据的管理在 NAS 中交由文件服务器来维护，在 SAN 和 DAS 中由主机操作系统管理，管理细致到每个文件在块设备上的具体存放，包括文件每一条带的每个块，这样的集中管理很容易成为系统的瓶颈，而对象存储系统打破了这一瓶颈，将系统中绝大部分元数据管理的功能下发到各个 OSD。这样系统元数据服务器(MDS)只需要负责对象在每个 OSD 上的逻辑分布并提供一个统一的命名空间，大大降低了客户端和 MDS 的开销，提高了系统的可扩展性。

5.2 典型分布式文件系统

5.2.1 PVFS

Clemson 大学的并行虚拟文件系统(Parallel Virtual File System，PVFS)项目用来

为运行 Linux 操作系统的 PC 集群创建一个开放源码的分布式文件系统。PVFS 已广泛地应用在高性能的大型文件存储系统和作为并行 I/O 研究的基础架构。作为一个分布式的文件系统，PVFS 将数据存储到多个集群节点的已有的文件系统中，多个客户端可以同时访问这些数据。许多分布式文件系统都是以 PVFS 为基础架构而设计实现的，如国内的浪潮并行文件系统。目前的版本是第二版。

如图 5-7 所示，PVFS 的系统架构分为三个部分：计算节点(Computer Nodes)、管理节点(Management Nodes)和 I/O 节点(I/O Nodes)。通过计算节点向 PVFS 提交需要运行的应用程序；而整个 PVFS 的元数据由管理节点来专门管理，同时接受并调度由计算节点发出的 I/O 请求；而 I/O 节点存储了 PVFS 中所有的文件数据，客户端通过 I/O 节点来对 PVFS 进行读写。

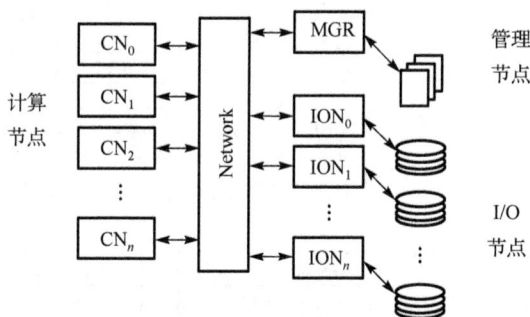

图 5-7　PVFS 架构图

PVFS 可以有一个或者多个计算机节点和 I/O 节点，但它有且只有一个管理节点，这也成为了系统的瓶颈，当集群系统达到一定的规模之后，管理节点将可能出现过度繁忙的情况。不同 I/O 节点分管不同文件数据，对数据的存储没有用容错机制，当某一节点无法工作时，相应的数据将出现不可用的情况。不过 PVFS 具有命名空间一致性、文件数据分散分布、兼容现有文件访问方式、提供专用接口访问文件系统等功能，这使得 PVFS 的分布式文件系统功能齐备。

5.2.2　GoogleFS

Google 公司在生产中设计实现了 Google 文件系统来满足快速发展的数据处理需要。GFS 与之前的分布式文件系统有很多相同之处，如性能、扩展性、可靠性和可用性。通过与传统的文件系统进行深入的比较与实验，探索出完全不同的设计，并投入到实际的生产环境之中。

Google 将多个 GFS 集群以不同的目的进行部署。其中最大的一个集群包含了超过 1000 个存储节点，300TB 以上的磁盘存储，能让数百个不同机器上的客户端进行连续的频繁访问，为 Google 的业务扩展提供了极大的帮助。

GFS 集群由一个主节点和多个块服务器(chunk servers)组成，可以同时被多个客户端访问。其中的每个节点都是运行在一个普通 Linux 服务器上的用户级服务进程。只要机器资源允许，可以在同一个机器上运行一个块服务器和一个客户端。所以即使在逻辑上分离的节点，在物理上可能也只是操作系统中不同的进程。

在 GFS 中，传统的文件概念被固定大小的块取代。每个块由一个不变的、全局唯一的 64bit 块句柄(chunk handle)标识，它是由主节点在创建块时分配的。块存在块服务器之中，以 Linux 文件的形式存储，并且对由一个块句柄和字节范围指定的块数据进行读或写操作。为了提高可靠性，每个块都会在多个块服务器上进行复制。默认情况下，GFS 存储三个副本。用户可以对不同的文件命名空间设置不同的复制级别，来存储多个副本，如图 5-8 所示。

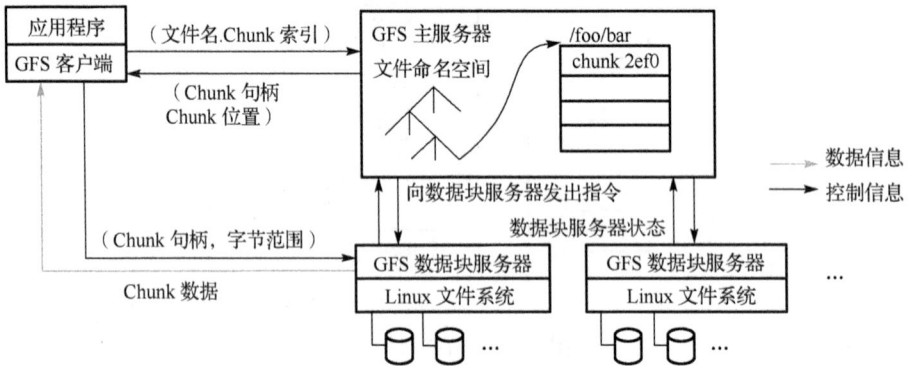

图 5-8　GFS 架构图

在 GFS 中，主节点上保存着整个 GFS 之中的元数据(metadata)，其中包含了命名空间、访问控制信息、文件到块的映射，以及块的当前位置。同时，作为系统之中的总控节点，主节点管理着 GFS 中对块的控制，如块的租约管理、无效块的垃圾回收，以及块在各个服务器间迁移。同时，主节点周期性地与每个块服务器进行通信，通过心跳信息发送对块的操作指令并且同时收集块服务器状态。

GFS 不严格提供兼容 POSIX 的 API，而是将客户端代码嵌入每个应用中，实现了文件系统的 API，来与主节点和块服务器进行通信。客户端与主节点只进行元数据的交互操作，同时客户端也会缓存由主节点发送而来的元数据，然后通过元数据检索到对应块服务器的数据，而之后与数据相关的通信都直接与块服务器进行。

5.2.3　HDFS

Google 的文件系统究竟是如何实现的，我们不得而知。但是根据 Google 发表的论文以及 GFS 的相关资料，在 Apache 基金会下有一个开源实现——HDFS。下面介绍 HDFS 的架构与设计。

　　HDFS 位于 Hadoop 技术栈的最底层，是一个高可靠、高可用、高容错、高聚合带宽、高可扩展的分布式文件系统。HDFS 通常部署在由廉价但可靠性差的硬件组成的集群上，为数据密集型应用提供大数据集的流式访问。

　　如图 5-9 所示，HDFS 采用主从架构，部署在由一台 NameNode 和多台 DataNode 构成的分布式集群上。集群中多台 DataNode 部署在同一个机架中，并通过交换机相连，多个机架则通过核心交换机连在一起，从而构成一个层次化的网络拓扑结构。

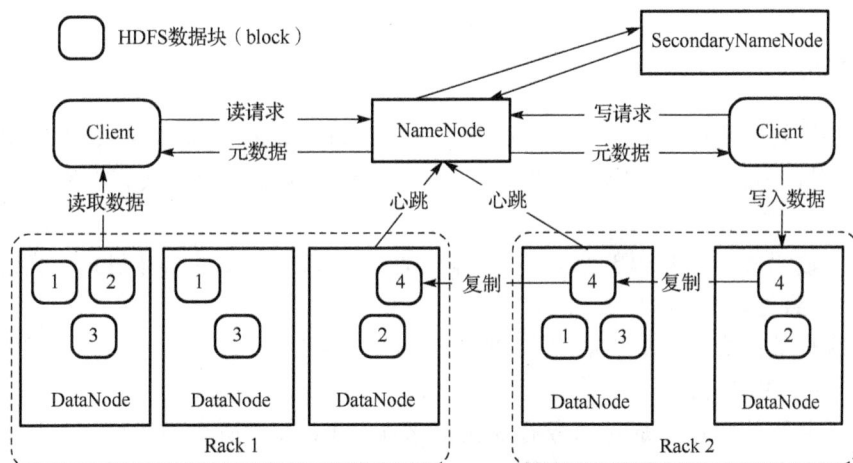

图 5-9　分布式文件系统 HDFS 架构图

　　NameNode 负责管理 HDFS 的元数据，元数据的核心内容为层次化的文件命名空间树，其中包括所有目录和文件的元数据信息，并维护着"文件名-数据块""数据块-DataNode 列表"等若干映射关系。为了保证元数据服务的质量，所有元数据以及相关信息都存储在 NameNode 的内存中。为了保证元数据的可靠性，对文件命名空间树的变更会追加到 EditLog 中进行持久化。NameNode 会借助 SecondaryNameNode 的帮助，周期性地重放 EditLog 中的操作，形成新的检查点文件 FsImage，从而避免 NameNode 重启之后的恢复时间过长。关于集群中 DataNode 和数据块的信息，则是通过搜集 DataNode 的心跳信息获得的，这一部分信息只保留在内存中，并不进行持久化。

　　DataNode 的主要职能有两项。首先是提供一个执行数据块存储和检索的抽象，对上层屏蔽 HDFS 数据块在 DataNode 本地文件系统上的存储组织形式。HDFS 数据块（block）是 HDFS 文件的最小存储单位，默认大小为 64MB，较大的数据块可以减少网络寻址开销和 NameNode 中元数据信息的存储开销。其次，DataNode 负责服务客户端、NameNode 以及其他 DataNode 的请求，并定期向 NameNode 汇报自身的当前状态。

　　Client 是 HDFS 提供给用户的接口，用来和存储后端进行交互。HDFS Client

存在多种形式，最重要的形式是用 Java 语言实现的原生客户端库。Client 和 NameNode 交互，进行元数据的操作；和 DataNode 交互，进行数据的读写。元数据访问路径与数据访问路径的分离为 HDFS 保证了元数据服务的质量并提供了较大的聚合带宽。

5.3　典型分布式对象存储系统

5.3.1　Ceph

Ceph 是加州大学 Santa Cruz 分校的一个研究项目，是最早由 Sage Weil 开发的一套高可用、易扩展的、无单点故障、基于 PB 级别数据的分布式存储系统。Ceph 中存在三个主要组件。

（1）元数据集群：管理整个 Ceph 集群的命名空间中的文件名与目录，实现分布式系统的一致性。

（2）客户端：给用户提供兼容了 POSIX 的文件系统接口来操作 Ceph，同时它扩展了传统的 POSIX 接口，来放宽用户对于系统的一致性要求。

（3）对象存储集群：通过对象存储集群来保存 Ceph 中所有的数据。

Ceph 设计实现了具有可靠性的一个高性能分布式存储系统。它可以稳定地工作在数万甚至是数十万并发读写的场景之中。同时，分布式存储系统工作负载本质上是动态的，对于元数据的访问与对于数据的应用移动等，会随着时间的变化呈现出不同的状态。Ceph 解决了这样的扩展性问题，随着工作负载的变化，Ceph 也能通过增加集群节点的形式，跟进这样的变化，来满足用户的需求。而 Ceph 架构之中核心的思路是以下三个方面，Ceph 架构图如图 5-10 所示。

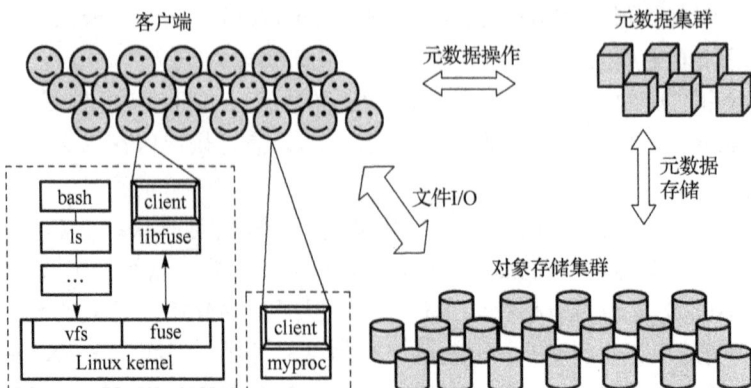

图 5-10　Ceph 架构图

1. 分离数据和元数据

Ceph 将文件元数据和文件数据进行了逻辑上的分离。元数据操作(重命名、打开目录等)由元数据集群来负责管理,而客户端则可以直接通过对象存储集群执行数据的 I/O 操作。

Ceph 通过 CRUSH(Controlled Replication Under Scalable Hashing)算法(一种特殊的一致性哈希算法)来分配对象存储设备。这样就可以通过简单的计算,而不是查找来得到存储对象的名称和位置,相比于现有分布式对象存储系统中存在的对象列表,Ceph 中完全消除分配列表的设计,避免了维护和分发对象列表,简化系统的设计,减少了元数据集群的工作负载,大大提高了 Ceph 本身的扩展性。

2. 分布式元数据的动态管理

在分布式存储系统中,有关元数据的操作占据了整个系统一半以上的工作负载。所以,为了提高系统的整体性能,Ceph 利用了一个元数据集群的架构,通过动态子树划分的方式,来智能地适应分配职责,可同时在数十个甚至上百个 MDS(Metadata Server)上管理文件系统目录结构,每一个 MDS 可共同提高 Ceph 的负载性能。值得注意的是 MDS 的负载分布是基于当前的访问状态的,这样使得 Ceph 能在任何工作负载之下,有效地利用当前的元数据集群的资源,获得近似线性性能扩展。

3. 可靠的自动分布的对象存储 RADOS

不但单元数据的负载是动态的,存储数据的变化也是动态的。由上千台服务器组成的对象存储集群,它的数量也在慢慢增加,伴随着新的存储加入,旧的存储舍弃,设备故障的频繁发生,大的数据块被创建、迁移和删除。以上所有这些影响因素都需要分布式存储系统能够有效地利用现有资源并维持存储数据的备份。Ceph 可以对对象存储集群进行数据迁移、备份、故障检测、故障修复。通过这样的方式,来使每个 OSD 可以实现可靠、高可用性、高扩展、高性能的对象存储。

5.3.2　OpenStack Swift

OpenStack Swift 最初由 Rackspace 公司开发,并在 2010 年贡献给 OpenStack 开源社区。Swift 是一个开源云计算项目下,由 Python 开发的一个高扩展性、高可用性的分布式对象存储系统,通过牺牲一定程度上的数据一致性来达到高可用性和可伸缩性,适合解决互联网的应用场景下非结构化数据的存储问题。

Swift 的架构主要由下面三个组成部分组成:代理服务器、存储服务器与一致性服务器。而其中作为分布式存储系统最为核心的存储服务与一致性服务均在存储节点上实现。

Swift 采用完全对称、面向资源的分布式系统架构设计，所有组件都可扩展，避免因单点失效而扩散并影响整个系统运转；通信方式采用非阻塞式 I/O 模式，提高了系统吞吐和响应能力。

而认证服务，则独立在 Swift 之外。通过统一使用 OpenStack 的组件 Keystone 来实现分布式存储系统的认证工作，以便实现在 OpenStack 各个项目间统一的认证管理，来更好地管理 OpenStack 的各个组件，Swift 架构图如图 5-11 所示。

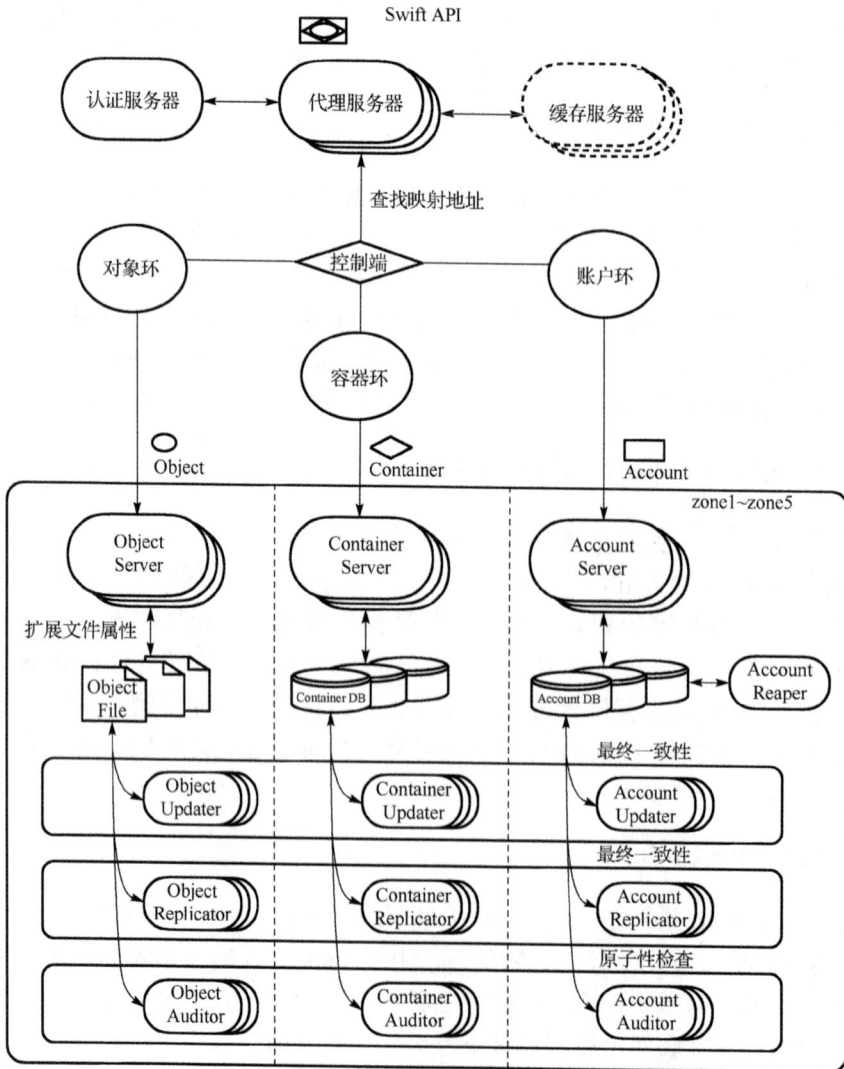

图 5-11 Swift 架构图

1. 代理服务器

代理服务器是 Swift 的重要组成部分，Swift 各个组件之间的相互通信都依赖于代理服务器提供的 API。代理服务器定位每次请求所需要的 Account、Container 或 Object，同时将这些请求转发到对应的节点上。

2. 存储服务器

存储服务器只是 Swift 中的一种笼统的称呼。在 Swift 中有三类存储服务器：Account、Container 和 Object。这三种不同的存储服务器提供不同的存储服务，最为核心的服务器为 Container 服务器，在整个 Swift 系统中，Container 服务器记录了 Object 的总数、Container 的使用情况，同时维护了一个 Object 对象的列表。Container 服务器并不知道对象的存放位置，只知道指定 Container 中存的哪些 Object。这些 Object 信息则是通过数据库文件的形式存储的。Object 服务器则类似于 Ceph 之中的对象存储服务器，为用户的对象存储提供服务，而用户的分类以及元数据与命名空间，Swift 统一使用 Account 服务器来管理。

3. 一致性服务器

Swift 的一致性服务器会在后台持续地扫描磁盘来检测 Object、Container 和 Account 的完整性（前面提及的存储服务器）。一旦发现数据异常，则会使用系统中存在的副本进行替代。当 Swift 服务器更新失败之后，本次更新则会在系统中加入更新队列，之后一致性服务器会一一处理这些失败了的更新工作。Swift 通过一致性服务器的设计来确保在面临如网络中断或者驱动器故障等临时性故障情况时仍然可以保持系统的一致性。

5.4　本 章 小 结

本章通过对分布式存储系统的应用原理进行简单的介绍，着重讲解了分布式存储系统的架构模型以及设计原理，旨在通过实际运用的分布式存储系统介绍使读者对分布式存储系统的情况有一个较为深入的了解。

第 6 章　存储编码与存储系统

6.1　引　　言

通过前面的章节，读者应该对分布式存储系统、容错技术以及编码理论有了初步的了解，本章将会进一步探讨编码理论在分布式存储系统中的应用。

随着经济全球化的发展和科技改革的推进，网络覆盖面积不断加大，信息交互随之增强，全球数据量以及存储的数据规模呈指数型增长。

海量数据对存储系统提出了更多更严苛的要求——存储容量更大、安全性更高、存储性能更好、成本开销更低、智能化更强等。单机存储方式对于存储和处理大规模的数据集无能为力，基于网络存储的存储方式应运而生。传统网络存储一般采用高端的服务器和存储设备，如 SAN 和 NAS，以确保其高可靠性。然而，当面临存储 PB 级或更高量级的数据时，网络存储的存储性能、存储容量、成本和扩展性存在诸多瓶颈，尤其是价格昂贵的设备开销使其无法适应新形势下的存储需求。

大规模分布式存储系统以其海量存储能力、高吞吐量、高可用性、高可扩展和低成本等突出优势成为存储海量数据的有效系统并被广泛部署与使用。目前，分布式存储主要应用于云存储服务、数据中心存储服务以及 P2P 存储服务，著名的分布式系统有谷歌的 GFS、微软的 Azure、亚马逊的 Dynamo 和 Apache 的 HDFS。其中，HDFS 是 GFS 的开源实现，作为后台的基础设施广泛应用于众多大型企业，如 Yahoo、Amazon、Facebook、eBay 等。

我们通常将分布式存储系统中每个独立的 PC 服务器称为一个存储节点。面临海量数据的存储需求，为节省成本，大规模分布式存储系统通常采用数量众多、成本低廉、可靠性较差的普通 PC 服务器作为底层存储节点，并通过网络将它们连接起来。然而，不断扩大的存储规模和可用性不高的节点性能，大大增加了故障发生的概率。此外，由于存储节点是通过复杂的网络相互连接的，网络异常也会导致数据的不可用。因此，如何确保数据的安全可靠已成为当前分布式存储系统必须考虑的重要问题。

据统计，大规模集群每天都有故障发生，图 6-1 给出了 Facebook 的一个 Hadoop 集群在一个月内，每天失效的节点数，纵坐标表示失效节点数。该集群共部署 3000 个节点，涉及 45PB 数据，平均每天有 22 个节点失效，有时候一天的失效节点超过 100 个。同时，底层存储发生故障，也将直接影响到上层的应用服务，2011 年 4 月

21 日，亚马逊公司在北弗吉尼亚州的云计算中心宕机，致使亚马逊云服务中断持续了近 4 天时间，造成多项依靠云计算中心的服务停止工作，多家网站受到牵连。为了提供可靠的存储服务、保证数据的可用性，分布式存储系统必须具有高效且易于实现的容错机制。

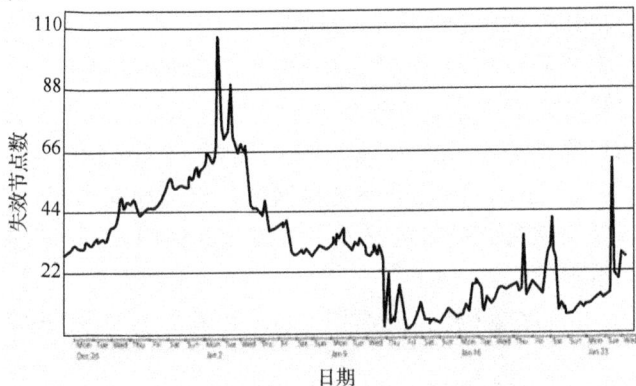

图 6-1　Facebook 集群日节点失效数

1956 年，Von Neumann 首先提出用低可靠性的器件以增加冗余数据的方式来构造高可靠系统。这种存储冗余数据的方式能够使系统容忍一定数量的节点故障，保证数据的可用性，而数据的持久性，则必须依赖于对失效冗余的及时修复。因此，称这种能够自动修复失效数据，恢复事故发生前的冗余状态，使系统能够连续正常运行的机制为容错机制。

复制（replication）策略是引入冗余最简单的方法，其基本思想是为系统中的每个数据对象都建立若干个副本，并把这些副本分散存放在不同的节点中，当遇到数据失效无法正常使用时，可访问最近的存活节点获取备份数据，这样只要数据对象有一个副本存活，系统就可以一直正常运行。其修复过程也非常简单，只要从最近的存活节点中下载相应副本并重新存储，即可恢复系统冗余。目前主流的分布式文件系统均采用 3 副本机制，即系统最多可容忍两个节点失效。此外，存储的多个副本也可以均摊读文件时的负载，如通过为热点文件配置更高的副本数来支持高效的并发读操作。

尽管复制策略具有存储方式简单、易于实现、计算开销少、数据访问性能好等优势。但是，当分布式存储系统中独立节点的可靠性较低时，为了保证系统的可靠性，复制策略产生的冗余数据会占用大量存储设备。例如，存储一个 200MB 的文件，使用默认的 3 副本机制，最终会在存储集群中占用 200×3=600MB 的磁盘空间，导致系统增加了 200%的额外存储开销。

纠删码策略因其在相同可靠性条件下可以最小化冗余存储开销，逐步代替复制策略应用于分布式存储系统。常用的纠删码多为 MDS 码，如 RS 码。MDS 码满足单一边界条件，可以达到最优的存储效率。我们知道的磁盘阵列技术正是通过引入纠删码技术来提高文件存储的可靠性。卡耐基梅隆大学研究的 DiskReduce、Facebook 的 HDFS-RAID、谷歌的 Colossus、微软的 Azure 存储系统均采用了纠删码策略，实现了更经济的高可靠性。目前，大规模存储公司如 CleverSafe 公司以及 Wuala 公司也在存储中部署使用纠删码容错机制。

在保证系统具有相同可靠性的情况下，纠删码策略可以有效地降低所需的存储开销，提供令人满意的修复水平。在分布式系统中单个节点可靠性为 0.5 的情况下，为保证整个系统的可靠性高于 0.999，复制策略需要 10 个副本，即 10 倍于原始数据大小的存储开销，而基于纠删码策略的存储系统仅需原始数据 2.49 倍的存储开销。存储开销的降低直接带来的好处是减少了磁盘的使用，同时提高了文件写入系统的速率，降低系统能耗。

本章将着重介绍存储编码的一般性原理以及其在分布式存储系统中的应用情况。

6.2　应用存储编码的一般性原理

6.2.1　怎样应用存储编码

本章中，采用存储编码来代指应用在分布式存储系统中的一系列保证数据可靠性的码。本节来简单探讨存储编码的应用。

前面章节中，读者已经对编码理论有了详尽的了解，对于不同的码，其具有不同的特点，涉及码的具体使用，需要依据实际情况进行相应的选择，选择主要依据存储系统的实际业务需求。

存储编码就是应用在分布式存储系统中的容错技术，用于保证数据的可靠性，如引言中所言，副本容错技术的缺点较为明显，已无法满足当今大数据存储的需求，因此编码技术开始作为主流的容错技术应用于分布式存储系统中。

6.2.2　存储编码的特征

与传统的副本策略相比，对于相同的冗余，采用编码技术（如纠删码）可以成倍地提高系统的可靠性。采用编码技术可以将数据分块并且编码成不同的校验模块，然后将这些校验模块分别存储在不同的存储节点中，当要读取数据时，只需要同时从系统节点中取出相应的数据块即可。

每个存储节点中只存储了编码后的部分编码模块而非原始数据，这就大大减少了单个节点存储的数据量，能够更有效地维持节点失效时的冗余性。通过编码技术，可以产生一些冗余校验块，使得数据具有一定的容错性。即当分布式存储系统中有存储节点失效时，只要失效的节点数量在一定的范围内，就可以通过解码运算恢复出原始数据，同时还可以进一步修复失效的存储节点，使系统达到原先的容错性能。

6.2.3　存储编码应用模型

为了方便后续的理解，表 6-1 介绍了一些存储编码的相关概念。

表 6-1　相关符号说明

概念及符号	说　　明
n	编码后实际存储的节点个数
k	保证数据不丢失的最少节点个数
片（slice）	编解码操作的最小单位
条带（stripe）	独立地构成一个边界算法的信息集合
包（packet）	存放在同一节点上属于同一文件条的数据片集合
块（block）	存储系统读写操作的基本单位
节点（node）	物理 PC 服务器
N_i	第 i 个存储节点，$0 \leqslant i \leqslant n-1$
α	每个包中含有的片个数
$S_{i,j}$	存储在第 i 个节点上的第 j 个片，$0 \leqslant i \leqslant n-1$，$0 \leqslant j \leqslant \alpha$
t	故障节点个数，$0 \leqslant t \leqslant n-k$
M	一个条带中原始数据的大小
修复磁盘 I/O	修复过程的磁盘读取总量
修复带宽	修复过程的网络传输总量

考虑系统中部署的是具有 (n, k) 特性的编码，表示系统共包含有 n 个存储节点，从其中任意 k 个节点下载数据均可以恢复出原始数据，通常称这种编码具有 (n, k) 恢复特性，简称 (n, k) 特性。基于横竖编码的存储系统存在原始数据，并且与编码生成的校验数据分开存储，将存放原始数据的节点称为数据节点（data node），而存放校验数据的节点则称为校验节点（parity node）。实际系统中，数据节点与校验节点并非固定不变的，会交替轮换以保持存储系统负载均衡。存储节点往下细分，又可以分为块（block）、条带（stripe）、包（packet）和片（slice）。

下面就图 6-2 涉及的主要概念逐一进行详细介绍。

块，又称存储块，是系统中读写操作的最小存储单位，其大小是固定的，如 HDFS 中默认块大小为 64MB。每个存储节点由若干存储块组成，基于横式编码的存储系统中存储块可以分为两类，分别是存放系统数据的数据存储块（data block）、存储校验数据的校验存储块（parity block）。

条带，是独立地构成一个编解码算法的信息集合，等价于一个编码算法的"实例"。整个存储系统可以分成若干条带，每个条带包含一次编码相关的全部数据。因此，不同条带之间的解码和重构都是相互无关的。

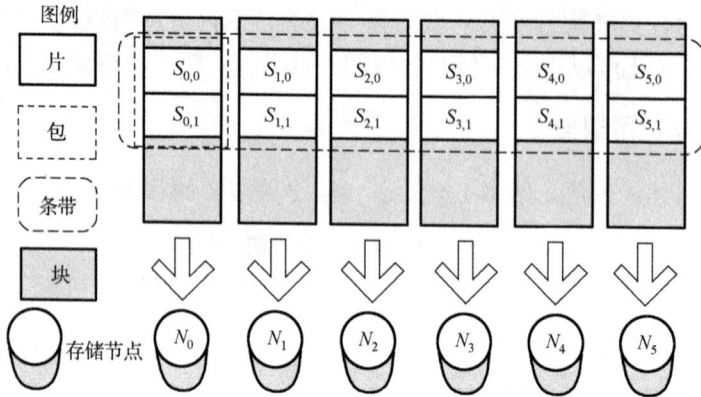

图 6-2　应用模型

包，是存放在同一存储节点上的属于同一条带的数据集合。

片，是编解码操作的最小单位。我们通常将包含系统数据的片称为数据片（data slice），而编码生成的冗余片称为校验片（parity slice）。一个包由 α 片组成，而每个条带中包含 $n \times \alpha$ 个片。

由于基于编码容错技术的分布式存储系统中每个条带都是编码独立的，即一个条带内的校验数据是由该条带内的系统数据根据相应规则创建产生的。在本书后续的修复方案中，将一个条带作为研究对象。

6.3　存储编码在存储系统中的应用

1. HDFS 简介

HDFS 是适合运行在通用硬件上的分布式文件系统，它和现有的分布式文件系统有很多共同点，但同时，它和其他的分布式文件系统的区别也是很明显的。首先，HDFS 是一个高容错性系统，适合部署在廉价的机器上；再者，HDFS 能提供高吞吐量的数据访问，非常适合大规模数据集上的应用；最后，HDFS 放宽了一部分 POSIX 约束，来实现流式读取文件系统数据的目的。HDFS 在最开始是作为 Apache Nutch 搜索引擎项目的基础架构而开发的，是 Apache Hadoop Core 项目的一部分。

2. HDFS 特性

HDFS 以文件系统的形式为应用提供海量数据存储服务，主要特性如下。

（1）支持超大文件。超大文件指的是几百 MB 至几 TB 大小的文件，一般来说，一个 Hadoop 文件系统会存储 TB、PB 级别的数据。Hadoop 需要能够支持这种级别的大文件。

(2)检测和快速应对硬件故障。在大量通用硬件平台上架构集群时，故障，特别是硬件故障是常见的问题。一般的 HDFS 是由数百台甚至上千台存储着数据文件的服务器组成的，这也意味着高故障率。因此，故障检测和自动恢复是 HDFS 的一个设计目标。

(3)流式数据访问。HDFS 处理的数据规模都比较大，应用一次需要访问大量的数据。同时，这些应用一般是批量处理，而不是用户交互式处理。HDFS 使应用程序能够以流的形式访问数据集，注重的是数据的吞吐量，而不是数据访问的速度。

(4)简化的一致性模型。大部分的 HDFS 程序操作文件时需要一次写入，多次读取。在 HDFS 中，一个文件一旦经过创建、写入、关闭后，一般就不需要修改了。这样简单的一致性模型，有利于提供高吞吐量的数据访问模型。

正是由于以上的设计目标，HDFS 并不适合低延迟的数据访问、存储大量的小文件以及多用户写入文件。总之，HDFS 是为以流式数据访问模式存储超大文件而设计的文件系统，并在普通商用硬件集群上运行。

3. HDFS 体系结构

如图 6-3 所示，一个 HDFS 主要由一个 NameNode 和很多个 DataNode 组成。并且 HDFS 采用主从架构，其中，NameNode 是一个中心服务器，负责管理文件系统的名字空间以及客户端对文件的访问；DataNode 是数据节点，通常一个节点一个机器，它来管理对应节点的存储。HDFS 对外开放文件命名空间并允许用户数据以文件形式存储。当用户需要访问系统文件时，首先与 NameNode 交互来获得文件的元信息；然后，由 NameNode 返回的块映射信息获得文件块所在的 DataNode，并与这些 DataNode 通信；最后，从 DataNode 中对相关的数据块进行读写等操作。

HDFS 内部机制是将一个文件分割成一个至多个块，然后由一组数据节点来存储。NameNode 除了用来操作系统命名空间的文件或目录以外(如对文件或目录进行打开或删除命令)，它也负责记录文件是如何分割成数据块的，以及与数据节点之间的映射信息。DataNode 则是对系统中用户程序的读写请求进行响应，同时还要执行对具体块的创建和删除，以及来自 NameNode 的块复制指令。

为了减轻 NameNode 的负担，NameNode 上并不永久保存某个 DataNode 上有哪些数据块的信息，而是通过 DataNode 启动时的上报信息，来更新 NameNode 上的映射表。DataNode 一旦与 NameNode 建立连接，就会不断地和 NameNode 保持心跳。心跳的返回也包含了 NameNode 对 DataNode 的一些命令，如删除数据块或者是把数据块复制到另一个 DataNode。

需要注意的是，NameNode 不会自动发起到 DataNode 的请求，在整个通信过程中，它们是严格的服务器/客户端架构。DataNode 也会作为服务器以接受来自客户端的访问，并处理对应的数据块的读/写请求。DataNode 之间还会相互通信，执行数据块复制任务。另外，对于用户进行写操作时，DataNode 必须互相配合，确保对文件写操作的一致性。

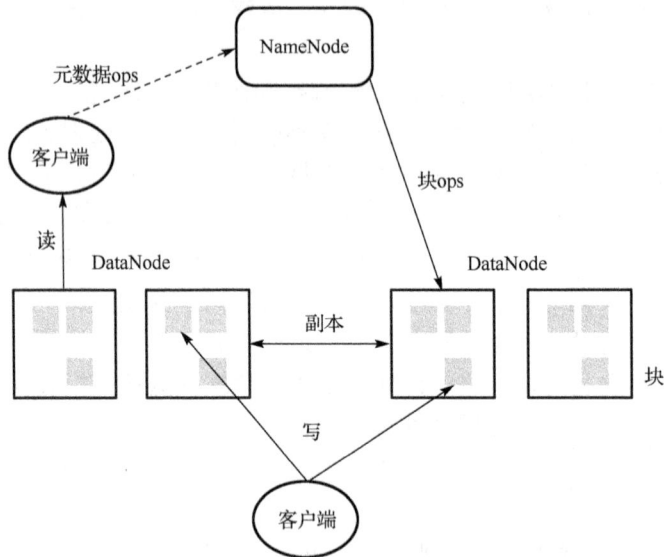

图 6-3　HDFS 体系结构

NameNode 和 DataNode 都是运行在普通的机器之上的软件，机器典型的都是 GNU/Linux。HDFS 是用 Java 语言编写的，利用 Java 语言的超轻便型，很容易将 HDFS 部署到大范围的机器上。一种通用的部署是，NameNode 软件由一个服务器来运行，其他 DataNode 软件分别在集群中的某台计算机上执行。正常情况下是一台计算机上运行一个 DataNode，但体系架构不排斥多个 DataNode 同时于一台计算机上执行(实际的部署很少有该情况)。

为了简化系统的体系结构，集群中只设置一个 NameNode，使得 NameNode 成为 HDFS 元数据的仓库，而用户的实际数据是不经过 NameNode 的。因此，NameNode 所在的服务器不存储任何用户信息以及待执行计算的任务，以避免这些程序降低服务器的性能。但是，由于 NameNode 是 Hadoop 集群中的一个单点，一旦 NameNode 服务器宕机，整个系统将无法运行。

4. HDFS 存储策略

为了保证 HDFS 的高可靠性，保存在文件系统中的数据是被存放成有多个副本的，每个副本都存放在不同的节点上。另外，如果部署的系统有多个机架，副本还将会被存放在不同的机架上。这样，在某个 DataNode 节点停止工作，甚至某个机架出现故障的时候，仍然不影响 HDFS 的可靠性，而这一切对于使用者来说是高度透明的。

HDFS 被设计成能够在一个集群中通过大量不同设备来可靠地存储超大文件，它以块序列的形式存储文件。文件中除了最后一个数据块，其他块大小都是相同的（文件按指定大小切割）。为了保证可靠性和故障容错性，文件块都会进行复制，并且块的大小和复制因子是以文件为单位进行配置的，应用程序可以在文件创建之时或者之后修改复制因子。HDFS 中的文件都是一次性写入的，并且严格要求在任何时候只能有一个写入者，如图 6-4 所示。

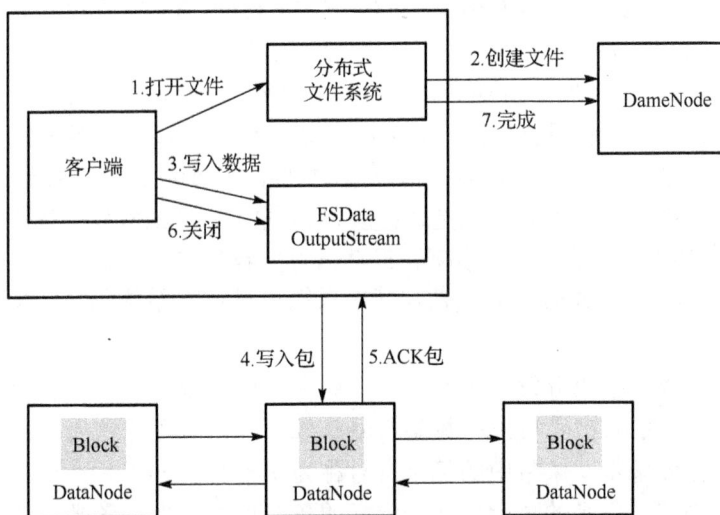

图 6-4　HDFS 写入数据流程图

副本的放置策略是区分文件系统的重要特性之一，也是 HDFS 性能和可靠性的关键。HDFS 采用了机架感知的策略来存储副本。对应典型的副本为 3 的情况下，HDFS 的存放策略是将一个副本存放在本地机架的节点上，一个副本放在同机架的另一个节点上，剩下一个放在不同机架上。该策略可以提高读写操作的效率，同时，由于整个机架的错误远比单个节点的错误少，所以不会影响到数据的可靠性和可用性。另外，数据块只放在两个（不是三个）不同的机架上，将会减少读数据时的网络传输带宽。三分之一的副本在一个节点上，三分之二的副本在一个机架上，如果大于 3 个副本，其他副本均匀分布在剩下的机架中，这一策略在不损害数据可靠性和读取性能的情况下改进了写的性能。

5. 现有研究的分析

分布式存储系统通常部署在由廉价但可靠性差的存储设备构成的集群上，上面运行着许多数据密集型（data-intensive）应用。分布式存储系统中，服务进程崩溃、操作系统崩溃、网络过载、存储节点过载、网络分区、节点升级等原因会导致数据块暂时不可用；磁盘故障、节点故障、节点退役等原因会导致数据块永久不可用。因此，分布式存储系统通常使用复制容错技术来保障数据的可靠性和可用性。

　　由于在同样的数据可靠性约束下，纠删码容错技术消耗更少的存储空间，考虑到数据量的持续增加和数据访问频度的不均衡，越来越多的分布式存储系统开始采用纠删码技术来降低存储成本。Fan 等基于 RAID-6 码在 HDFS 上构建了 DiskReduce 系统。DiskReduce 是一个运行在 HDFS 之上的编码存储系统，通过异步操作将"冷数据"编码存储，降低存储成本。Borthakur 等基于 XOR 码、RS 码构建了 HDFS-RAID，并在 Facebook 公司的数据仓库中投入使用。默认情况下 RS 码的参数配置为(14，10)，因此存储开销从300%降为140%，然而却可以容忍4个故障数据块。HDFS-RAID 已经开源，并被多家互联网公司采用。Google 新一代分布式文件系统 Colossus 采用 (9，6)RS 码来降低存储开销，存储开销降至150%，但却可以容忍 3 个数据块失效。

　　假定存储系统的基本存储单元是数据块，系统中含有 6 个存储节点并采用(6，4)RS 码作为容错技术。如图 6-5 所示，每个节点上存储了一个数据块，分别是系统块 D_1、D_2、D_3、D_4 和校验块 P_1、P_2，其中系统块只包含系统码字，校验块只包含校验码字。

　　下面首先从数据编码分发的角度定义一些在存储系统中应用纠删码容错技术所涉及的术语。k 个数据符号与 m 个校验符号构成了一次编码算法所涉及的最小数据集，该数据集称为条带，条带中的每个符号称为子条带(strip)。此处是从 RS 码编码理论的角度来定义条带的，因此此处定义的条带也称为理论条带。从图 6-5 中可见数据符号向量 $D = (d_1, d_2, d_3, d_4)$ 经过 RS 码编码之后得出码字向量 $C = (d_1, d_2, d_3, d_4, p_1, p_2)$，其中 d_1、d_2、d_3、d_4 称为系统子条带，对应于数据符号，而 p_1、p_2 称为校验子条带。

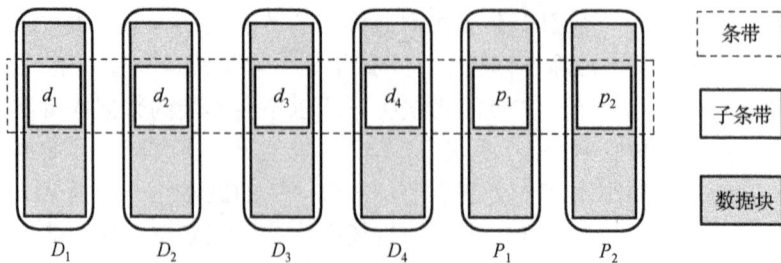

图 6-5　采用(6，4)RS 码的编码存储系统内数据存储布局示意图

　　在实际存储系统中，为了充分利用计算机缓存，减少不同存储层次间数据交换的次数，多个理论条带所包含的数据往往被批量读写，被批量读写的数据集合在存储系统层面也被定义为条带。确切地说，是被定义为 I/O 条带，相应的有 I/O 子条带。如果将 d_1 看成 I/O 子条带，那么它所包含的若干数据符号会在一次 I/O 操作中

批量处理。图 6-5 给出了采用 $(6,4)$ RS 码的编码存储系统内的数据存储布局示意图。多个固定大小的 I/O 子条带组成了分布式存储系统的数据存储单元，如分布式文件系统的数据块，因此数据块 D_1、D_2、D_3、D_4、P_1、P_2 构成块级条带。为了保障数据可靠性，同一块级条带中的不同子条带会被分发到不同存储节点上进行存储。

6.4　典型编码存储系统

6.4.1　HDFS-RAID

1. HDFS-RAID 简介

HDFS 是构建在普通机器上的分布式文件系统，而这类系统需要解决的一个首要问题就是容错，允许部分节点失效。而为了解决数据的可靠性，HDFS 采用了副本策略。默认会为所有的块存放 3 个副本。副本机制能够有效解决部分节点失效导致数据丢失的问题，但对于大规模的 HDFS 集群，副本机制会带来大量的存储资源消耗。例如，为了存储 1PB 的数据，默认需要保留 3 个副本，这意味着实际存储所有副本需要至少 3PB 的空间。存储空间浪费达到 200%。减小浪费的方式主要是减少副本数，而当副本数降低到小于 3 时，数据丢失的风险会非常高。HDFS-RAID 主要是通过 RAID 机制中的纠删码来确保数据的可靠性，从而在不降低可靠性的前提下，减少存储开销。

HDFS-RAID 的实现（Facebook 的实现）主要是在现有的 HDFS 之上增加了一个包装 contrib。之所以不在 HDFS 上直接修改，原设计者的解释是"HDFS 的核心代码已经够复杂了，不想让它更复杂"。存储在 DRFS（Distributed Raid File System）上的文件会被分割成由数个数据块组成的条带，对于每个条带，会生成相应的校验文件，这样就使得原始文件或者校验文件有数据丢失或者损坏的时候，可以重构出丢失或者损坏的数据块。DRFS 最大的优势就在于在保证同样数据可靠性的前提下，需要的额外存储开销远低于副本机制。

2. 框架原理

如图 6-6 所示，HDFS-RAID 存储系统由 RaidNode 编码节点、DataNode 数据服务器、NameNode 元数据服务器节点和客户端组成。

RaidNode 节点：接收客户端 RPC 请求和调度各守护进程完成数据的 RAID 化和修复，孤立文件删除等操作。

DataNode 节点：存储具体文件数据，直接与客户端进行文件 I/O 操作。周期性地统计磁盘空间、I/O 次数等信息，并通过"心跳信息"向元数据服务器发送报告。

NameNode 节点：作为集群元数据服务器，管理文件系统所有元数据，包括名称空间、访问控制信息、编码与文件对应信息、文件到块的映射信息以及数据块所在的当前位置等。还检查数据服务器的状态和新数据服务器的空间信息。

DRFS Client 节点：在 HDFS Client 之上的一层，截获应用对 HDFS Client 的调用。例如，用户访问某块数据，DRFS 会调用 HDFS Client 向 NameNode/DataNode 获取数据，如果返回数据正常，那么按照正常流程进行；如果读取的过程中遇到损坏数据，那么 DRFS Client 截获 HDFS Client 返回的 BlockMissingException 异常，然后接管这个文件的读取流，通过冗余块恢复丢失的数据块，然后返回给应用程序。

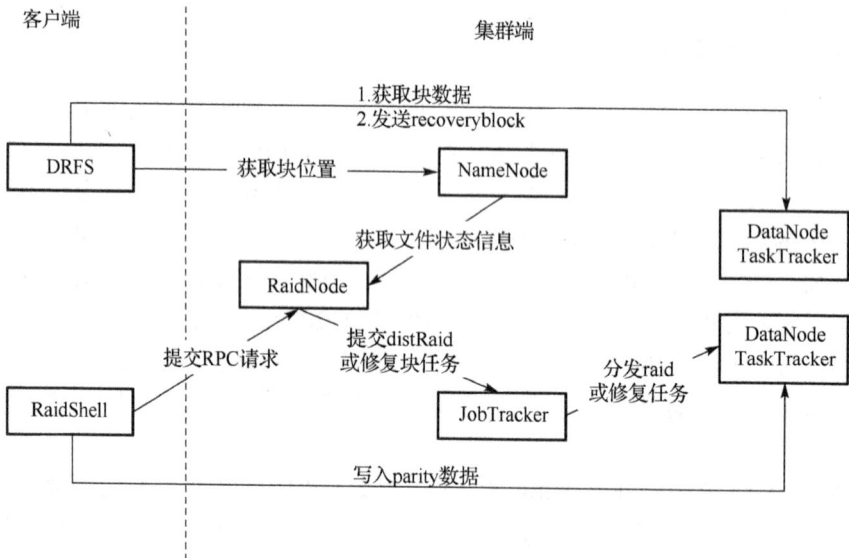

图 6-6 HDFS-RAID 整体结构

其中与编码相关的两个核心模块为 RaidNode 和 ErasureCode，RaidNode 为存储在 DRFS 的所有数据文件创建和维护校验文件的后台线程。该线程会定期扫描配置指定的所有路径，将路径中的文件按照编码模型编码后，删除该文件多余的副本来减小存储空间。该线程上还运行一个 BlockFixer 后台线程来周期性地检查 DRFS 配置路径的状态，并负责修复失效的数据块。这两个线程均有两种实现：RaidNode 节点本地编解码和提交 MapReduce 作业来分配节点进行编解码。

RaidNode 周期性地扫描配置文件指定的所有在 DRFS 上的存储路径。对于每一个存储路径，RaidNode 循环检查多于两个块的文件，选择那些最近没有被修改的文件。一旦选定了一个源文件，便会为数据条带生成合适数量的校验块。校验块然后会连接起来,作为源文件的校验文件进行存储。生成校验文件后,源文件的副本数就会小于配置文件中的指定值。RaidNode 也会周期性地删除那些老旧的或者没有相关源文件的检验文件。

RaidNode 主要有两种实现。

(1) LocalRaidNode:本地计算生成校验块,由于生成校验块计算开销很大,所以这种实现方式的可扩展性受到了很大的限制。

(2) DistributedRaidNode:使用 MapReduce 任务来计算校验块。

ErasureCode 是底层模块,实现了编码和解码接口。当 RaidNode 进行编码生成冗余块时,需要调用 ErasureCode 中的编码接口;当 BlockFixer 修复丢失的数据块时,需要调用 ErasureCode 中的解码接口。

图 6-7 表示文件 RAID 化(实际就是编码产生冗余块)的详细流程图。RAID 化有两种途径:客户端手动触发提交请求;TriggerMonitor 线程周期性查看配置文件,将未 RAID 化的文件放入即将 RAID 化列表。当系统中获取相应的配置参数后,包括 path 路径校验、编码参数设置等,查询 path 路径状态,有下面两种执行方式。

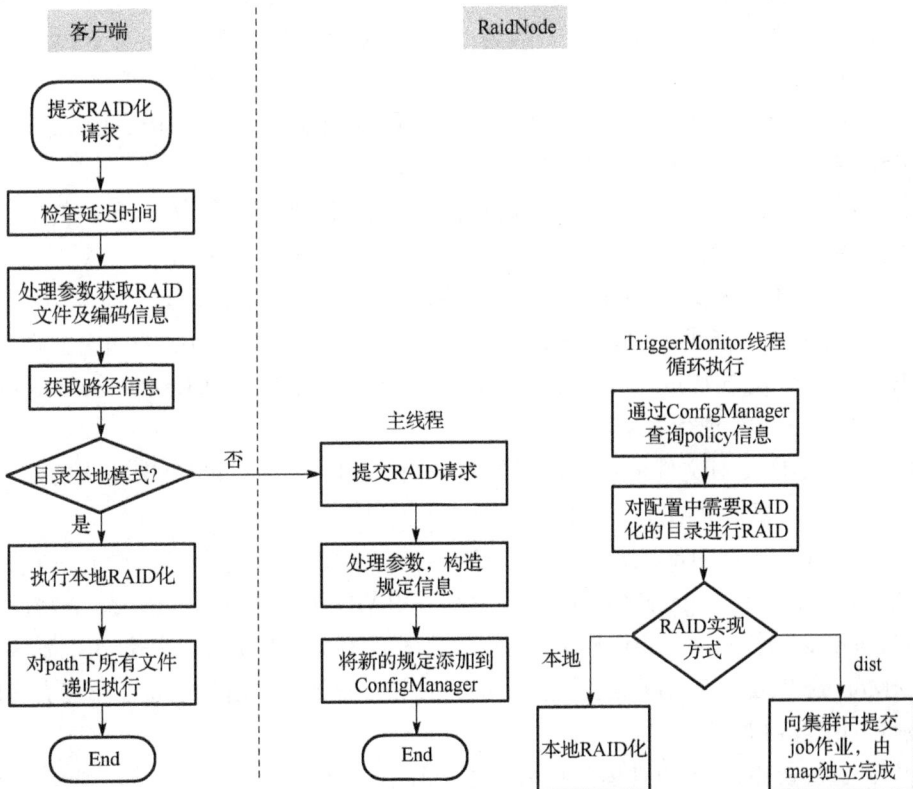

图 6-7　RAID 化流程图

（1）如果是本地模式，对列表中的文件在 RaidNode 本地完成 RAID 化，调用 RaidNode.doRaid 方法完成，并对列表中的文件递归执行上述过程，直到所有文件均已 RAID 化。

（2）如果是 dist 模式，则需要通过 DistRaid 构建一个 RAID 化作业，该作业的输入文件是由所有待 RAID 化文件组成的。集群中每个 task 节点的任务由 map 过程独立完成（不需要 reduce 过程），而 map 也通过调用 RaidNode.doRaid 方法完成 RAID 化。

大致的流程如下。

（1）首先检查请求的 delay 时间，还未到 delay 时间则不执行。

（2）参数处理，包括 path 路径校验、codec 设置等。

（3）查询 path 路径状态，如果是文件或者当前模式是本地模式，则执行 doLocalRaid，通过 RaidNode.doRaid() 对 path 下的所有文件进行 RAID。

（4）如果是目录且当前配置的 RAID 模式是 dist，则通过 raidNode.submitRaid() rpc 请求向 RaidNode 提交 RAID 请求。

（5）RaidNode 接收到客户端提交的请求后，根据提交的参数构造一个 raid policy，并添加到 configManager 中。等待 RaidNode 上 TriggerMonitor 守护线程下次运行时处理该 policy。

TriggerMonitor 作为 RaidNode 上的守护线程，周期性地从 configManager 中获取 policy 列表，对每个 policy 进行如下处理。

（1）查询该 policy 的状态，如果未执行过，则立即处理，获取 path 中的文件列表。如果该 policy 已经处理过，过滤其 path 中尚未处理的文件。

（2）如果是本地模式，对列表中的文件执行 RaidNode.doRaid()。

（3）如果是 dist 模式，通过 DistRaid 构建一个 raid job，该 job 的输入文件是所有待 RAID 文件 path 构成的 sequence file。Mapper 主要是调用 RaidNode.doRaid() 对输入中的 file path 进行 RAID。

HDFS-RAID 中对文件的 RAID 最终都是由 RaidNode.doRaid() 来完成的，不同场景下的区别主要是 RAID 过程的执行地点不同。

（1）raidshell 执行的本地模式或者单个文件，RAID 过程是在客户端上完成的。

（2）本地模式下 TriggerMonitor 触发 RAID，RAID 过程是在 RaidNode 上完成的。

（3）raidshell 执行的 dist 模式且是目录时进行的 RAID，或者 dist 模式下 TriggerMonitor 触发的 RAID，是通过 job 的方式提交到集群上由每个 task 节点完成的。

流程如图 6-8 所示。

其中生成 ParityFile 的具体流程如图 6-9 所示。

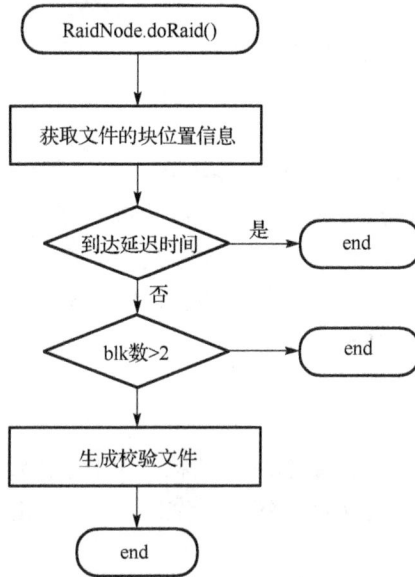

图 6-8　RaidNode.doRaid（）流程

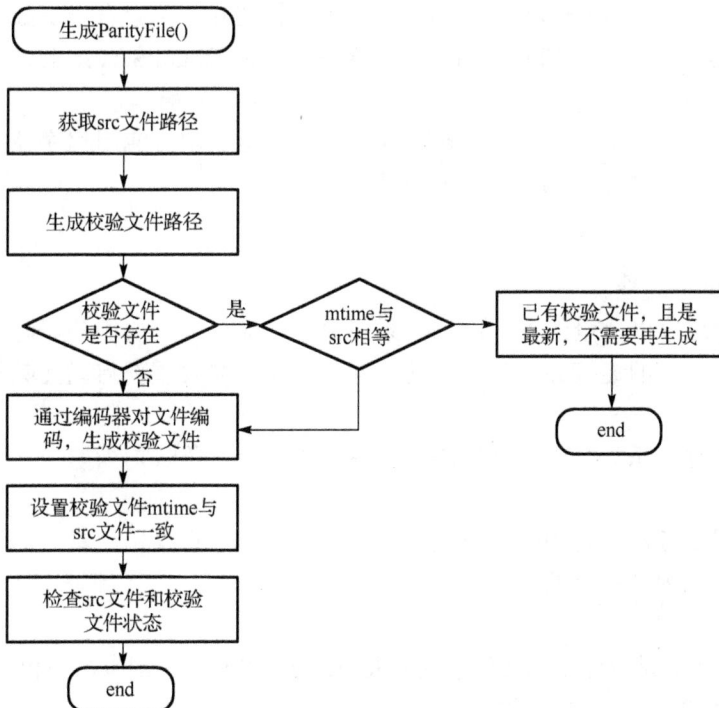

图 6-9　生成 ParityFile（）流程

6.4.2　QFS

1. QFS 简介

QFS（Quantcast File System）是 Quantcast 公司的一个开源项目，是一个 C++实现的类 GFS 的分布式文件系统。Hadoop 和其他的批处理框架适用于处理连续读取或者至少几十兆字节的大文件的连续写入，通常是千兆字节。QFS 是一个高效的分布式文件系统，QFS 的介绍中，将其读写性能与 HDFS 进行了一个比较，写性能比HDFS 快 75%，读性能比 HDFS 高 47%。

QFS 主要由如下三部分组成。

（1）MetaServer。

元数据服务器，管理文件系统的目录结构和文件到物理存储的映射，使用 B+树存储分布式文件系统的全局文件系统命名空间，一个 QFS 仅有一个 MetaServer。

（2）ChunkServer。

分布式文件系统的分布式组成部分。存储文件数据，在一个 QFS 中，有一系列的 ChunkServer，数据一般都存储在底层的文件系统。一个大文件被切分成许多固定大小的文件块，称为 Chunk。为了容灾，每一个 Chunk 都会有一定数量的数据副本（默认为 3 份），每一个 Chunk 副本都会存在不同的 ChunkServer 上。

（3）Client library。

为应用提供文件系统的 API，来与 QFS 进行交互。整合应用程序使用 QFS，需要修改应用程序，并与 QFS 客户端库重新连接。

2. 特性

（1）增量可扩展性。

块服务器可以以增量的方式添加到系统中，当加入一个块服务器时，它会建立起与元数据服务器的连接并成为系统的一部分，而不需要重新启动元数据服务器。

（2）负载均衡。

放置数据时，元数据服务器试图保证各个数据节点负载均衡。

（3）再平衡。

当元数据服务器检测到一些节点使用不足而一些节点使用过量时，元数据服务器会再平衡系统中节点上的数据。

（4）容错。

容忍数据丢失是对分布式文件系统最大的挑战。QFS 支持副本机制和(6, 3)RS 码。

（5）数据完整性。

处理数据块中的磁盘损坏、数据块中的检验和，当读一个数据块时，会进行校验和验证。当出现检验不匹配的时候，会进行数据块的修复。

(6)客户端元数据缓存。

QFS 客户端库缓存目录相关的元数据,以避免重复的查找。

6.4.3　Swift

1. 简介

Swift 最初是由 Rackspace 公司开发的高可用分布式对象存储服务,并于 2010 年贡献给 OpenStack 开源社区作为其最初的核心子项目之一,为其 Nova 子项目提供虚机镜像存储服务。Swift 构筑在比较便宜的标准硬件存储基础设施之上,不需要采用 RAID,通过在软件层面引入一致性散列技术和数据冗余性,牺牲一定程度的数据一致性来达到高可用性和可伸缩性,支持多租户模式、容器和对象读写操作,适合解决互联网的应用场景下非结构化数据存储问题。

基本原理如下。

1) 一致性散列 (consistent hashing)

面对海量级别的对象,需要存放在成千上万台服务器和硬盘设备上,首先要解决寻址问题,即如何将对象分布到这些设备地址上。Swift 基于一致性散列技术,通过计算可将对象均匀分布到虚拟空间的虚拟节点上,在增加或删除节点时可大大减少需移动的数据量;虚拟空间大小通常采用 2 的 n 次幂,便于进行高效的移位操作;然后通过独特的数据结构环 (ring) 再将虚拟节点映射到实际的物理存储设备上,完成寻址过程。

2) 数据一致性模型 (consistency model)

按照 Eric Brewer 的 CAP (Consistency,Availability,Partition Tolerance) 理论,无法同时满足 3 个方面,Swift 放弃严格一致性 (满足 ACID 事务级别),而采用最终一致性 (eventual consistency) 模型,来达到高可用性和无限水平扩展能力。为了实现这一目标,Swift 采用 Quorum 仲裁协议 (Quorum 有法定投票人数的含义)。

定义 N 为数据的副本总数;W 为写操作被确认接受的副本数量;R 为读操作的副本数量。

强一致性:$R+W>N$,以保证对副本的读写操作会产生交集,从而保证可以读取到最新版本;如果 $W=N$,$R=1$,则需要全部更新,适合大量读少量写操作场景下的强一致性;如果 $R=N$,$W=1$,则只更新一个副本,通过读取全部副本来得到最新版本,适合大量写少量读场景下的强一致性。

弱一致性:$R+W \leq N$,如果读写操作的副本集合不产生交集,就可能会读到脏数据;适合对一致性要求比较低的场景。

Swift 针对的是读、写都比较频繁的场景,所以采用了比较折中的策略,即写操作需要满足至少一半以上成功 $W>N/2$,再保证读操作与写操作的副本集合至少产生一个交集，即 $R+W>N$。Swift 默认配置是 $N=3$，$W=2>N/2$，$R=1$ 或 2，即每个对象会存在 3 个副本，这些副本会尽量存储在不同区域的节点上；$W=2$ 表示至少需要更新两个副本才算写成功；当 $R=1$ 时意味着某一个读操作成功便立刻返回，此种情况下可能会读取到旧版本(弱一致性模型)；当 $R=2$ 时，需要通过在读操作请求头中增加 x-newest=true 参数来同时读取两个副本的元数据信息，然后比较时间戳来确定哪个是最新版本(强一致性模型)；如果数据出现了不一致，后台服务进程会在一定时间窗口内通过检测和复制协议来完成数据同步，从而保证达到最终一致性。

3) 数据模型

Swift 采用层次数据模型，共设三层逻辑结构：Account/Container/Object(即账户/容器/对象)，每层节点数均没有限制，可以任意扩展。这里的账户和个人账户不是一个概念，可理解为租户，用来做顶层的隔离机制，可以被多个个人账户共同使用；容器代表封装一组对象，类似文件夹或目录；叶子节点代表对象，由元数据和内容两部分组成，如图 6-10 所示。

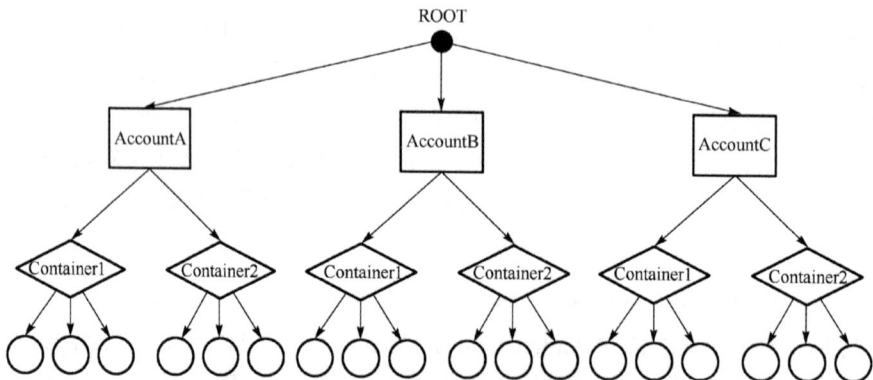

图 6-10　Swift 数据模型

2. 系统架构

Swift 采用完全对称、面向资源的分布式系统架构设计，所有组件都可扩展，避免因单点失效而扩散并影响整个系统运转；通信方式采用非阻塞式 I/O 模式，提高了系统吞吐和响应能力。

Swift 主要包含以下几个部分。

代理服务(proxy server)：对外提供对象服务 API，会根据环的信息来查找服务地址并转发用户请求至相应的账户、容器或者对象服务；由于采用无状态的 REST 请求协议，可以进行横向扩展来均衡负载。

认证服务(authentication server)：验证访问用户的身份信息，并获得一个对象访问令牌(token)，在一定的时间内会一直有效；验证访问令牌的有效性并缓存下来直至过期时间。

缓存服务 (cache server)：缓存的内容包括对象服务令牌、账户和容器的存在信息，但不会缓存对象本身的数据；缓存服务可采用 Memcached 集群，Swift 会使用一致性散列算法来分配缓存地址。

账户服务 (account server)：提供账户元数据和统计信息，并维护所含容器列表的服务，每个账户的信息存储在一个 SQLite 数据库中。

容器服务 (container server)：提供容器元数据和统计信息，并维护所含对象列表的服务，每个容器的信息也存储在一个 SQLite 数据库中。

对象服务 (object server)：提供对象元数据和内容服务，每个对象的内容会以文件的形式存储在文件系统中，元数据会作为文件属性来存储，建议采用支持扩展属性的 XFS 文件系统。

复制服务 (replicator)：会检测本地分区副本和远程副本是否一致，具体是通过对比散列文件和高级水印来完成的，发现不一致时会采用推式 (push) 更新远程副本，如对象复制服务会使用远程文件拷贝工具 rsync 来同步；另外一个任务是确保被标记删除的对象从文件系统中移除。

更新服务 (updater)：当对象由于高负载的原因而无法立即更新时，任务将会被序列化到在本地文件系统中进行排队，以便服务恢复后进行异步更新；例如，成功创建对象后容器服务器没有及时更新对象列表，这个时候容器的更新操作就会进入排队中，更新服务会在系统恢复正常后扫描队列并进行相应的更新处理。

审计服务 (auditor)：检查对象、容器和账户的完整性，如果发现比特级的错误，文件将被隔离，并复制其他的副本以覆盖本地损坏的副本；其他类型的错误会被记录到日志中。

账户清理服务 (account reaper)：移除被标记为删除的账户，删除其所包含的所有容器和对象。

OpenStack Swift 作为稳定和高可用的开源对象存储被很多企业作为商业化部署，如新浪的 App Engine 已经上线并提供了基于 Swift 的对象存储服务，韩国电信的 UCloud Storage 服务。有理由相信，因为其完全的开放性、广泛的用户群和社区贡献者，Swift 可能会成为云存储的开放标准，从而打破 Amazon S3 在市场上的垄断地位，推动云计算朝着更加开放和可互操作的方向前进。

6.5　本　章　小　结

本章对存储编码的一般应用原理进行了简单的介绍，着重讲解了存储编码的应用模型以及存储编码在实际存储系统中的使用情况，旨在通过实际的存储系统介绍使读者对存储编码的应用情况有一个较为深入的了解。

第 7 章 PKUSZ——CodedDFS 原型设计与实现

7.1 CodedDFS 基本需求

近年来，以谷歌(Google)为代表的互联网公司大都构建了用以处理海量数据的分布式存储和计算系统。其中谷歌文件系统(Google File System，GFS)以及其开源实现 HDFS，已经成为互联网行业海量数据分布式存储的事实标准。

基于二进制里德–所罗门(BRS)码的分布式文件系统以开源项目 HDFS、HDFS-RAID 为基础，在 HDFS-RAID 中实现了 BRS 的编解码算法，从而降低了存储开销，保证了数据可靠性，同时也改善了数据可用性，对于互联网行业海量数据的存储有着巨大的吸引力。

7.2 CodedDFS 系统架构

7.2.1 设计思想

GFS、HDFS 通常被部署在普通的商用硬件上，为了提高文件存储的可靠性，采用了多副本机制。简单说，就是把一个文件切分成固定大小的文件块，并把每个文件块的多个副本分别存储在不同的数据节点(DataNode)上。此外，多副本机制也可以均摊读文件的负载，如通过为热点文件配置更高的副本数来支持高效的并发读操作。但是，多副本机制会造成空间较大的浪费，如一个 200MB 的文件，通过分块存储并使用默认的 3 副本机制，最终会在 HDFS 集群中占用 200×3=600MB，也就是说存储开销为 300%。

纠删码作为一种前向错误纠正技术，主要应用在网络传输中避免包的丢失，存储系统利用它来提高存储可靠性。将要存储在系统中的文件分割成 k 块，然后对其编码得到的 n 个文件分片并进行分布存储，则只需存在 k' 个可用的文件分片，就可以重构出原始文件，如图 7-1 所示。纠删码的空间复杂度和数据冗余度较低，若文件分为 k 块，编码后得到的 n 个分块，需要存放在 n 个系统节点上，消耗 n/k 倍的存储资源。纠删码能提供很高的容错性和很低的空间复杂度，但编码方式较复杂，需要大量计算。目前，纠删码技术在分布式存储系统中得到研究的主要有：阵列纠删码、RS 类纠删码和 LDPC 纠删码等。

7.2.2　系统架构

1．基本设计概念

HDFS 默认通过三个副本来保证数据可靠性，而 HDFS-RAID 系统的出现主要是为了归档文件降低副本数之后，通过 RAID 机制中的纠删码来确保数据的可用性和可靠性。HDFS-RAID 系统实现了 RS 编解码算法。HDFS-RAID 提供一个分布式 RAID 文件系统（Distributed RAID File System，DRFS）接口，将存储在 HDFS 中的文件划分为若干文件条，对每个文件条按照纠删码模型进行编码，生成对应的校验块。

基于 BRS 码的分布式文件系统在开源项目 HDFS-RAID 中实现了 BRS 的编解码算法，从而加速编解码速率和更新速度，并且保证数据可靠性和可用性。

HDFS-RAID 系统提供一个使用 Hadoop 分布式文件系统（DFS）的分布式 RAID 文件系统（DRFS），在 DRFS 中存储的文件被分成多个由文件块组成的文件条（stripe）。对于每个文件条（stripe），若干校验块（parity block）存储在与源文件对应的校验文件中。这使得当源文件或校验文件中的块丢失或损坏时可以重新计算并恢复成为可能。

2．主要处理流程

我们在开源 HDFS-RAID 系统（授权协议：Apache License 2）中实现了 BRS 码的编解码算法。实际上设计时，主要包括以下流程。

1）预处理

BRS 编码，在实现时，首先要确定一些参数，如 k（原始数据块数量），m（校验数据块数量），max_chunk_size 校验数据块的大小，p 以及每次编码的字节数（可取值为 1、2、4、8）。在一个确定好的系统中，这些数一经确定之后是不允许改变的。

在确定好必要的参数后，计算出原始数据块的大小 chunk_size=max_chunk_size−$(k-1)×(m-1)×p$（如果 chunk_size 小于等于 0，则报错）和编解码用的范德蒙德矩阵，最后再申请必要的内存。

以上步骤只有在启动时执行一次，后面不会再申请额外的内存。

2）编码

主要是将下载到 Hadoop 计算节点的文件进行编码，再将数据块发送到各个节点。编码时需要从远程节点获取数据。详细过程如下。

（1）创建 1 个本地输入流（InputStream），并且将输入流定向到文件中。由 Hadoop 创建 $k+m$ 个输出流（OutputStream），分别对应 $k+m$ 个节点中要写入的文件块。

（2）从输入流中读取数据，每次读取 chunk_size 的原始数据，读取 k 次，得到 k 个原始数据块。

（3）调用编码函数，生成 m 个编码数据块。

(4)将 $k+m$ 个数据块的内容写入输出流中，输出流将数据送到特定的位置。

(5)重复步骤(2)~(4)，直到输入流抵达文件末尾。

3)解码

主要是从各个节点中获得数据块，然后解码并将文件放到 Hadoop 计算节点。详细过程如下。

(1)由 Hadoop 创建 $k+m$ 个输入流，对应 $k+m$ 个节点中要读取的文件块。创建 1 个本地输出流，对应要写入的文件。

(2)按顺序从 $k+m$ 个输入流中读取 max_chunk_size 大小的数据，成功读取到 k 个数据块时，跳转到步骤(3)，当无法读取 k 个数据块时，抛出异常，程序结束。

(3)判断 k 个数据块的来源，并调用解码函数，得到丢失的原始数据块。

(4)将 k 个原始数据块，按顺序将前面 chunk_size 的数据写入输出流。

(5)重复步骤(2)~(4)，直到输入流都抵达文件末尾。

4)修复

(1)输入文件名，通过 Hadoop 本身检测丢失的块，得到要修复的块的序号列表，列表中要修复的块数为 r。如果 r 为 0，则退出程序。

(2)由 Hadoop 创建 $k+m-r$ 个输入流，对应 $k+m-r$ 个存活节点中要读取的文件块。由 Hadoop 创建 r 个输出流，对应 r 个要恢复并保存的文件块。

(3)按顺序从 $k+m-r$ 个输入流中读取 max_chunk_size 大小的数据，成功读取到 k 个数据块时，跳转到步骤(4)，当无法读取 k 个数据块时，抛出异常，程序结束。

(4)判断 k 个数据块的来源，并调用解码函数和编码函数，得到丢失的数据块。

(5)将修复列表中的数据块，写入对应的输出流，每次大小为 max_chunk_size。

(6)重复步骤(2)~(4)，直到输入流都抵达文件末尾。

由于解码和修复时，任何节点都有随时宕机的可能，我们并不固定从 k 个特定的节点中提取数据，采取按顺序读取所有节点的数据，直到集齐 k 个数据块为止。下面是基于 BRS 码的文件修复处理流程。

当用户在 DRFS 中下载文件出现块丢失异常或数据节点(DataNode)发送块丢失报告时，数据块修复器(BlockFixer)进程会进行失效数据的修复。修复过程每次以文件条为单位从相关数据节点上读取一定数据到两个缓冲区后(数据缓冲区和编码缓冲区)，进行文件条(stripe)内失效数据的修复，直到恢复所有文件条中丢失的数据。图 7-1 展示了一个文件条的修复流程设计，具体过程如下。

(1)根据块中出错的位置，计算出错的数据块以及块所属的文件。

(2)与编码过程类似，依次从其他存储编码文件的数据节点中读入指定的数据块到缓冲区中。若子文件为数据文件则读入数据缓冲区(DataBuffer)中，若为校验文件则读入编码缓冲区(CodingBuffer)中。

（3）对于失效的子文件，对应的缓冲区位用 0 填充，并用一个数组来标识。

（4）判定失效的文件数是否超过编码最大冗余，若没有，则数据块修复器（BlockFixer）会调用纠删码类中的解码算法，重置对应位为 0 的缓冲区；否则向名字节点（NameNode）报告该文件丢失并退出修复过程。

（5）将缓冲区中重置的数据写入集群中某些数据节点上，和编码过程相同，标识已分配该文件数据的数据节点，从而保证数据分配到不同节点上。

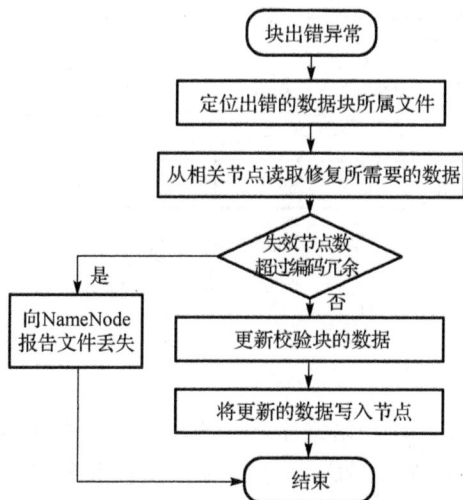

图 7-1　数据修复过程

7.2.3　模块划分

HDFS-RAID 系统包含几个软件模块。

DRFS 客户端：为应用提供访问 DRFS 中文件的接口，当在读文件时能透明地恢复任意损坏或丢失的块。

编解码节点（RaidNode）：为存储在 DRFS 的所有数据文件创建和维护校验文件的后台进程。

数据块修复器（BlockFixer）：周期性重新计算已经丢失或损坏的块。

控制台命令（RaidShell）：允许管理员手动触发丢失或损坏的块的重新计算或检查已遭受不可恢复损坏的文件。

纠删码编解码（ErasureCode）：提供对块中字节的编码及解码。BRS 码编解码是该类的一个子类。在该类相关类中提供了编码器（encoder）、解码器（decoder）和更新器（updater）。

CodedDFS 模块划分如图 7-2 所示。

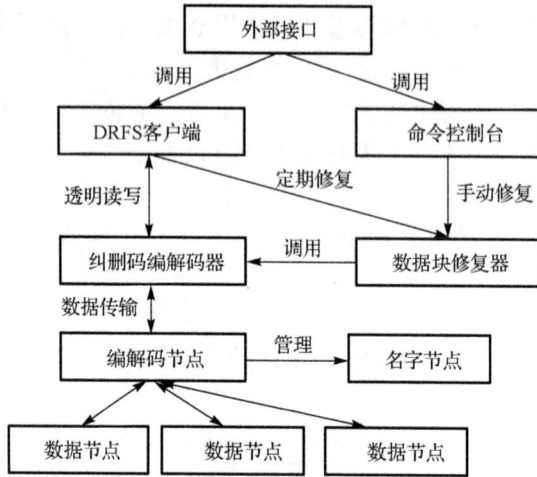

图 7-2　CodedDFS 模块划分

以下按照模块分别进行介绍。

1. DRFS 客户端

DRFS 客户端作为 DFS 客户端之上的一个软件层，拦截所有进来的请求并将它们传递给底层的 DFS 客户端。当底层的 DFS 抛出校验和异常(ChecksumException)或数据块丢失异常(BlockMissingException)时，DFS 客户端捕获这些异常，定位当前原始文件的校验文件，并在返回丢失的块给应用前将它们重新计算。

值得注意的是，DRFS 客户端在读到损坏的文件重新计算丢失的块时，并不会将这些丢失的块存到文件系统中，它在完成应用的请求后将其忽略。数据块修复器(BlockFixer)和控制台命令(RaidShell)能用来永久地修改损坏的块。

2. 编解码节点

编解码节点(RaidNode)定期扫描配置指定的所有路径，对于每个路径，递归地检查所有拥有超过两个块的文件并选择那些最近(默认是 24 小时内)没被修改过的文件。一旦选择了一个原始文件，它会遍历该文件的所有文件条(stripe)并为每个文件条创建合适数量的校验块，最后所有的校验块会被合并在一起并存储在与原始文件相关的校验文件。编解码节点(RaidNode)也会定期删除那些已经孤立或过时的校验文件。

当前编解码节点(RaidNode)有两种实现。

本地编解码节点(LocalRaidNode)：在编解码节点本地计算校验块，因为计算校验块是一个计算密集型任务，所以这种方法的可扩展性受到限制。

分布式编解码节点(DistributedRaidNode)：分配 MapReduce 任务来计算校验块。

3．数据块修复器

数据块修复器(BlockFixer)是一个运行在编解码节点(RaidNode)上的后台进程，周期性地检查 DRFS 配置的所有路径的状态。当发现一个有丢失或损坏的块时，这些块会被重新计算并放回文件系统中。

从名字节点获得损坏文件列表，原始文件通过"解码"来重新构造，校验文件通过"编码"来重新构造。

当前数据块修复器(BlockFixer)有两种实现。

本地数据块修复器(LocalBlockFixer)：在编解码节点本地重新计算损坏的块。

分布式数据块修复器(DistBlockFixer)：分配 MapReduce 任务来重新计算块。

4．控制台命令

控制台命令(RaidShell)是一个允许管理维护和检查 DRFS 的控制台命令行工具，支持手动触发重新计算坏数据块的命令，允许管理查看不可修复文件列表。

运行以下命令可以检验文件系统的完整性。

```
$HADOOP_HOME/bin/hadooporg.apache.hadoop.raid.RaidShell -fsck [path]
```

这时打印已损坏文件列表。

5．纠删码编解码

纠删码编解码(ErasureCode)是被数据块修复器(BlockFixer)和编解码节点(RaidNode)用来生成校验块和更新校验块/原始块的一个组件，纠删码编解码(ErasureCode)实现编解码和数据更新。当编码时，纠删码编解码(ErasureCode)取几个原始字节并生成一些校验字节。当解码时，纠删码编解码(ErasureCode)通过剩余的原始字节和校验字节来生成丢失的字节。当数据更新时，纠删码编解码(ErasureCode)根据更新后的字节来生成更新的校验字节。

能被恢复的丢失的字节数等于被创建的校验字节数。例如，我们把 10 原始字节编码成 3 校验字节，能通过剩下的 10 字节来恢复任意 3 个丢失的字节。

纠删码编解码(ErasureCode)有两种实现。

XOR：只允许创建一校验字节。

RS：允许创建任意给定数目的校验字节。

使用 RS，原始文件的副本数能减少到 1 而不造成数据丢失，减少了存储空间占用的同时，又能保证数据的稳定性。

7.2.4　编解码算法库

用 C 语言实现了 BRS 码的编解码算法，并用 Java 语言进行封装。Java 语言实现的类继承了纠删码编解码(ErasureCode)类。

7.2.5　统计工具

统计修复文件时引发的网络数据流量和底层 HDFS 文件的读写量。

7.2.6　外部接口

Java 语言接口：分布式 RAID 文件系统类。该类可以支持 Java 语言直接调用，提供了对存储在编码文件系统中的文件的只读支持。

命令行接口：RaidShell，该类可以在终端直接运行，提供了编码文件系统所支持的一些功能。

7.2.7　内部接口

本系统内部的各个系统元素之间的接口调用关系图如图 7-3 所示。

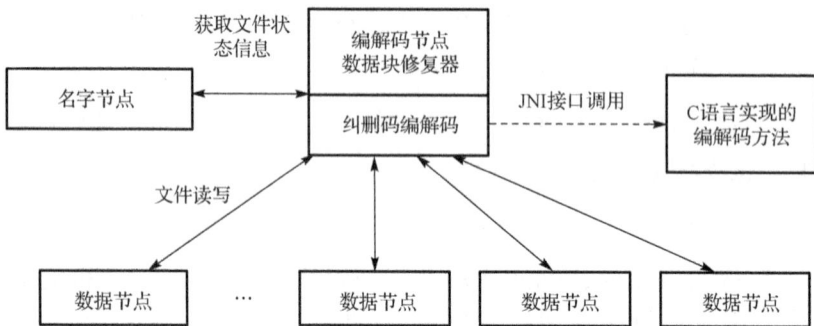

图 7-3　各个系统元素之间的接口调用关系

7.3　CodedDFS 详细设计

7.3.1　编解码算法库

用 C 语言实现了 BRS 码的编解码算法，并用 Java 语言进行封装。Java 语言实现的类继承了纠删码编解码（ErasureCode）类。

1. LRC 编码介绍

LRC 源自论文"Pyramid codes: flexible schemes to trade space for access efficiency in reliable data storage systems"。

LRC 也是渐近 MDS 的，不具备 MDS 属性，但其简单的编码方式，可以带来比类 RS 码更加快速的修复速度，是近年来最热门的纠删码之一。类 RS 码，指的是像

RS 码那样通过矩阵来求校验块的编码，本书中指的是 RS 码、CRS 码、BRS 码。

LRC，实际上也只是类 RS 码的简单扩展，主要流程如下。

(1)将数据切分成为 K 份原始数据块，并且生成 M 个全局校验数据块。这 M 个校验块，可以由类 RS 码(RS、CRS、BRS 等)的编码算法生成。这 $M+K$ 份数据块中，只要存在任意 K 份，就可以进行解码和修复。当一个原始数据块丢失时，为了修复它，也需要下载任意 K 份数据块，如图 7-4 所示。

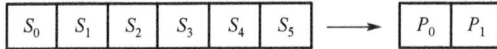

图 7-4　LRC 第一步编码步骤

(2)将 K 份原始数据块分为 L 组，为每一组进行异或计算，得到 L 个局部校验数据块，如图 7-5 中的 LRC($K=6$, $M=2$, $L=3$)：S_0、S_1 和 L_0 为同一组，并且有 $L_0 = S_0 \oplus S_1$。而修复时，如果只有一个原始数据块丢失，就可以利用该数据块的局部关系，进行组内计算，如图7-5 所示，如果 S_0 丢失，则只要下载 S_1 和 L_0，就能计算出 $S_0 = L_0 \oplus S_1$。做法很简单，但却能大大减少修复带宽和计算量。

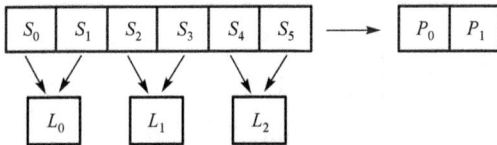

图 7-5　LRC 第(2)步编码步骤

而修复时，也有一个流程。

(1)检测所有的原始数据块是否都完好无损。如果是，则直接计算出所有的全部校验块和局部校验块。如果不是，执行第(2)步。

(2)对每个组进行检测，如果组内有数据块丢失，则尝试进行组内修复。如果组内数据块损失过多，导致修复失败，则进行第(3)步。如果组内数据块的损失过大，如同时丢失了 S_0 和 S_1，则无法通过局部关系进行计算，而必须使用全局校验块进行修复。不同组之间的局部修复关系不受影响，假如 S_0、S_2 和 S_4 都丢失了，可以通过局部关系进行修复。

(3)使用全局数据块进行修复。如果全局关系修复失败，则数据块损失严重，无法修复。其实如果将所有的局部校验块加起来，也能得到一个全局校验块。这一性质也能在第(3)步用到。

LRC 不会满足 MDS 属性。对于 LRC(K,M,L)来说，最多可以允许任意 $M+1$ 个数据块丢失。而多于 $M+1$ 个块丢失时，则要看情况进行分析，如仅当丢失的都是校验数据块时，最多可以允许 $M+L$ 个数据块丢失。例如，S_0、S_2、S_4 和 P_0 这四个数据块丢失时，可以进行修复。而 S_0、S_1、P_0 和 P_1 这四个数据块丢失时，无法使用局部关系和全局关系进行修复。

关于 LRC，以下几点需要注意。

(1)减少修复带宽，并不会减少解码带宽。数据块修复时只需要将丢失的数据恢复出来即可，不需要得到全部数据。

(2)仅有一个数据块丢失时，LRC 可以减少修复带宽。但如果超过一个数据块丢失，则不一定会减少带宽。

(3)LRC 的分组情况可以自己决定，一个数据块可以属于多个组，每个组的大小可以不一样，但应该尽可能均衡。以下为 LRC(K=6,M=2,L=5)，当 S_0 和 S_1 都丢失时，无法通过 L_0 来修复，但可以通过 L_3 和 L_4 所在的组来修复，此时虽然修复带宽没有减少，但却减少了计算复杂度，如图 7-6 所示。

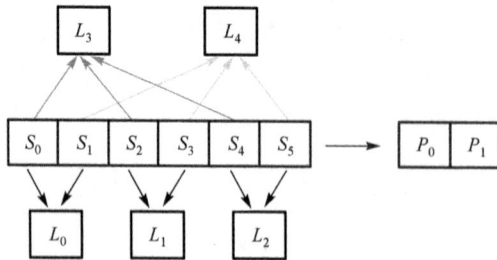

图 7-6　LRC 编码步骤

另外，不仅原始数据块，甚至也可以为校验块进行分组，以减少校验块丢失时的修复带宽，如 LRC(K=6, M=2, L=3)，如图 7-7 所示。

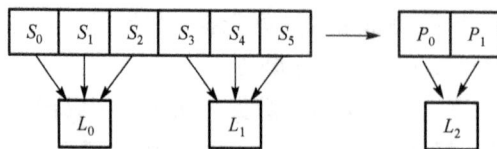

图 7-7　LRC 为校验块分组

2. LRC 的性能和类 RS 码性能比较

对于 K=6，并且要求能够容忍 3 个节点故障时，类 RS 可以选择参数(K=6, M=3)，而 LRC 可以选择(K=6, M=2, L=2)、(K=6, M=2, L=3)。下面几个表中，1x 表示 1 个文件大小，而每个数据块大小为 0.167x，因为 LRC 可以使用类 RS 码生成全局校验块，这个引起不同的编解码计算，为了不引起混淆，在 LRC 的参数中加入了生成为全局校验块的编码算法。例如，表 7-1 中，LRC(K=6, M=2, L=2,BRS)表示 LRC 的全局校验块一律使用 BRS 编码生成。

表 7-1　三种编码方式比较

	BRS(*K*=6, *M*=3)	LRC(*K*=6, *M*=2, *L*=2, BRS)	LRC(*K*=6, *M*=2, *L*=3, BRS)
编码冗余度	1.5x	1.667x	1.833x
修复一个数据块的数据量	1x	0.5x(原始数据块) 0.6x(平均)	0.333x(原始数据块) 0.454x(平均)
修复两个数据块的数据量	1x	1x	0.836x(平均)
修复三个数据块的数据量	1x	1x	1x
编码的异或次数	3x	3x	3x
解码时所需要的数据量	1x	1x	1x
一个数据块丢失时解码的异或次数	1x	0.5x(原始数据块) 0.6x(平均)	0.333x(原始数据块) 0.454x(平均)

如果 LRC 使用 CRS 生成校验块，则 CRS 中取 *w*(每个数据包中有 *w* 片数据)=4，如表 7-2 所示。

表 7-2　*w* =4 时，三种编码方式比较

	CRS(*K*=6, *M*=3)	LRC(*K*=6, *M*=2, *L*=2,CRS)	LRC(*K*=6, *M*=2, *L*=3,CRS)
编码冗余度	1.5x	1.667x	1.833x
修复一个数据块的数据量	1x	0.5x(原始数据块) 0.6x(平均)	0.333x(原始数据块) 0.454x(平均)
修复两个数据块的数据量	1x	1x	0.836x(平均)
修复三个数据块的数据量	1x	1x	1x
编码的异或次数	5x	5x	5x
解码时所需要的数据量	1x	1x	1x
一个数据块丢失时解码的异或次数	1x(原始数据块) 1.222x(平均)	0.5x(原始数据块) 0.8x(平均)	0.333x(原始数据块) 0.636x(平均)

与 BRS 和 CRS 不同，RS 码除了异或，还需要复杂的有限域乘法计算。表 7-3 中，LRC 使用 RS 编码生成全局校验块。

表 7-3　LRC 使用 RS 编码生成全局校验块

	RS(*K*=6, *M*=3)	LRC(*K*=6, *M*=2, *L*=2, RS)	LRC(*K*=6,*M*=2,*L*=3,RS)
编码冗余度	1.5x	1.667x	1.833x
修复一个数据块的数据量	1x	0.5x(原始数据块) 0.6x(平均)	0.333x(原始数据块) 0.454x(平均)
修复两个数据块的数据量	1x	1x	0.836x(平均)
修复三个数据块的数据量	1x	1x	1x
编码时的计算量	3x(异或) 3x(有限域乘法)	3x(异或) 2x(有限域乘法)	3x(异或) 2x(有限域乘法)
解码时所需要的数据量	1x	1x	1x
一个数据块丢失时解码的计算量	1x(异或) 1x(有限域乘法)	0.5x(原始数据块,仅有异或) 0.6x(平均，异或) 0.2x(平均，有限域乘法)	0.333x(原始数据块,仅有异或) 0.454x(平均，异或) 0.182x(平均，有限域乘法)

通过表 7-1～表 7-3 可以看出如下几点。

(1)类 RS 码，不论丢失多少数据块，修复带宽都不会减少。而在仅有一个数据块丢失时，LRC 可以减少修复带宽，也可以加快修复速度。如果 LRC 超过一个数据块丢失，则可能退化成类 RS 编码，不一定会减少带宽。实际上，据 Facebook 报导，数据需要修复的原因，有 99%以上都是仅一个节点故障引起的，也就是只有一个数据块丢失的概率远比其他故障大得多，使得 LRC 这种修复特点能很好地胜任这种环境。

(2)LRC(K, M, L)中，数据冗余度为($M+L$)/K，可允许 $M+1$～$M+L$ 个节点故障，换句话说，当最多任意 $M+1$ 个节点故障时，LRC 都可以保证修复解码成功。而同等条件下的类 RS 码 RS(K, $M+1$)、CRS(K, $M+1$)和 BRS(K, $M+1$)，数据冗余度都为($M+1$)/K，小于 LRC 的冗余度。

(3)LRC(K, M, L)的编码计算量与类 RS 码 RS(K, $M+1$)持平，所花时间相差无几。但解码时，LRC 可以根据局部关系进行快速异或得到丢失的块，所以解码时间上，LRC 会比类 RS 码快一些。

综上所述，LRC 是靠牺牲空间来降低修复带宽，加快修复速度的，并且加速解码过程。

3. 再生码

再生码拥有与 RS 编码相同的 MDS 属性，可以认为是 RS 编码衍生出来的一个分支。再生码应用线性网络编码思想，利用其最大流最小割属性来改善修复一个编码模块所需要的开销，从网络信息论上可以证明用与已经丢失模块相同数据量的网络带宽开销就可修复丢失模块。所以再生码能够做到修复一个丢失的编码模块只需要一小部分的数据量，而不需要重构整个文件。再生码的主要思想还是利用 MDS 属性，当网络中一些存储节点失效时，也就相当于存储数据丢失，需要从现有有效节点中下载信息来修复丢失的数据模块，并将其存储在新的节点上。随着时间的推移，很多原始节点可能都会失效，一些再生的新节点可以在自身再重新执行再生过程，继而生成更多的新节点。

4. 极大可修复码

近年来，一些研究人员通过牺牲传统纠删码的 MDS 约束提出了一些高效修复的存储编码，如 GRID 码[1]、LRC[2]、PMDS 码[3]等。GRID 码和 PMDS 码有相似的结构，但是 GRID 码的容错能力低于 PMDS 码。LRC 与 PMDS 码均是极大可修复码[2]，其中 LRC 可以看成 PMDS 码的特例并且 LRC 已经应用到 Windows Azure 云存储系统中[4]。Blaum 等提出 PMDS 码的目的是提升 RAID-5、RAID-6 系统的容错能力，同时不增加存储开销。由于其具有高效修复的性质和其特例 LRC 在分布式存储系统中的成功应用，PMDS 码可以解决修复放大问题。

PMDS 码由参数 (m,n,r,s) 来刻画，是定义在有限域上的参数为 $(mn,m(n-r)-s)$ 的线性编码。如果将 PMDS 的码字按照行优先的顺序构建一个 $m \times n$ 的阵列，那么该阵列的每一行都属于参数为 $(n,n-r,r+1)$ 的 MDS 码。如图 7-8 所示，(3，4，1，2) PMDS 码中每 3 个数据块关联一个局部校验块，所有数据块关联两个全局校验块，12 个块构成一个条带并分别存储在 12 个不同的节点中。(3，4，1，2) PMDS 码可以看成(7，2) RS 码和每三个子条带对应的一个局部校验子条带。

d_0	d_1	d_2	p_0
d_3	d_4	d_5	p_1
d_6	s_0	s_1	p_2

图 7-8　PMDS 布局示意图

7.3.2　客户端

DRFS 客户端作为 DFS 客户端之上的一个软件层，拦截所有进来的请求并将它们传递给底层的 DFS 客户端。当底层的 DFS 抛出校验和异或 (ChecksumException) 或数据块丢失异常 (BlockMissingException) 时，DFS 客户端捕获这些异常，定位当前原始文件的校验文件，并在返回丢失的块给应用前将它们重新计算。

值得注意的是，DRFS 客户端在读到损坏的文件重新计算丢失的块时，并不会将这些丢失的块存到文件系统中，它在完成应用的请求后将其忽略。数据块修复器 (BlockFixer) 和控制台命令 (RaidShell) 能用来永久地修改损坏的块。

7.4　实 验 分 析

7.4.1　BRS 编码的编解码速率的测试与对比

测试环境设置如下。

1) C 环境下 BRS 编码的编码速率的测试

对 BRS、CRS-LRC、CRS、RS 这 4 种编码，取每个数据块的大小为 32768B，共 k=8 或 10 个原始数据块，生成 m=4 个校验数据块。

因为编码原因，BRS 的校验数据块大小为 32768 B，原始数据块大小为 32768−7×3×8=32600B。

CRS-LRC 除了采用 CRS 编码生成 m=4 个校验数据块外，还需要生成 L=3 个局部检验块，局部校验数据块采用最基本的异或操作生成。

对于 CRS, 当 $k=8$ 或 10 时, $w=4$, 令数据块大小为 32768B, 刚好为 4 的整数倍, 不需要改变, 每个条带长度为 8096B。

对上述的 8 个原始数据块, 生成 4 个校验数据块。上述实验连续重复 10 万次。编码速率=编码生成的总数据量/编码总时间, 其中, 编码生成的总数据量为 32KB × 4 校验块 × 10 万次=12500MB。

对上述条件 ($k=8$ 或 10, $m=4$) 生成的数据块中, 删除 1 个原始数据块, 进行解码, 恢复被删除的原始数据块。上述实验连续重复 10 万次, 得到解码生成 1 个原始数据块的时间, 然后根据解码速率=解码生成的总数据量/解码总时间, 得到解码速率。其中, 删除 1 个原始数据块 (32KB) 时, 解码需要生成 32KB, 10 万次解码的总数据量为 3125MB。最后, 删除两个原始数据块, 重复 10 万次实验。删除 3 个原始数据块、删除 4 个原始数数据块。

BRS 编码在多核条件下的测试: 程序使用 OpenMP, 进行多线程编程, 每个线程之间完全独立, 之间没有任何的数据传递。

测试环境: CPU 为 Intel Corei3 4150 @3.5GHz 双核四线程操作系统, Ubuntu12.04 64 位; 取 $k=8$, $m=4$, 数据块大小为 32KB, 重复次数 10 万次。

2) 大数据块条件下 BRS 编码的编码速率

测试环境: CPU 为 Intel Corei3 4150 @3.5GHz 双核四线程操作系统, Ubuntu 12.04 64 位 L1-cache:32KB L2-cache:256KB L3-cache:3MB。

取块大小 (Block Size) 为 16~512KB, 分 $k=4$, $m=2$, $n=k+m=6$ 和 $k=8$, $m=4$, $n=k+m=12$ 两种情况, 重复次数 10 万时, BRS、CRS、RS 随块大小变化的编码速率, 对于 CRS-LRC 取 $k=8$, $m=4$, $L=3$, $n=k+m+L=15$, 测其编码速率。

取块大小为 16~512KB, 分 $k=4$, $m=2$, $n=k+m=6$ 和 $k=8$, $m=4$, $n=k+m=12$ 两种情况, 随机删除一个数据块, 然后进行修复, 重复次数 10 万次, BRS、CRS、RS 随块大小变化的解码速率, 对于 CRS-LRC 取 $k=8$, $m=4$, $L=3$, $n=k+m+L=15$, 随机删除一个数据块, 测其解码速率如表 7-4 所示。

表 7-4 BRS、CRS-LRC、CRS、RS 随块大小变化的解码速率变化 (单位: MB/s)

	16KB	32KB	64KB	128KB	256KB	512KB
BRS-$n=12$	906.1	856.7	839.2	798	701.1	580.7
BRS-$n=6$	2033.7	2039.2	1846.2	1864.2	1688.2	1048
CRS-$n=12$	512.8	652.6	754.5	741	382	329.1
CRS-$n=6$	1299.5	1571.7	1650.5	1789	1612.5	876.7

3) C 环境下 BRS 编码的 CPU 占用率的测试

测试环境如下。

CPU: Intel Corei3 4150 @3.5GHz, 双核四线程操作系统; Ubuntu12.04 64 位。

编解码的参数均为 $k=8$，$m=4$，数据块大小为 32KB，所有数据均仅放置在内存中，不受网络和硬盘干扰，对编解码重复 10 万次，统计运行时间及 CPU 占用率。

4）Java 环境下 BRS 编码的编码速率的测试

Java 版本的 BRS、CRS、BS 码采用 JNI（Java Native Interface）方式调用 C 版本的三种编码的编码文件进行编码。

编码的参数设置与 C 环境下的一致。

5）Java 环境下 BRS 编码的解码速率的测试

Java 版本的 BRS、CRS、BS 码采用 JNI 方式调用 C 版本的三种编码的编码文件进行解码。

解码的参数设置与 C 环境下的一致。

6）Java 环境下 BRS 编码的 CPU 占用率的测试

根据公式 Q=(BRS 编解码的时间×BRS 编解码的 CPU 占用率)/(CRS 或 RS 编解码的时间×CRS 或 RS 编解码的 CPU 占用率)，由于改成把数据直接在内存中生成，程序又是运算密集型的，运行程序时，通过 top 指令直接观测程序的 CPU 实时占用率，可以看到各种编码的程序除了程序刚开始初始化数据的时候 CPU 占用率比较低，运算的时候其 CPU 实时占用率均为 99%或 100%，所以 Q 可以改为

Q=(CRS 或 RS 编解码的速率)/(BRS 编解码的速率)

在此比较 BRS 与 RS($k=8$, $m=4$, Block Size=32KB)。

7.4.2　测试结果与分析

1. C 环境下 BRS 编码的编码速率的测试

具体数据如表 7-5 所示。

表 7-5　$k=8$ 和 $k=10$ 时，BRS、CRS-LRC、CRS、RS 四种编码的编码速率数据　　（单位：MB/s）

	BRS	CRS-LRC	CRS	RS
$k=8$, $m=4$	1316.5	792.1	918.6	248.6
$k=10$, $m=4$	1038.5	617.8	725.1	199.6

编码速率如图 7-9 所示。

对于 BRS、CRS-LRC、CRS、RS 四种编码而言，其编码速率随着 k 的增加而成比例地减小。

对于编码速率，有 BRS>CRS>CRS-LRC>RS。其中对于 CRS-LRC，因为 CRS-LRC 和 BRS、CRS 一样使用了相同的 k 和 m 值，但同时又多了 L 个局部校验块，所以编码占用的存储空间更多，编码时间也会相对长一些（当然这取决于局部校验块的数量 L）。

由上述数据可知，BRS 编码速率约为 RS 编码的 600%，约为 CRS 编码的 150%，满足相比于 RS 编码，编码速率提升不低于 200%。

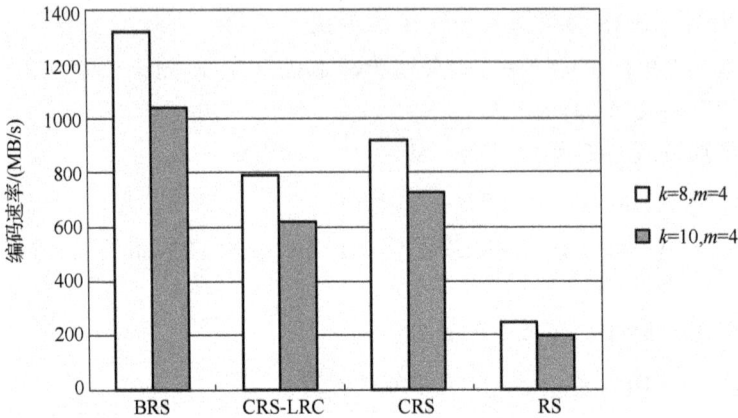

图 7-9　k=8 和 k=10 时，BRS、CRS-LRC、CRS、RS 四种编码的编码速率图

2. C 环境下 BRS 编码的解码速率的测试

具体数据如表 7-6 所示。

表 7-6　k=8 和 k=10 时，BRS、CRS-LRC、CRS、RS 四种编码的解码速率数据　（单位：MB/s）

	丢失块数=1	丢失块数=2	丢失块数=3	丢失块数=4
BRS-k=8	845.6	873.7	937.8	1070.8
BRS-k=10	676.5	699	750.3	856.7
CRS-LRC-k=8	1465.9	1733.1	1934.1	1028.8
CRS-LRC-k=10	1172.7	1386.4	11546.2	822.4
CRS-k=8	672.7	585.2	542.6	542.1
CRS-k=10	522.2	468.2	434.1	433.7
RS-k=8	231.5	243.1	247.6	249.8
RS-k=10	185.2	194.65	198.1	199.9

解码速率如图 7-10 和图 7-11 所示。

对于 BRS、CRS-LRC、CRS、RS 四种编码而言，其解码速率随着 k 的增加而成比例地减小。而且 BRS 码的解码速率随着丢失块数的增长而增长，CRS 和 RS 码的解码速率随着丢失块数的增长而下降。

对于 CRS-LRC，在丢失块数≤局部校验块数 L 时，LRC 的平均速度会明显比其他的类 RS 码快。这里只是平均速度，并非 LRC 的速度绝对比其他的快，当丢失数量过多，或者完全无法用局部校验块修复时，LRC 会退化成为类 RS 码。

由上述数据可知，对于不同丢失个数，BRS 解码速率约为 RS 编码的 400%，约为 CRS 编码的 130%，相比于 RS 编码，解码速率提升 100%。

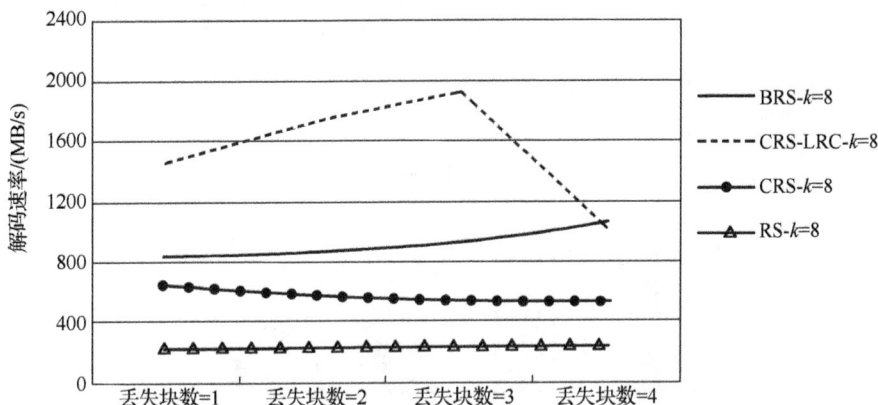

图 7-10　*k*=8 时，BRS、CRS-LRC、CRS、RS 四种编码的解码速率图

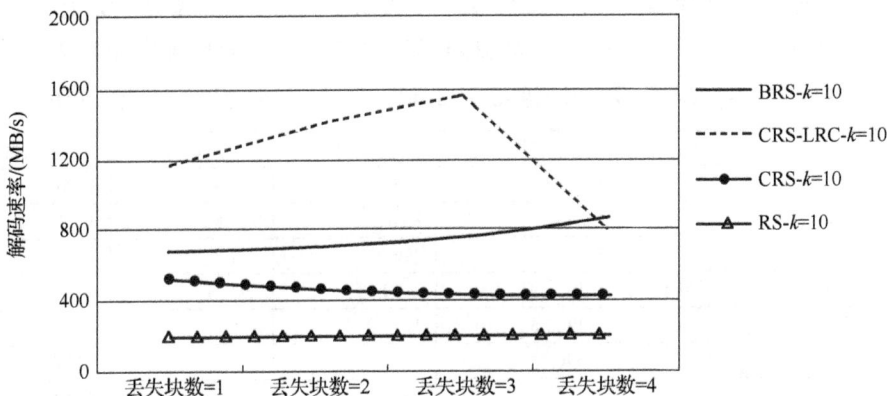

图 7-11　*k*=10 时，BRS、CRS-LRC、CRS、RS 四种编码的解码速率图

3．BRS 编码在多核条件下的测试

对 BRS、CRS-LRC、CRS、RS 码的单线程和双线程以及四线程编码速率如表 7-7 所示。

表 7-7　*k*=8，*m*=4 时，BRS、CRS-LRC、CRS、RS 四种编码的编码速率数据　（单位：MB/s）

	线程 1	线程 2	线程 4
BRS	1316.5	1303.5	610.25
CRS-LRC	792.1	771.8	390.1
CRS	918.6	836.8	452.25
RS	248.6	248.1	127.125

编码速率如图 7-12 所示。

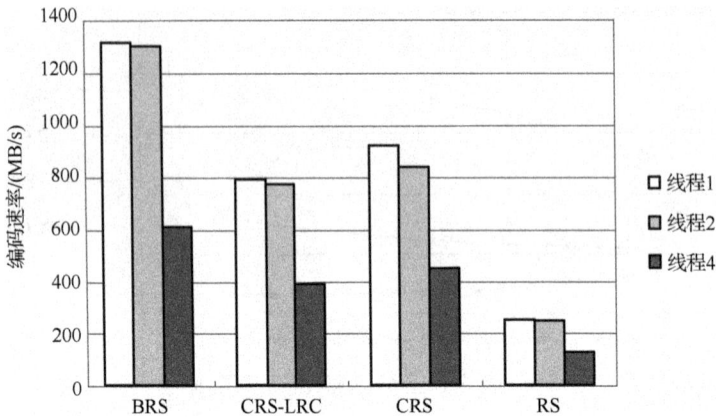

图 7-12 BRS、CRS-LRC、CRS、RS 四种编码在单线程、双线程和四线程的编码速率图

取 $k=8$，$m=4$，数据块大小为 32KB，丢失块数从 1 到 4 变化，重复次数 10 万次时，对 BRS、CRS-LRC、CRS、RS 码的单线程和双线程及四线程解码速率如表 7-8 所示。

表 7-8 BRS、CRS-LRC、CRS、RS 四种编码单线程、双线程、四线程的解码速率（单位：MB/s）

	丢失块数=1	丢失块数=2	丢失块数=3	丢失块数=4
BRS-线程 1	845.6	873.7	937.9	1070.8
BRS-线程 2	843	884.6	941.8	1073.6
BRS-线程 4	410	420.3	458.7	470.5
CRS-LRC-线程 1	1465.9	1733.1	1934.1	1028.8
CRS-LRC-线程 2	1365.6	1674.3	1896	988
CRS-LRC-线程 4	640.4	814.3	903	470.4
CRS-线程 1	652.7	585.3	542.6	542.1
CRS-线程 2	627.2	554.4	512.5	514
CRS-线程 4	316.7	274.4	258.2	259
RS-线程 1	231.5	243.1	247.6	249.9
RS-线程 2	229.8	242.5	247.2	249.5
RS-线程 4	124.1	121.1	124.3	122.3

单线程、双线程和四线程解码速率如图 7-13～图 7-15 所示。

由上述内容可知，无论是编码还是解码，对 BRS、CRS-LRC、CRS、RS 而言，双线程的速率几乎和单线程的速率一样，这意味着双线程条件下的编码的吞吐量几乎是单线程的两倍。但是四线程的速率却只有单线程速率的二分之一。

分析原因：双线程条件下的性能相对于单线程条件下的一点性能下降是因为操作系统在双线程运行时所需要的线程调度的时间要比单线程运行时的多，这一原因会使双线程时性能受到轻微影响；对于四线程情况，因为测试环境是双核四线程，实际上就是用两个物理核模拟四个逻辑核，实际上还是双核，所以速率是单核和双核情况下的一半。

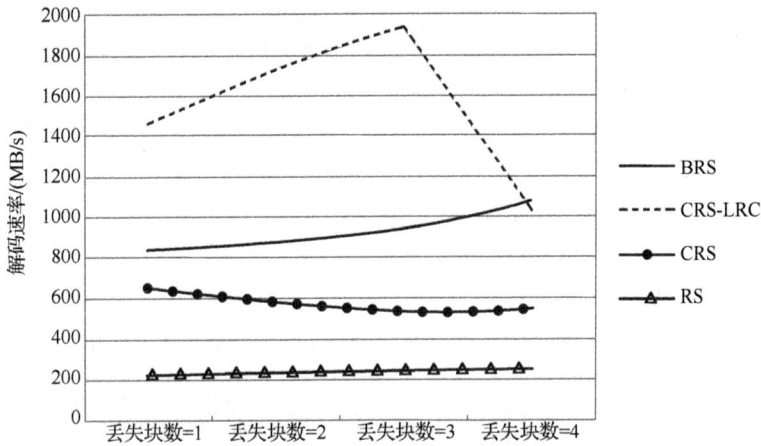

图 7-13　BRS、CRS-LRC、CRS、RS 四种编码单线程时的解码速率图

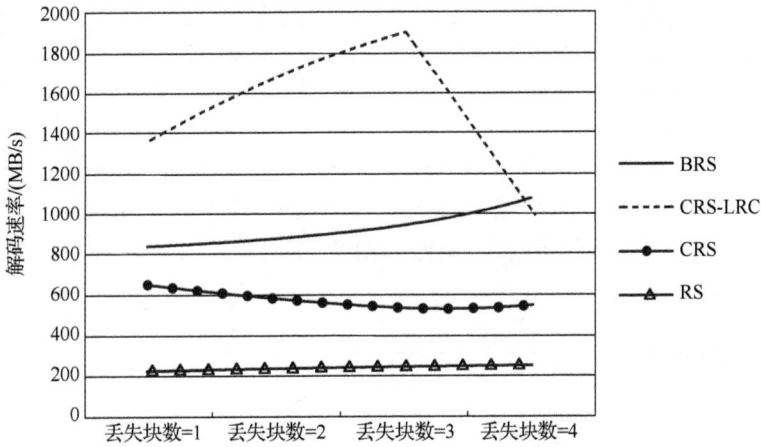

图 7-14　BRS、CRS-LRC、CRS、RS 四种编码双线程时的解码速率图

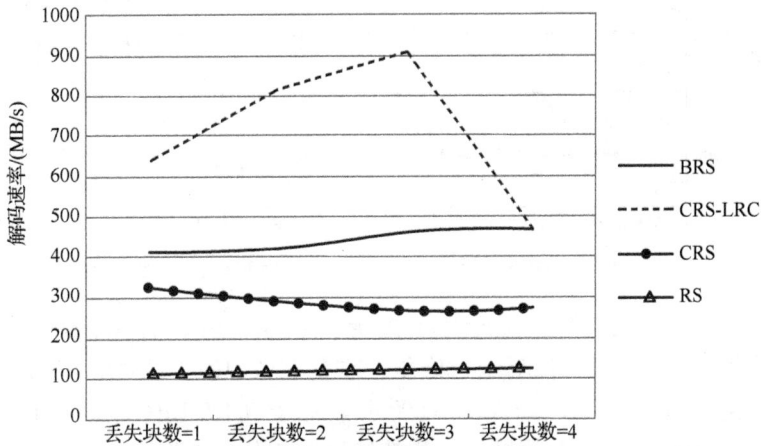

图 7-15　BRS、CRS-LRC、CRS、RS 四种编码四线程时的解码速率图

　　所以，在线程数小于 CPU 物理核数时，多线程条件下的编解码的吞吐量随线程数几乎成比例地增长。

　　不论多少核，多少线程并发，在速率上都有 BRS>CRS>RS，而对于 CRS-LRC 则取决于 L 的值。

7.4.3　大数据块条件下 BRS 编码的编码速率

　　具体数据如表 7-9 所示。

表 7-9　BRS、CRS-LRC、CRS、RS 随块大小变化的编码速率变化　　　（单位：MB/s）

	16KB	32KB	64KB	128KB	256KB	512KB
BRS-n=12	1311.1	1291.1	1306.7	1293.7	1128.1	914.8
BRS-n=6	2517	2893.2	2800.5	2733.5	2642	2148
CRS-n=12	840	905.5	954.7	926.6	686.6	600
CRS-n=6	2129	2246.7	2105.7	2141.7	1961	1123.2
RS-n=12	245.8	248.7	248.2	243	222.8	216.8
RS-n=6	485	475.5	469	470.5	455.25	389.5
CRS-LRC-n=15	742.6	794.3	825.2	804.7	550.6	468.3

　　BRS、CRS、RS 随块大小变化的编码速率变化如图 7-16 所示，BRS、CRS-LRC、CRS、RS 随块大小变化的编码速率变化如图 7-17 所示。

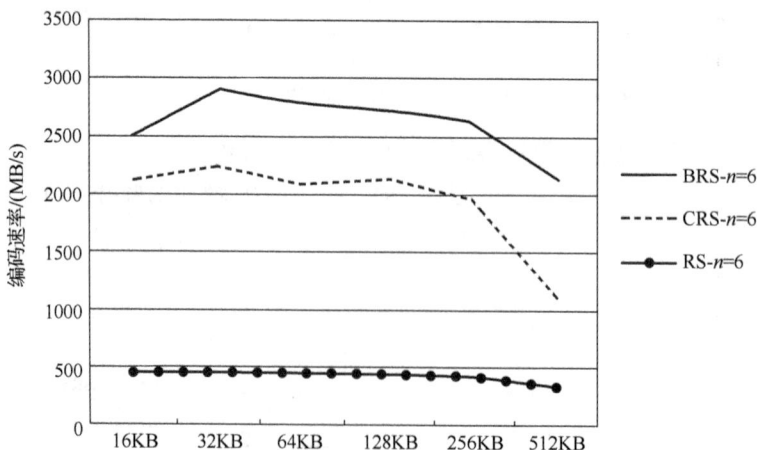

图 7-16　n=6 时，BRS、CRS、RS 随块大小变化的编码速率变化图

　　取块大小从 16～512KB，分 k=4, m=2, n=k+m=6 和 k=8, m=4, n=k+m=12 两种情况，随机删除一个数据块，然后进行修复，重复次数 10 万次时，BRS、CRS、RS 随块大小变化的解码速率，如表 7-10 所示。对于 CRS-LRC 取 k=8, m=4, L=3, n=k+m+L=15，随机删除一个数据块，测其解码速率如表 7-10 所示。

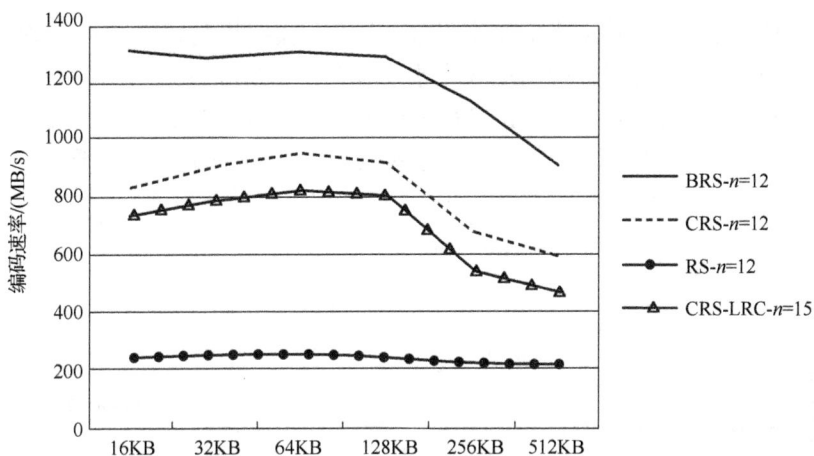

图 7-17 $n=12$ 时，BRS、CRS-LRC、CRS、RS 随块大小变化的编码速率变化图

表 7-10 BRS、CRS-LRC、CRS、RS 随块大小变化的解码速率变化 （单位：MB/s）

	16KB	32KB	64KB	128KB	256KB	512KB
BRS-n=12	906.1	856.7	839.2	798	701.1	580.7
BRS-n=6	2033.7	2039.2	1846.2	1864.2	1688.2	1048
CRS-n=12	512.8	652.6	754.5	741	382	329.1
CRS-n=6	1299.5	1571.7	1650.5	1789	1612.5	876.7
RS-n=12	232.1	231.1	228	223.1	177.3	162.6
RS-n=6	460.2	459.5	439.5	443.5	432.2	338
CRS-LRC-n=15	1691.3	1465.8	1332.6	1313.3	433.7	378

$n=6$ 时，BRS、CRS、RS 随块大小变化的解码速率变化如图 7-18 所示。

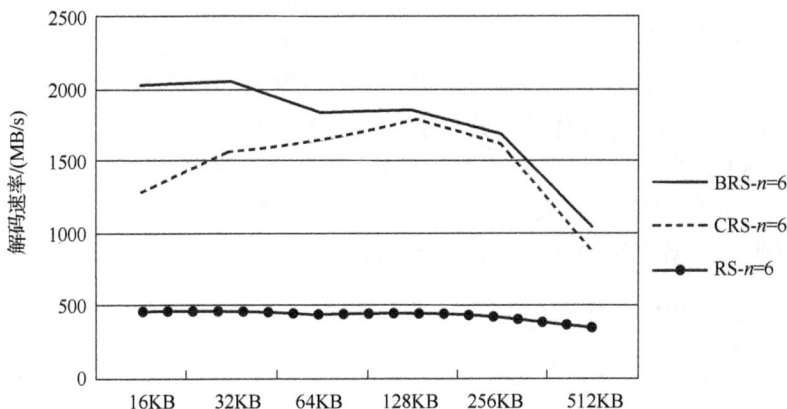

图 7-18 $n=6$ 时，BRS、CRS、RS 随块大小变化的解码速率变化图

　　由图 7-18 及图 7-19 数据点的情况可知，无论是编码还是解码，对于 BRS、CRS、RS 而言，当 n=6 时，这三种编码在块大小小于等于 256KB 时，其编解码速率比较稳定，当块大小大于 256KB 时，其编解码速率急速下降。当 n=12 时，这三种编码的块大小小于等于 128KB 时，其编解码速率比较稳定，当块大小大于 128KB 时，其编解码速率急速下降。

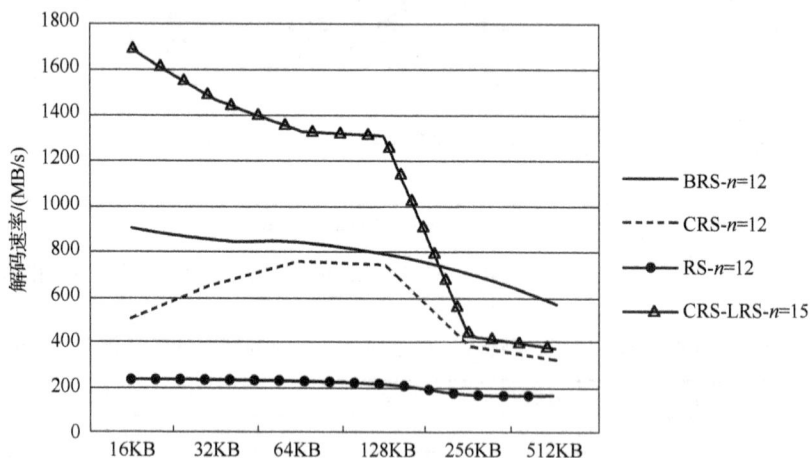

图 7-19　n=12 时，BRS、CRS-LRC、CRS、RS 随块大小变化的解码速率变化图

　　对于 CRS-LRC，其编解码速率在块大小小于等于 128KB 时，保持稳定，在块大小大于 128KB 后下降，这是由于 CRS-LRC 底层使用了 CRS 的代码，所以在一些性能上会有相同的结果。当 CRS 大于 128KB 时，解码速率会显著下降，所以也影响到了 CRS-LRC 的解码速率。

　　分析原因：因为这三种编码在编解码时数据都在内存中直接生成，所以这三种编码的编解码程序是数据密集型程序，其性能受到 Cache 的制约。根据数据可以发现其编解码速率主要受 L3 级 Cache 的制约。由前面的内容可知，测试平台的 L3 级 Cache 的大小为 3MB。而编解码的数据空间是 n×Block Size。当 n=6 时，6×256KB<3MB≤6×512KB，当 n=12 时，12×128KB<3MB≤12×256KB。当数据的内存空间大于等于 L3 级 Cache 的时候，其缓存未命中的概率会极大地增加，导致性能下降。

　　故编解码时数据空间最好小于 L3 级 Cache。

1. C 环境下 BRS 编码的 CPU 占用率的测试

结果分析如下。

　　(1)不论 BRS 还是 RS，测试时每个线程总是跑满一个核，故 CPU 占用率是相同的。由于改成把数据直接在内存中生成，程序又是运算密集型的，运行程序时，通过 top 指令直接观测程序的 CPU 实时占用率，可以看到各种编码的程序除了程序刚开始初始化数据的时候 CPU 占用率比较低，运算的时候其 CPU 实时占用率均在 99%或 100%，即跑满 CPU 的一个线程。又因为 CPU 是双核四线程的，故单线程的 CPU 占用率均为 25%。双、四线程的情况同理。

（2）因 CPU 占用率是相同的，两者的性能主要体现在运行时间上。而表 7-11 说明，不论在任何条件下，BRS 的运行时间总是在 RS 的 30%以下。BRS 要明显优于 RS 码。

表 7-11　BRS 与 RS 的 CPU 占用率测试结果表

		BRS 时间/s	BRS CPU	RS 时间/s	RS CPU	BRS/RS
单线程	编码	9.49	25%	50.25	25%	0.188856
	解码 r=1	3.69	25%	13.49	25%	0.273536
	解码 r=2	7.15	25%	25.71	25%	0.278102
	解码 r=3	9.99	25%	37.85	25%	0.263937
	解码 r=4	11.67	25%	50.02	25%	0.233307
双线程	编码	9.58	50%	50.37	50%	0.190193
	解码 r=4	11.64	50%	50.01	50%	0.232753
四线程	编码	20.47	100%	98.28	100%	0.208282
	解码 r=4	21.37	100%	100.26	100%	0.213146

其中，BRS/RS=（BRS 时间×BRS_CPU）/（RS 时间×RS_CPU）。

2. Java 环境下 BRS 编码的编码速率的测试

编码速率如图 7-20 所示。

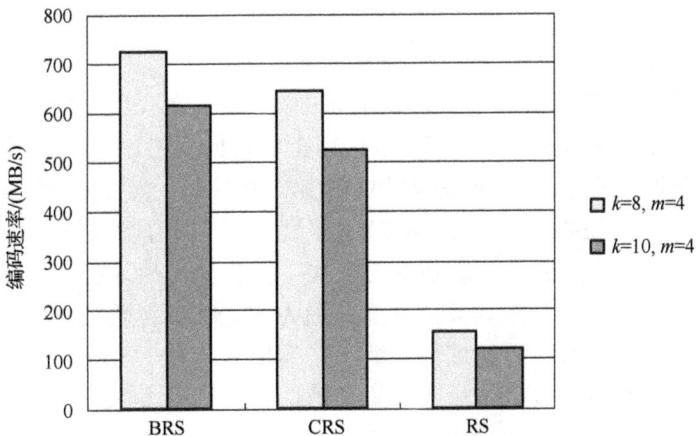

图 7-20　Java 版本的 BRS、CRS、RS 编码速率图

由上述数据可知，Java 版本的 BRS 编码速率约为 RS 编码的 400%，约为 CRS 编码的 120%，相比于 RS 编码，编码速率提升不低于 100%。

3. Java 环境下 BRS 编码的解码速率的测试

解码速率如图 7-21 所示。

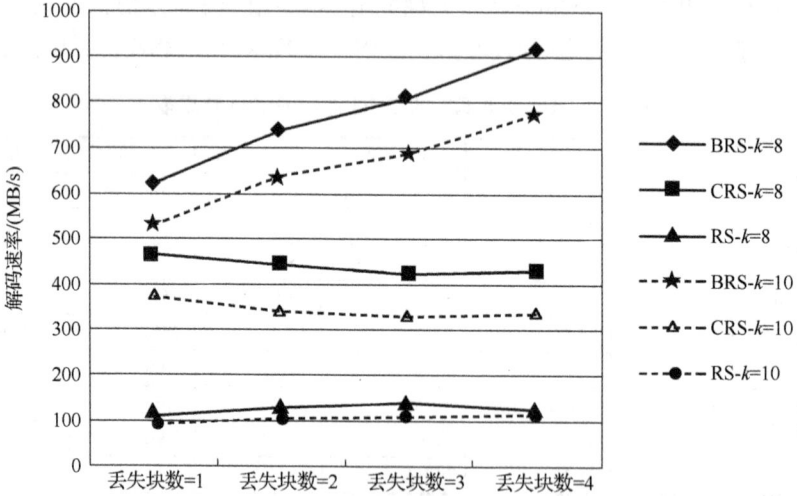

图 7-21　Java 版本的 BRS、CRS、RS 解码速率图

由上述数据可知，Java 版本的 BRS 解码速率约为 RS 的 600%，约为 CRS 编码的 150%，相对于 RS 编码，解码速率提升不低于 50%，相对于 CRS 编码，解码速率提升不低于 50%。

对于 BRS、CRS、RS 三种编码而言，其编码速率随着 k 的增加而成比例地减小。其中，BRS 解码速率随丢失块数的增加而增加。

因为这三种 Java 版本的编码是由 JNI 方式实现的，在底层直接采用 C++ 编写代码。因为 Java 出于数据安全考虑，禁止直接用指针访问变量。实际上，当想访问 Java 里面所有的对象时，都是由 Java 虚拟机复制出一个副本，然后把指针交给底层，并且当要写回对象时，还要将数据复制回对象，然后再进行内存释放。因为 Java 与 C++ 之间的数据交互都是通过复制副本的形式，操作完之后才提交，使得有很多时间都浪费在内存申请释放和数据复制上面。因为这些接口传输数据的时间也要算在编解码消耗的时间中，对计算速度快的编码影响最大。对于 BRS 来说，C++ 程序的编解码时间最快，但由于数据传输产生的开销，延长了计算时间，导致 Java 版的总计算速度相比 C++ 版的要慢。对于其他编码来说，也有一定程度的下降。

4. Java 环境下 BRS 编码的 CPU 占用率的测试

在此比较 BRS 与 RS(k=8, m=4, Block Size=32KB，因为 CPU 为 4 核，所以在单线程情况下跑满时，整个 CPU 的占用率为 25%)，如表 7-12 所示。

表 7-12　CPU 占用率结果表

	BRS 速率/(MB/s)	BRS CPU	RS 速率/(MB/s)	RS CPU	Q
编码	724	25%	157	25%	0.21
解码 $r=1$	620	25%	111	25%	0.18
解码 $r=2$	738	25%	130	25%	0.17
解码 $r=3$	810	25%	136	25%	0.16
解码 $r=4$	914	25%	127	25%	0.13

则由前面内容可知 Q 的值均小于 70%，满足 BRS 解码时，与 RS 同等解码速率条件下，CPU 占有率下降到原有的 70%。

解码时，Q 的值均小于 70%，满足 BRS 解码时，与 RS 同等解码速率条件下，CPU 占有率下降到原有的 70%。

7.5　应用案例

"粤教云"平台就是基于 PKUSZ——CodedDFS 系统搭建的一个教育资源平台。"粤教云"计划是《广东省教育信息化发展"十二五"规划》（粤教电[2012]1 号）中五大行动计划之一。"粤教云"采用云计算技术，加强各级教育部门的统筹和公共服务的共享，建成广东省教育信息化公共服务大平台，形成资源配置与服务的集约化发展途径。研究云计算环境下优质数字教育资源共建共享和个性化服务模式，提供支持互动教学、个性化学习、技能训练与知识能力评估等教育云服务，探索基于"粤教云"平台的课堂教学、课外辅导、教学研究、校际协作和国际合作的新机制、新模式和新方法。该项计划也是《关于加快推进我省云计算发展的意见》（粤府办[2012]84 号）确定的七大重点示范应用项目之一。

"粤教云"计划统筹各级教育部门的公共服务资源，建设"粤教云"省级数据中心和"粤教云"公共服务平台，推动云计算在学校教学、教师专业发展及科研培训等领域的示范应用，搭建覆盖全省、整合用户资源、汇集第三方应用的开放式教育云服务环境，提供优质资源和数字出版物共享、学科工具集成、教学管理与评价等云服务，构建"云终端+云服务"教育信息化应用模式。开展规模化应用示范，探索基于"粤教云"平台的课堂教学、课外辅导、教学研究、校际协作和国际合作新模式、新方法，建立云时代的教育培训新模式。"粤教云"计划依托重大科技专项，由广东省教育云服务工程技术研究中心和广东省教育技术中心牵头，联合相关高校、行业骨干企业以及地市教育部门组成"政、产、学、研、用"协同创新联盟共同实施。

实施"粤教云"计划，具有巨大的社会效益及产业示范带动作用。云服务在教学中大规模、常态化应用，推动信息技术与教育教学的深度融合，将有效提升教学质量，促进教育公平和均衡发展，加快教育现代化。当数字内容服务与泛在学习逐渐普及时，学习方式的改变将奠定以学习者为中心的终身学习体系，加快构建学习型社会。推动运营商与服务商转型，提高基础设施使用效率，加快"宽带城市"和"智慧城市"进程。示范应用促进产业发展。"粤教云"计划的实施将有效破解制约云计算产业发展的应用落地难和关键技术创新乏力两大难题，实现云计算服务创新与关键技术产业化，带动新型高端电子信息产业、数字出版产业和现代服务业发展。

7.6　本章小结

本章主要介绍了 PKUSZ——CodedDFS 原型设计与实现的相关内容。在项目部署前期，项目组研究了大量的相关文献资料，了解常见的分布式存储系统及其采用的容错机制，分布式系统所用的编码，以及纠删码技术在云存储中的应用情况。并且细致分析了 BRS 码在分布式存储系统中的应用优势，结合 CodedDFS 基本需求之后决定搭建基于 BRS 码的分布式存储系统。在进行架构搭建、模块划分之后，加入相应的编解码算法库，并且实验分析了相关的性能效果。最后，在广电播控、粤教云以及中兴通讯系统应用了该分布式存储文件系统，并且得到了预期的比较好的效果，可以满足实际系统的需要。

参 考 文 献

[1] Li M，Shu J，Zheng W. GRID codes: Strip-based erasure codes with high fault tolerance for storage systems. ACM Transactions on Storage（TOS），2009，4（4）: 15.

[2] Huang C，Simitci H，Xu Y，et al. Erasure coding in windows azure storage. USENIX Annual Technical Conference，2012: 15-26.

[3] Blaum M，Hafner J L，Hetzler S. Partial-MDS codes and their application to RAID type of architectures. IEEE Transactions on Information Theory，2013，59（7）: 4510-4519.

[4] Chen M，Huang C，Li J. On the maximally recoverable property for multi-protection group codes. IEEE International Symposium on Information Theory，2007:486-490.

第8章　编码存储系统应用

在本章内容中，首先主要介绍各存储系统的相关概念和功能，之后主要围绕 Facebook 等业界公司在这些方面如何应用编码存储系统展开简要介绍。

8.1　归　档　系　统

文件归档，简单来说，是将企业的信息数据根据一定的策略移动到二级存储介质的过程。此处要注意区分文件备份，文件备份主要存储所有数据的一份副本或者快照，以备数据丢失的时候进行数据恢复。因为归档的数据可能几个月甚至几年未被使用，而一旦需要时则必须尽快获取。在备份数据中寻找特定的信息不仅耗时，而且代价很高。所以二者同时存在，可以保证数据任意时刻的可用性。

随着文件服务器容量不断增加，存储空间越来越大、性能也越来越差，因此使用归档系统提升性能显得非常重要。归档后的数据用户可以继续在线访问、使用。归档后，一线服务器存储容量减少，服务器性能得到有效的提升和优化。归档通过单实例存储、智能过滤和压缩等技术降低 50%以上的存储空间。通过实时归档可以实现零数据丢失以及快速、复杂条件下的数据查询操作。

一个有效的归档系统最重要的特征是包含了足够多的元数据，并能通过逻辑方式获取信息。例如，一个电子邮件归档系统的元数据至少应该包括发件人、收件人、主题、时间等信息，通常还会把电子邮件的内容主体放入数据库中用于全文搜索，甚至把附件的相关信息和关键词也提取出来作为元数据保存。

归档系统的另一个重要特征是能够保存预定数量的副本。例如，一个公司可以决定把一份归档数据存放在磁盘介质的存储设备中，把另一份相同的数据存放在光盘或磁带库里，以确保数据万无一失。

根据保存数据方式的不同，归档系统大致可分为两类。一类是传统的依附于备份软件的归档系统，允许用户自主选择文件进行归档，并把有限的元数据附加上去，然后把这些归档数据的备份文件删除以减少重复数据。这种归档的缺陷是，如果用户想通过不同的元数据查找归档信息，就必须建立几个附加不同元数据的归档文件。因此，这类系统基本上只适用于访问率较低的归档数据。

第二类归档系统考虑到所有的归档数据可能有不同的用途，因此需要用不同的元数据来描述。实现这类系统的关键在于对实际的归档数据只保存一份，而把所有的元数据都保存在可搜索的数据库中。这就是近年来逐渐发展起来的基于内容的寻址存储(CAS)。与第一类归档系统不同，第一类归档系统中的数据只有在备份后才能够成为归档数据，而 CAS 归档系统对所有的数据都自动不间断地进行归档。一个文件或电子邮件一经产生，其中一个副本以及相关的元数据就会自动被保存到归档系统中。

Caringo Swarm 系统是一个用于私有和公共云存储以及目标归档成熟的对象存储系统。最初称为 CAStor，是安装在 x86 服务器上附带存储功能的软件。

Swarm 向外扩展的架构允许配置可以随性能进行大幅度扩展。Caringo 实现了作为分布式集群来管理节点的对称平行架构。在 Swarm 中，节点会被自动发现，并且网络启动后可以启动二次平衡机制。所有运行的软件都在每个节点上的 RAM 中进行维护，这样可以提高集群的性能。

Swarm 中的对象 ID 称为全局唯一标识符(UUID)，它是由一个随即生成的唯一的数字组成的。UUID 和散列数据用于完整性校验。随着算法的不断完善，散列算法可能在未来的某个时间被取代而不会影响数据。对象会在单个节点上附带的存储空间上作为数据块进行存储。系统和用户元数据存储在对象中。Caringo 系统包括 FileScaler 来为文件提供访问的 NFS，CIFS(SAMBA)，FTP 和 WebDAV 的对象存储空间。直接对象访问是由附带 S3 API 的 CloudScaler 和称为符合 HTTP 1.1 的简单内容存储协议的 S3 的超集来实现的。地理数据分布和保护是在相同的网络延迟通过子类标准完成的。对于远程集群，Feeds 组件会为数据分布和数据保护自动化对象路由。Feeds 是延迟容忍性的，并且可以充分利用完整集群来聚集系统的能力。

具体来讲，Swarm 可以通过纠删编码将存储的数据副本对象的各部分分散存储到整个存储基础设施中，并在其元数据中加入检索标识符。这样，当某一存储设备发生故障时，存储对象依然能够通过那些正常设备上存储的部分来进行重建。而对于其他不需要这种保护功能的数据类型，可以把存储对象的元数据句柄中简单地设置成镜像策略。这样，数据的保障策略可以很容易地分配，使得存储基础设施成为归档和主存储的一个通用平台。整体来讲，Caringo Swarm 使用纠删码实现了归档系统功能。

8.2　备　份　系　统

备份指的是计算机数据的复制和归档，以便在数据丢失后可以恢复原来的数据。备份有两个不同的用途。主要的目的是由于删除或意外丢失数据后来恢复数据。数据丢失可能是一种常见的计算机用户体验；2008 的调查发现，66%的计算机用户曾经由于某种原因丢失过计算机上的文件。备份的第二目的是从早期的某个时间恢复数据，根据用户定义的数据保留策略，该策略通常是用户在一个备份应用程序中配置说明这些数据副本在多长时间之后会被需要。虽然备份是一种简单的灾难恢复形式，而且应该是灾难恢复计划的一部分，但是它不应该被视为一个完整的灾难恢复计划。原因之一是，并非所有的备份系统能够通过备份来简单地恢复数据以期重建计算机系统或其他复杂的配置如计算机集群、活动目录服务器，或数据库服务器。由于备份系统至少包含了值得保存数据的一个数据副本，所以数据存储的要求是显著的。组织这个存储空间和管理备份过程是一个复杂的任务。数据仓库模型可以用来为存储提供结构。现在，有许多适合做备份的不同类型数据存储设备。

在数据被发送到存储位置之前，它们被选中、提取和处理。目前已经有了很多优化备份过程的不同技术，包括处理与打开文件和数据源，以及压缩、加密和去重方面的优化。每一个备份方案都应该包括验证备份数据可靠性的步骤。在备份中还需要认识到备份方案的局限性和人为因素。

一个成功的备份作业从选择和提取连贯的单位数据开始。现代计算机系统的大部分数据都存储在离散的单位，称为文件。这些文件被组织成文件系统。存储描述正在进行备份的计算机或文件系统的元数据也是很有用的。在给定的时间内决定进行何种备份实际上是一个比看起来困难的过程。如果备份过多的冗余数据，数据存储库将很快被用完。但是如果备份的数据量不足，将会导致关键信息缺失。

数据备份方式主要包括以下几种。

(1)定期磁带备份。即将数据传送到远程备份中心制作完整的备份磁带(光盘)。

(2)数据库备份。即在备份机上建立主数据库的一个副本。

(3)网络数据备份。即对生产系统的数据库数据和所需跟踪的重要目标文件的更新进行监控，并将更新日志实时通过网络传送到备份系统，备份系统则根据日志对磁盘进行更新。

(4)远程镜像备份。通过高速光纤通道线路和磁盘控制技术将镜像磁盘延伸到远离生产机的地方，镜像磁盘数据与主磁盘数据完全一致，更新方式为同步或异步。

(5)增量备份。增量备份的目的是通过把数据组织成转换点之间的增量变化，使得从更多的时间点存储备份变得更可行。这避免了存储重复数据的副本，而全备份的数据中很多是和过去数据完全相同的重复备份。通常情况下，在某一个特定的时间点(或在罕见的时间间隔)进行全备份，并且作为增量备份集的参考点。

(6)差异备份。每次差异备份保存了自上次完全备份以来已更改的数据。它具有的优点是，只有两个数据集中较大的一个用来恢复数据。与增量备份方法相比，一个缺点是，进行差异备份的时间会随着最后一次全备份时间的增加而增加。恢复整个系统将需要从最近的全备份开始，加上最后一次全备份的最后一次差分备份的内容。一些文件系统对于每一个文件都有一个存档点，来说明最近是否发生了改变。一些备份软件可以通过查看文件的日期，并将其与上一个备份进行比较，以确定该文件是否被更改。

(7)冷数据库备份。在冷备份时，数据库被关闭或锁定，而不提供给用户访问。

数据文件在备份过程中不发生变化，所以数据库在恢复正常运行的时候是处于一致状态的。

(8)热数据库备份。一些数据库管理系统提供了一种当数据库在线和可用("热")时来生成数据库的备份映像的方法。这通常包括一个不一致的数据文件的映像加上一个记录程序正在运行时变化的日志。在恢复时，日志文件中记录的变化被重新应用产生更新之后的数据库副本(在热备份结束的时间点)。

具体来讲，编码存储系统在备份系统中的应用可以从下面的具体例子中查考。

AmpliStor 备份存储系统

由于非结构化数据越来越多，使用 RAID 存储部署所带来的成本开销能够成为一个企业 IT 预算中沉重的砝码。于是，对象存储初创公司 Amplidata 寻求以非传统方式替代 PB 级规模非结构化数据的泛滥。

RAID 磁盘存储仍然占企业 IT 部署的主导地位，但由于日益增长的磁盘密度，RAID 不再能满足现代存储基础设施的可靠性要求，Amplidata 的联盟和市场营销总监 Tom Leyden 说："为了解决 RAID 的这些缺点，用户已经转向管理文件的多个副本——但(他们)往往在存储利用率和功耗方面承受了过高的价格。"

Amplidata 公司是由一群欧洲高科技创业者于 2008 年成立的，总部设在比利时 Lochristi，并且在美国加利福尼亚州红木城设有办事处。

Amplidata 的旗舰产品是 AmpliStor 设备，该设备主要是面向 PB 级别的大文件进行优化的对象存储备份系统，主要应用对象是需要即时检索媒体档案的广播电视用户，或者也有类似可用性期望的，支持社交及游戏等的云存储系统。AmpliStor 适合广泛类别的非结构化媒体对象，如音频、视频和图像文件，而 AmpliStor 的做法是，它们根本没有采用 RAID，取而代之的是纠删码。AmpliStor 可以选择在 8、12 或者 16 等驱动器数量上，最多允许其中 6 个节点故障而数据不丢失，并且仅使用 Atom CPU 时，其重建速度远快于传统 RAID-5/6。在机架上方的 2U 控制节点中，也只要一颗 Xeon E3 处理器。

Amplidata 通过调用其 BitSpread 技术，BitSpread 技术分割和编码数据对象成为子块，然后散布在系统内最大数目的磁盘上。要恢复原始数据对象，BitSpread 系统只需要一部分的这些子块，提供了在多个磁盘或存储节点出现故障时高级别的可靠性。

"对象存储是一个很新的范例"，莱顿说，"几十年来组织机构已经针对基于文件的存储来解决提高 RAID 的限制，他们才刚刚开始得知有一个更好的办法。"

AmpliStor 使用的纠删码策略具体如图 8-1 所示。只要系统中有效节点数 $d \geqslant k$，就可以从现有节点中获得原始文件。

图 8-1 表示恢复失效节点所存储内容的过程如下。

(1)首先从系统中的 k 个存储节点中下载数据并重构原始文件。

(2)由原始文件再重新编码出新的模块,存储在新节点上。该恢复过程表明修复任何一个失效节点所需要的网络负载至少为 k 个节点所存储的内容,即 k 倍带宽。

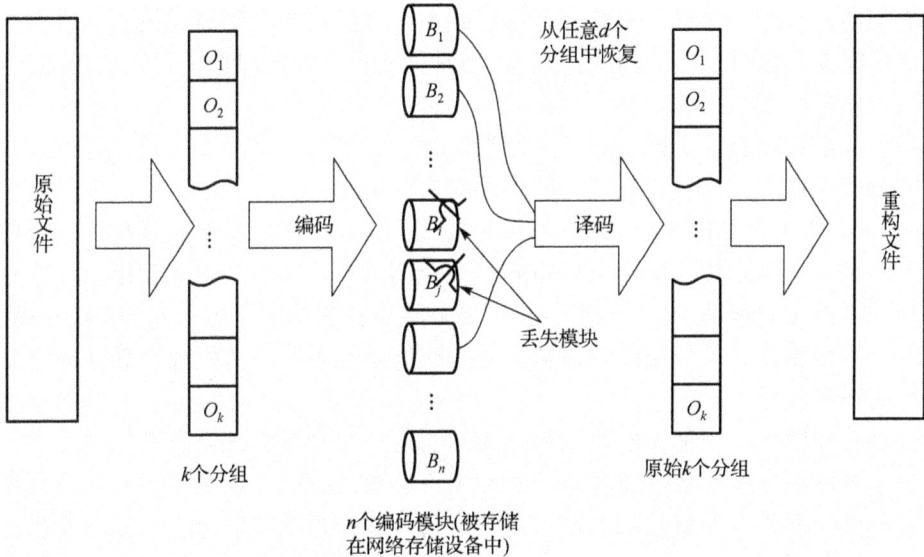

图 8-1　原始文件恢复过程

8.3　冷数据存储系统

冷数据指的是不经常使用的数据,其是相对于经常使用的数据——热数据而言的。根据不同公司的不同需要,冷热数据会有不同。冷存储就是将冷数据以低能耗大容量的方式存储起来。以社交媒体 Facebook 为例,据统计,Facebook 每天都要存储超过 9 亿张来自用户的图片。这些图片按照协议是不可以删除的,但是大部分的照片人们不会每天都访问观看。经测试分析,其数据产生 24 小时内访问的频率非常高,而此后访问频率就越来越低,逐渐变为冷数据。总体来说,Facebook 自身的数据中心有 89%的数据都是冷数据。所以,如果把它们一直存储在磁盘中,每天都要消耗巨量的电力。因此就需要用冷存储来解决问题。

总体来说,数据中心有将近 80%的数据是冷数据,因此,数据存储的需求是由存储冷数据和用来进行归档的数据的能力驱动的。很多数据中心都需要耗费大量电力来应对那些需要大量计算能力的任务,相反,“冷存储”技术需要比较多的空间,却不需要太多电力。因此,冷数据存储系统对社交网站有着重大影响。

目前,热数据一般存放在SSD中,温数据存放在 7200 转的硬盘中,冷数据存放在低速硬盘上,浪费了大量的能源,成本非常高。光盘具有非接触、能耗低、成本低、寿命长(平均寿命超过 50 年)、可靠(日本科学家曾经做过一次实验,将光盘在海水中浸泡后，仍然能够正常读取数据)的特点，因此适合用来存储冷数据。但是其唯一的缺点就是容量较小。

最新的测试结果表明，计算每 TB 数据的平均 I/O 次数之后，冷数据的 I/O 密度要远低于热性数据，这意味着此类数据已经不再需要利用三级复制机制加以保存，但却仍然需要具备可以接受的访问速度，同时需要有必要的保护手段以避免受磁盘、主机以及机架故障的影响。

当然，容量小仍是光存储的一大短板。为了破解这个难题，一些公司开发了相对大容量的光盘库，用于代替磁带库和硬盘来存储冷数据。其中比较具有代表性的是 Facebook 的蓝光存储系统，用这种存储方式，其成本和能耗比用硬盘存储冷数据降低了一半。也有高校推出了一种磁光电融合的技术，大部分由光盘组成，也存在着少量的固态盘和普通硬盘，它们异构融合后会虚拟化成一个大容量盘；在存储时，热、温、冷数据是自动分级的，热数据存放在固态盘里，温数据放在普通硬盘里，冷数据放在光盘里。

在硬件和软件设计基本确定以后，仍然需要解决硬盘失效以及数据中心电源不稳定等带来的可靠性问题。尤其是冷存储采用的都是些廉价硬盘，而且又没有备用电池，故障中断等情况都是难免的。传统上为了保证数据的安全，一般会采用多副本技术来避免硬件故障，但这么做需要大量数据的多份副本，造成了存储资源的大量浪费。于是，正如之前章节中关于纠删码的优势所讲，能不能在存放的数据不多于两份的情况下避免数据丢失呢？

Facebook 公司冷存储系统

Facebook 公司的存储系统 f4 专门用于保存这些冷性数据。f4 是一款新型系统，能够在降低冷性数据有效复制因素的同时保持其容错性以及对较低数据吞吐量需求的支持能力。

f4 采用 RS 编码机制并将数据块排布在多台不同机架之上，例如，一个 1GB 大小的文件会被分割成 10 个 100MB 的文件。然后，这 10 个文件的 RS 编码会将其转变成 14 个互相冗余的文件。通过这种转换，RS 编码保证通过其中任意 10 个文件能够将原来的数据成功恢复。因此，只要把这些文件分开存储，即使其中 4 个文件损坏，系统仍然能够正确恢复数据。数据中心根据存储媒介的失效率等参数调整编码方式中冗余数据的个数，即可完成系统对可靠性的要求。此外，数据中心会紧挨着数据本身存储一份校验和，来方便检查数据的完整性，及时发现数据完整性问题。

如此，可以确保单一数据中心内部的磁盘、主机以及机架故障不会对数据可用性造成影响。它还在广域层面利用异或编码机制以确保数据中心的容错性。f4 目前保存的逻辑数据超过 65PB，帮助公司节约的存储空间则超过 53PB。

集群文件系统元数据共同被汇聚在以 100GB 为单位的逻辑分卷当中。这类逻辑分卷由数据文件、索引文件以及日志文件共同构成。其中索引文件其实是一套快照。当所有分卷都被锁定时，则不允许再创建新的分卷。

这些分卷构成多个单元并被保存在数据中心内部，其中每个单元由 14 套机架构成，每个机架包含 15 台主机，每台主机又配备 30 块 4TB 磁盘驱动器。每个分卷/字符串/数据块都拥有一个位于其他不同地理位置的对应分卷/字符串/数据块。Facebook 公司还在独立的第三个区域另行保存一套原始数据的异或内容。这套体系能够保证任意区域出现故障时，用户仍能顺利访问所需数据信息。

通过将这些数据分散存储到不同的硬盘，冷存储就可以以较小的成本实现数据的保护。经过对硬盘的失败特征进行调查和建模确定数据分块数和校验块数之后，Facebook 得出了目前的配置比 10:4（每 10 块硬盘配 4 块校验盘）。也就是说，用 1.4GB 的空间实现对 1GB 数据的备份，这种情况下可忍受 4 块硬盘同时失效。但是这种配比也会随着硬件特性以及对安全性的要求而变化，因此 Facebook 开发了数据重新编码服务，这样就可以根据存储媒体的可靠性来重新灵活组织数据。

与以往模式相比，这种备份方式的存储效率显然高了很多，而且数据的持久性也大为增长。俗话说大脑越用越灵，存储也是这样，冷数据容易丢失或损坏。为此，Facebook 在后台开启了一个"反熵"进程，专门用来定期扫描所有硬盘上的数据，从中检测数据畸变并报告检测结果。这个频率是每 30 天进行一次全扫描。一旦发现错误，另一个数据恢复进程就会接管，然后读取足够多的数据去重建丢失的数据，并将其写入新的硬盘上。由于整个过程将检测、失败分析与重构及保护分离开来，重构的耗时从小时级降到了分钟级，并且可以并行实现，在某种程度上可以说不耗时。

Facebook 公司采用的 RS 编码策略如图 8-2 所示。

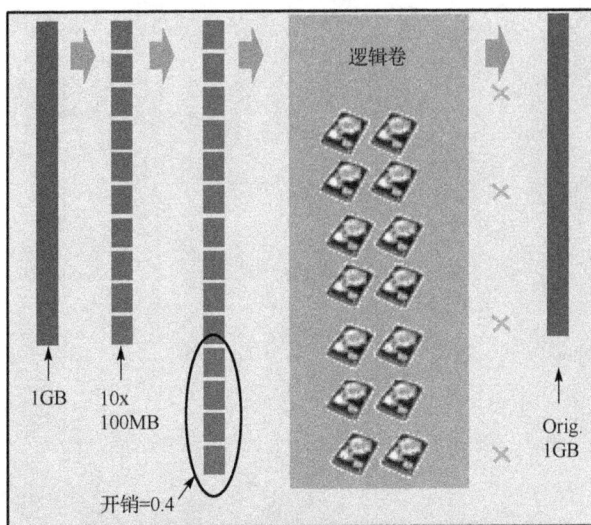

图 8-2　Facebook 公司采用的 RS 编码策略

8.4　本　章　小　结

　　本章主要介绍了存储编码系统在公司中的实际应用。包括归档系统的相关概念和技术实现方法，以及其在 Swarm 技术中的具体应用实例、备份系统的概念与分类，以及 AmpliStor 所采用的存储编码备份系统；最后讲解了冷存储系统的相关概念和产生原因，并用社交平台巨头 Facebook 公司的冷存储系统进行实例讲解，由于该公司存储大量社交用户数据，所以编码冷存储系统的应用显得非常重要。

附　　录

1. Hadoop 系统伪分布式安装

由于 Hadoop 必须运行在 JDK 环境之下，所以搭建 Hadoop 的第一步，便是安装 JDK，需要首先在 Oracle 官网找到对应 Linux 版本的 JDK 安装包，然后直接进行解压。我们把压缩包解压在路径/usr/java 之下。之后需要在 Linux 下配置环境变量（各个发行版的配置基本类似，在这里笔者使用了 LinuxMint 的版本）。

首先使用文本编辑器打开文件/etc/profile，当前用户未必具备 root 权限，所以需要在命令之前添加 sudo。

```
#sudo gedit /etc/profile
```

然后根据提示输入用户密码即可，并在文件最下面添加如下代码。

```
export JAVA_HOME=/usr/java/jdk1.7.0_40
export CLASSPATH=".:$JAVA_HOME/lib:$JAVA_HOME/jre/lib$CLASSPATH"
export PATH="$JAVA_HOME/bin:$JAVA_HOME/jre/bin:/usr/local/
          hadoop-2.6.0/bin:$PATH"
```

接下来执行#source /etc/profile 命令使写入 profile 的配置生效。

以上的路径都是笔者自己配置时的路径，当然读者也可以根据自身情况来配置相应参数，未必一定与笔者的路径相同。在 PATH 路径中最后面需要将 Hadoop 的路径也添加进去，因此之后 Hadoop 也将被安装到对应的位置中，才能确保系统能够找到 Hadoop 的安装位置。

接下来，要进行 ssh 无密码验证的配置，首先查看一下 ssh 是否安装，输入命令 ssh localhost。若此时命令行提示输入密码，则 ssh 已经被系统安装。之后，基于空口令创建一个新的 ssh 命令密钥，启用无密码登录，输入下面的命令

```
#ssh-keygen -t rsa -P '' -f~/.ssh/id_rsa
#cat ~/.ssh/id_rsa.pub >>~/.ssh/authorized_keys
```

之后测试一下是否需要密码登录。

```
#ssh localhost
```

如附图 1-1 所示。

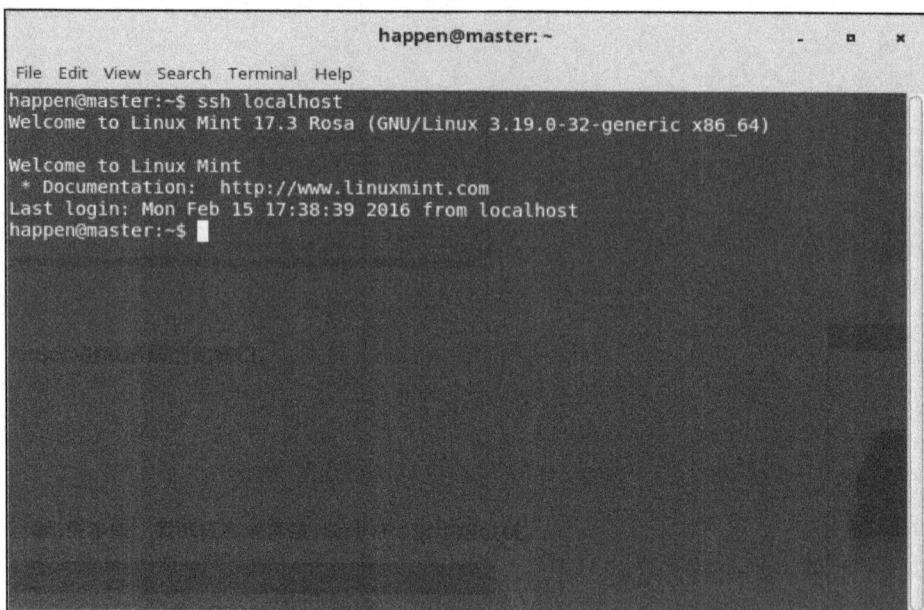

附图 1-1　ssh 免密码登录

这说明 ssh 已经配置成功，第一次登录时会询问用户是否继续连接，输入 yes 即可进入。在 Hadoop 的安装过程中，如果不配置无密码登录，每次启动 Hadoop，都需要输入密码登录到 DataNode，通常 DataNode 的数量比较多，通过配置 shh 免密码登录可以简化启动流程。

接下来部署 Hadoop，首先去 Apache 官网上下载 Hadoop 的安装包，这里下载的是 hadoop-2.6.0.tar.gz。之后执行以下命令：#sudo mkdir /usr/local/hadoop 新建文件夹。#tar -zxvf hadoop-2.6.0.tar.gz -C /usr/local/hadoop 解压 Hadoop 到新建的目录。

然后需要对 Hadoop 进行配置，这里需要配置的有四个配置文件:core-site.xml、hdfs-site.xml、mapred-site.xml、yarn-site.xml。配置文件所在的目录为/usr/local/hadoop/etc/hadoop。

笔者将配置文件的内容列在下面。

```
core-site.xml:
<configuration>
    <property>
        <name>hadoop.tmp.dir</name>
        <value>file:/usr/local/hadoop/tmp</value>
        <description>Abase for other temporary
                directories.</description>
    </property>
```

```xml
    <property>
        <name>fs.defaultFS</name>
        <value>hdfs://localhost:9000</value>
    </property>
</configuration>
hdfs-site.xml:
<configuration>
    <property>
        <name>dfs.replication</name>
        <value>1</value>
    </property>
    <property>
        <name>dfs.namenode.name.dir</name>
  <value>file:/usr/local/hadoop/tmp/dfs/name</value>
    </property>
    <property>
        <name>dfs.datanode.data.dir</name>
<value>file:/usr/local/hadoop/tmp/dfs/data</value>
    </property>
</configuration>
mapred-site.xml:
<configuration>
    <property>
        <name>mapreduce.framework.name</name>
        <value>yarn</value>
    </property>
</configuration>
yarn-site.xml:
<configuration>
    <property>
        <name>yarn.nodemanager.aux-services</name>
        <value>mapreduce_shuffle</value>
        </property>
    </configuration>
```

之后在同样的配置目录下找到 hadoop-env.sh 文件，在其中添加以下内容：export JAVA_HOME=/usr/java/jdk1.7.0_40 来避免 ssh 远程登录时环境变量丢失。

接下来执行 hadoop namenode-format 指令来格式化 HDFS 以创建一个新的 HDFS。执行成功如附图 1-2 所示。

```
as been successfully formatted.
16/02/18 16:05:00 INFO namenode.NNStorageRetentionManager: Going to retain 1 ima
ges with txid >= 0
16/02/18 16:05:00 INFO util.ExitUtil: Exiting with status 0
16/02/18 16:05:00 INFO namenode.NameNode: SHUTDOWN_MSG:
/*******************************************************************
SHUTDOWN_MSG: Shutting down NameNode at master/220.250.64.225
******************************************************************/
```

附图 1-2　格式化 HDFS 成功

在终端中执行 start-all.sh 命令，启动 Hadoop。然后执行 jps 命令验证一下，是否启动成功。如果 Hadoop 启动成功，可以看到附图 1-3 所示的 Java 进程。

```
happen@master:~$ jps
2864 DataNode
3393 NodeManager
2757 NameNode
3288 ResourceManager
3082 SecondaryNameNode
3979 Jps
```

附图 1-3　Hadoop 进程图

当然也可以直接用 Web 浏览器打开 localhost：50070，如果出现管理界面，同时显示 DataNode 的状态正常，说明已经正确配置了 Hadoop，如附图 1-4 所示。

Overview 'localhost:9000' (active)

Started:	Tue Feb 16 15:41:30 CST 2016
Version:	2.6.0-cdh5.4.1, r75a690c8acab4f8da102c9d2e6b6405f25090302
Compiled:	2015-05-08T05:50Z by jenkins from Unknown
Cluster ID:	CID-10ae4a75-9634-4b16-b49b-1e16bd1eb145
Block Pool ID:	BP-2023004211-220.250.64.225-1455607936263

Summary

Security is off.

Safemode is off.

1 files and directories, 0 blocks = 1 total filesystem object(s).

Heap Memory used 94.94 MB of 190.5 MB Heap Memory. Max Heap Memory is 889 MB.

Non Heap Memory used 34.27 MB of 36.19 MB Commited Non Heap Memory. Max Non Heap Memory is -1 B.

Configured Capacity:	37.9 GB
DFS Used:	24 KB

附图 1-4　Hadoop 管理界面

1）利用 MapReduce 实现 WordCount 程序

MapReduce 是面向大数据并行处理的计算模型、框架和平台，分为 Map 与 Reduce 两个过程。MapReduce 的思想就是"分而治之"。由 Mapper 负责"分"，即把复杂的任务分解为若干个"简单的任务"来处理。"简单的任务"包含三层含义：

一是数据或计算的规模相对原任务要大大缩小；二是就近计算原则，即任务会分配到存放着所需数据的节点上进行计算；三是这些小任务可以并行计算，彼此间几乎没有依赖关系。在 Hadoop 处理的过程之中，这个简单的任务抽象成了一个 Key/Value 对，由 Mapper 处理这个 Key/Value 对，之后 Reducer 负责对 Map 阶段的结果进行汇总，最终得出用户操作的结果。

WordCount 是最简单也是最能体现 MapReduce 思想的程序之一，该程序完整的代码可以在 Hadoop 安装包的 src/examples 目录下找到。WordCount 主要完成的功能是：统计一系列文本文件中每个单词出现的次数。

首先，执行以下命令。

```
#echo "Hello World" > file1.txt
#echo "Hello Hadoop" > file2.txt
#hadoop fs -mkdir /input
#hadoop fs -put file1.tx1 /input
#hadoop fs -put file2.tx1 /input
```

创建两个文本文件 file1.txt 和 file2.txt，使 file1.txt 的内容为 Hello World，而 file2.txt 的内容为 Hello Hadoop。然后将生成的文本文件上传到/input 目录之下，作为 WordCound 程序的输入。

接下来执行 hadoop fs -ls /input 来查看是否目录结构如附图 1-5 所示。

```
happen@master:~$ hadoop fs -ls /input
Found 2 items
-rw-r--r--   1 happen supergroup         12 2016-02-18 16:27 /input/file1.txt
-rw-r--r--   1 happen supergroup         13 2016-02-18 16:28 /input/file2.txt
```

附图 1-5　input 的目录结构

之后切换到/usr/local/hadoop 目录之下，执行如下命令。

```
#hadoop share/hadoop/mapreduce/hadoop-mapreduce-*.jar
wordcount /input /output
```

Hadoop 命令会启动一个 JVM 来运行这个 MapReduce 程序，并自动获得 Hadoop 的配置，同时把类的路径（及其依赖关系）加入 Hadoop 的库中。以上就是 Hadoop Job 的运行记录，从这里可以看到，这个 Job 被赋予了一个 ID 号：job_1456117854527_0001，而且得知输入文件有两个（Total input paths to process：2），同时还可以了解 Map 的输入输出记录（record 数及字节数），以及 Reduce 的输入输出记录。执行 MapReduce 的过程如附图 1-6 所示。

之后执行如下代码。

```
#hadoop fs -cat /output/part-r-00000
```

确认一下，MapReduce 输出的结果是否符合实验预期的结果，如附图 1-7 所示。

```
16/02/22 13:14:45 INFO mapreduce.Job: Running job: job 1456117854527 0001
16/02/22 13:14:56 INFO mapreduce.Job: Job job_1456117854527_0001 running in uber
 mode : false
16/02/22 13:14:56 INFO mapreduce.Job:  map 0% reduce 0%
16/02/22 13:15:05 INFO mapreduce.Job:  map 50% reduce 0%
16/02/22 13:15:06 INFO mapreduce.Job:  map 100% reduce 0%
16/02/22 13:15:13 INFO mapreduce.Job:  map 100% reduce 100%
16/02/22 13:15:13 INFO mapreduce.Job: Job job_1456117854527_0001 completed succe
ssfully
16/02/22 13:15:14 INFO mapreduce.Job: Counters: 49
        File System Counters
            FILE: Number of bytes read=55
            FILE: Number of bytes written=324706
            FILE: Number of read operations=0
            FILE: Number of large read operations=0
            FILE: Number of write operations=0
            HDFS: Number of bytes read=229
            HDFS: Number of bytes written=25
            HDFS: Number of read operations=9
            HDFS: Number of large read operations=0
            HDFS: Number of write operations=2
```

附图 1-6　MapReduce 执行过程

```
happen@master:~$ hadoop fs -cat /output/part-r-00000
Hadoop  1
Hello   2
World   1
```

附图 1-7　WordCount 输出结果

2）利用 Sqoop 实现 MySQL 数据库导入

Sqoop 是一个用来将 Hadoop 和关系型数据库中的数据相互转移的工具，可以将一个关系型数据库（如 MySQL、Oracle、Postgres 等）中的数据导入 Hadoop 的 HDFS 中，也可以将 HDFS 的数据导入关系型数据库中。

首先，通过 http://sqoop.apache.org 下载 Sqoop，由于 Sqoop2 目前仍然处于完善阶段，官方并不推荐在实际生产环境中使用 Sqoop2，所以这里笔者选择了 Sqoop1.4.5 版本。

下载完成之后，执行如下命令。

```
#sudo mkdir /usr/local/sqoop
#sudo tar -zxvf sqoop-1.4.5.tar.gz -C /usr/local/sqoop
```

通过上面的命令，将 Sqoop 解压到/usr/local/sqoop。之后和 Hadoop 配置类似，需要编辑/etc/profile 来配置环境变量。添加下面内容。

```
export SQOOP_HOME=/usr/local/sqoop
export PATH=$SQOOP_HOME/bin:$PATH
```

之后把 MySQL 的 JDBC 驱动 mysql-connector-java-5.1.10.jar 复制到 Sqoop 项目的 lib 目录下。接下来使用 start-all.sh 脚本启动 Hadoop 集群，然后就可以对配置好的 Sqoop 进行功能性的实验。

列出 MySQL 数据库中的所有数据库命令。

```
#sqoop list-database --connect jdbc:mysql//{Mysql 的 ip 地址}:3306/
    --username {用户名} --password {密码}
```

附图 1-8 是笔者执行命令的结果。

```
16/02/22 14:02:44 WARN tool.BaseSqoopTool: Setting your password on the command-
line is insecure. Consider using -P instead.
16/02/22 14:02:44 INFO manager.MySQLManager: Preparing to use a MySQL streaming
resultset.
information_schema
mysql
performance_schema
sqoop
```

附图 1-8　列出 MySQL 的数据库

接下来就通过 Sqoop 进行 MySQL 数据库表备份了，附图 1-9 是需要通过 Sqoop 备份到 HDFS 之上的表里的实际数据。

```
mysql> select * from sqoop.test;
+-------+------+
| name  | no   |
+-------+------+
| hello |    1 |
| word  |    2 |
+-------+------+
2 rows in set (0.00 sec)
```

附图 1-9　表中的数据

现在要做的是把 test 中的数据导入 HDFS 中，执行命令如下。

```
sqoop ##sqoop 命令
import ##表示导入
--connect jdbc:mysql://ip:3306/sqoop ##告诉 jdbc，连接 mysql 的 url
--username root ##连接 mysql 的用户名
--password admin ##连接 mysql 的密码
--table test ##从 mysql 导出的表名称

--fields-terminated-by '\t' ##指定输出文件中的行的字段分隔符
-m 1 ##复制过程使用 1 个 map 作业
```

以上的命令中后面的##部分是注释，执行的时候需要删掉；另外，命令的所有内容不能换行，只能在一行才能执行。

由执行过程附图 1-10 可以看出，Sqoop 备份过程也是通过 MapReduce 任务来完成的。

```
16/02/22 16:48:07 INFO client.RMProxy: Connecting to ResourceManager at /0.0.0.0
:8032
16/02/22 16:48:15 INFO db.DBInputFormat: Using read commited transaction isolati
on
16/02/22 16:48:16 INFO mapreduce.JobSubmitter: number of splits:1
16/02/22 16:48:16 INFO mapreduce.JobSubmitter: Submitting tokens for job: job_14
56130864961_0001
16/02/22 16:48:18 INFO impl.YarnClientImpl: Submitted application application_14
56130864961_0001
16/02/22 16:48:19 INFO mapreduce.Job: The url to track the job: http://master:80
88/proxy/application_1456130864961_0001/
16/02/22 16:48:19 INFO mapreduce.Job: Running job: job_1456130864961_0001
16/02/22 16:48:35 INFO mapreduce.Job: Job job_1456130864961_0001 running in uber
 mode : false
16/02/22 16:48:35 INFO mapreduce.Job:  map 0% reduce 0%
16/02/22 16:48:44 INFO mapreduce.Job:  map 100% reduce 0%
16/02/22 16:48:45 INFO mapreduce.Job: Job job_1456130864961_0001 completed succe
ssfully
16/02/22 16:48:45 INFO mapreduce.Job: Counters: 30
```

附图 1-10　Sqoop 备份过程

该命令执行结束后，观察 HDFS 的目录 sqoop，里面有个文件是 part-m-00000。该文件的内容就是数据表的内容，字段之间是使用制表符分割的。如附图 1-11 所示，成功将数据库中的数据备份到了 HDFS 之上。

```
happen@master:~$ hadoop fs -ls /sqoop
Found 2 items
-rw-r--r--   1 happen supergroup          0 2016-02-22 16:48 /sqoop/_SUCCESS
-rw-r--r--   1 happen supergroup         15 2016-02-22 16:48 /sqoop/part-m-00000
happen@master:~$ hadoop fs -cat /sqoop/part-m-00000
hello,1
word,2
```

附图 1-11　Sqoop 备份结果

2. CRS 使用

Jerasure 是由 Plank 等发布的一个 C/C++代码库，主要应用于分布式存储系统的擦除码编解码操作，其中包含 RS 码、最优 RS 码、CRS 码等编解码类型。本章内容主要阐述 Jerasure 1.2 的使用方法，可以在田纳西大学官网上获得 Jerasure 1.2 的源码压缩包，网络地址链接为 http://www.cs.utk.edu/~plank/plank/papers/CS-08-627.html。

1）库模块介绍

Jerasure 代码库由 5 个模块组成，每一个都带有相应的头文件和 C 语言实现。一般情况下，当使用编解码功能时，只需要其中的 3 个模块：galois、jerasure 和其他模块中的一个。库模块包括如下几个。

（1）galois.h/galois.c：这个模块包含了 Galois Field（有限域）算法。

（2）jerasure.h/jerasure.c：这个模块包含了擦除码的通用核心例程，它只依赖galois 模块。支持基于矩阵的编解码、基于比特矩阵的编解码、矩阵和比特矩阵的求逆操作。

（3）reedsol.h/reedsol.c：这个模块包含了 RS 码生成矩阵的产生程序。

（4）cauchy.h/cauchy.c：这个模块包含 CRS 码生成矩阵的产生程序。

（5）liberation.h/liberation.c：这个模块包含了具有最小密度 MDS 码特性的 RAID-6 编解码程序。

2）cauchy.h/cauchy.c 库介绍：CRS 编码例程

这里列举 4 个库 cauchy.h/cauchy.c 中的示例程序来说明库中函数的使用方法。

（1）cauchy_01.c：这个程序需要两个输入参数：n 和 w。它调用函数 cauchy_n_ones()来决定代表 n 的比特矩阵中 1 的个数。然后它将 n 转换为一个比特矩阵，打印出该矩阵并统计出其中 1 的个数。

```
UNIX> cauchy_01 01 5
# Ones: 5

Bitmatrix has 5 ones

10000
01000
00100
00010
00001
UNIX> cauchy_01 31 5
# Ones: 16

Bitmatrix has 16 ones

11110
11111
10001
11000
11100
UNIX>
```

（2）cauchy_02.c：这个程序需要三个输入参数：k、m 和 w（在本例子和以下的例子中，packetsize 的大小为 sizeof(long)）。它调用 cauchy_original_coding_matrix() 函数来生成一个柯西矩阵，然后将它转化为一个比特矩阵并使用该矩阵进行编解码。最后，它调用函数 cauchy_xy_coding_matrix()来生成相同的柯西矩阵，然后它将验证这两个矩阵是完全相同的。

```
UNIX> cauchy_02 3 3 3
```

```
Matrix has 46 ones

6 7 2
5 2 7
1 3 4


Smart Encoding Complete: - 112 XOR'd bytes

Data                    Coding
D0 p0 : 15ddb16e        C0 p0 : 7e6e55c3
   p1 : 5ffcc9c0           p1 : 120fd8ec
   p2 : 0c55e80a           p2 : 4fc9584b
D1 p0 : 6f6b6791        C1 p0 : 36c21521
   p1 : 49e514d0           p1 : 5f324f00
   p2 : 649511f2           p2 : 2b92cf79
D2 p0 : 5899d169        C2 p0 : 31107ca3
   p1 : 2f33bbae           p1 : 5d080667
   p2 : 6fdc16ba           p2 : 16602afb


Erased 3 random devices:


Data                    Coding
D0 p0 : 15ddb16e        C0 p0 : 00000000
   p1 : 5ffcc9c0           p1 : 00000000
   p2 : 0c55e80a           p2 : 00000000
D1 p0 : 00000000        C1 p0 : 36c21521
   p1 : 00000000           p1 : 5f324f00
   p2 : 00000000           p2 : 2b92cf79
D2 p0 : 00000000        C2 p0 : 31107ca3
   p1 : 00000000           p1 : 5d080667
   p2 : 00000000           p2 : 16602afb


State of the system after decoding: 96 XOR'd bytes


Data                    Coding
D0 p0 : 15ddb16e        C0 p0 : 7e6e55c3
   p1 : 5ffcc9c0           p1 : 120fd8ec
   p2 : 0c55e80a           p2 : 4fc9584b
D1 p0 : 6f6b6791        C1 p0 : 36c21521
```

```
     p1 : 49e514d0       p1 : 5f324f00
     p2 : 649511f2       p2 : 2b92cf79
D2 p0 : 5899d169   C2 p0 : 31107ca3
     p1 : 2f33bbae       p1 : 5d080667
     p2 : 6fdc16ba       p2 : 16602afb


Generated the identical matrix using cauchy_xy_coding_matrix()
UNIX>
```

(3) cauchy_03.c：这个程序使用函数 cauchy_improve_coding_matrix()来生成柯西矩阵，其他部分与例程 2 完全相同。

```
UNIX> cauchy_03 3 3 3 | head -n 8
The Original Matrix has 46 ones
The Improved Matrix has 34 ones

1 1 1
5 1 2
1 4 7

Smart Encoding Complete: - 96 XOR'd bytes
UNIX>
```

(4) cauchy_04.c：这个程序使用函数 cauchy_good_general_coding_matrix()来生成柯西矩阵，其他部分与例程 2 和例程 3 完全相同。需要指出，当 $m=2$，$w \leqslant 11$，$k \leqslant 1023$ 时，该函数生成的是最优柯西编码矩阵。

```
UNIX> cauchy_04 10 2 8 | head -n 6
Matrix has 229 ones

1 1 1 1 1 1 1 1 1 1
1 2 142 4 71 8 70 173 3 35

Smart Encoding Complete: - 836 XOR'd bytes
UNIX> cauchy_03 10 2 8 | head -n 6
The Original Matrix has 608 ones
The Improved Matrix has 354 ones

1 1 1 1 1 1 1 1 1 1
82 200 151 172 1 225 166 158 44 13
```

```
UNIX> cauchy_02 10 2 8 | head -n 6
Matrix has 608 ones

142 244 71 167 122 186 173 157 221 152
244 142 167 71 186 122 157 173 152 221

Smart Encoding Complete: - 1876 XOR'd bytes
UNIX>
```

3）编解码实例

（1）encoder.c：这个程序用于文件编码，编码方式可以使用 Jerasure 1.2 中提供的任意编码类型。这个程序需要输入 7 个参数。

①inputfile or negative number S：需要编码的文件，当需要编码一个大小固定的随机数据时，使用负数 S 表示数据大小。

②k：数据文件数量。

③m：编码文件数量。

④coding technique：必须使用以下常量之一。

reed_sol_van：reed_sol_vandermonde_coding_matrix() 和 jerasure_matrix_encode() 函数会被调用。

reed_sol_r6_op：reed_sol_r6_encode() 函数会被调用。

cauchy_orig：callscauchy_original_coding_matrix()、jerasure_matrix_to_bitmatrix、jerasure_smart-bitmatrix_to_schedule 和 jerasure_schedule_encode() 函数会被调用。

cauchy_goog：callscauchy_good_general_coding_matrix()、jerasure_matrix_to_bitmatrix、jerasure-smart_bitmatrix_to_schedule 和 jerasure_schedule_encode() 函数会被调用。

liberation：callsliberation_coding_bitmatrix、jerasure_smart_bitmatrix_to_schedule 和 jerasure_schedule_encode() 函数会被调用。

blaum_roth：callsblaum_roth_coding_bitmatrix、jerasure_smart_bitmatrix_to_schedule 和 jerasure_schedule_encode() 函数会被调用。

liber8tion：callsliber8tion_coding_bitmatrix、jerasure_smart_bitmatrix_to_schedule 和 jerasure_schedule_encode() 函数会被调用。

⑤w：字长。

⑥packetsize：如果选择的编码类型未要求则可以设置为 0。

⑦buffersize：操作系统一次可以同时读取的数据字节大小，可以被设置为 0。

这个程序会将读入的文件拆分为 k 个块文件，并另外生成 m 个编码块文件。还会生成一个元文件用于解码。以上文件都会被放置在一个名称为 Coding 的目录中。

程序运行完毕后会有两个输出值，分别指以上函数运行的编码速率和整个程序运行的编码速率，单位是 MB/s。

```
UNIX> ls -l Movie.wmv
-rwxr-xr-x 1 plank plank 55211097 Aug 14 10:52 Movie.wmv
UNIX> encoder Movie.wmv 6 2 liberation 7 1024 500000
Encoding (MB/sec): 1405.3442614500
En_Total (MB/sec): 5.8234765527
UNIX> ls -l Coding
total 143816
-rw-r--r-- 1 plank plank 9203712 Aug 14 10:54 Movie_k1.wmv
-rw-r--r-- 1 plank plank 9203712 Aug 14 10:54 Movie_k2.wmv
-rw-r--r-- 1 plank plank 9203712 Aug 14 10:54 Movie_k3.wmv
-rw-r--r-- 1 plank plank 9203712 Aug 14 10:54 Movie_k4.wmv
-rw-r--r-- 1 plank plank 9203712 Aug 14 10:54 Movie_k5.wmv
-rw-r--r-- 1 plank plank 9203712 Aug 14 10:54 Movie_k6.wmv
-rw-r--r-- 1 plank plank 9203712 Aug 14 10:54 Movie_m1.wmv
-rw-r--r-- 1 plank plank 9203712 Aug 14 10:54 Movie_m2.wmv
-rw-r--r-- 1 plank plank 54 Aug 14 10:54 Movie_meta.txt
UNIX> echo "" | awk '{ print 9203712 * 6 }
55222272
UNIX>
```

在上面的例子中，一个 52.7MB 的电影文件被拆分为 6 个数据块文件和两个编码块文件。

在新目录 Coding 中，包含文件 Movie_k1.wmv～Movie_k6.wmv 共 6 个文件(分别为原始文件的一部分)和两个编码块文件 Movie_m1.wmv、Movie_m2.wmv。元数据文件 Movie_meta.txt 包含解码所需的全部信息。

(2) decoder.c：这个程序用于解码原始文件。decoder 唯一的参数就是 inputfile，表示被编码的原始文件，这个文件不一定存在，它的目的是用于寻找 Coding 目录中对应的编码文件。

当一些编码块丢失时，如果仍存在的编码块数不小于 k，则可以修复丢失的编码块和重新生成原始文件。程序运行完毕后的输出值表示函数运行解码速率和整个程序运行的解码速率。

这里继续前面的例子，假设 Movie_k1.wmv 和 Movie_k2.wmv 两个数据块文件发生丢失。

```
UNIX> rm Coding/Movie_k1.wmv Coding/Movie_k2.wmv
UNIX> mv Movie.wmv Old-Movie.wmv
UNIX> decoder Movie.wmv
Decoding (MB/sec): 1167.8230894030
```

```
De_Total (MB/sec): 16.0071713224
UNIX> ls -l Coding
total 215704
-rw-r--r-- 1 plank plank 55211097 Aug 14 11:02 Movie_decoded.wmv
-rw-r--r-- 1 plank plank 9203712 Aug 14 10:54 Movie_k3.wmv
-rw-r--r-- 1 plank plank 9203712 Aug 14 10:54 Movie_k4.wmv
-rw-r--r-- 1 plank plank 9203712 Aug 14 10:54 Movie_k5.wmv
-rw-r--r-- 1 plank plank 9203712 Aug 14 10:54 Movie_k6.wmv
-rw-r--r-- 1 plank plank 9203712 Aug 14 10:54 Movie_m1.wmv
-rw-r--r-- 1 plank plank 9203712 Aug 14 10:54 Movie_m2.wmv
-rw-r--r-- 1 plank plank 54 Aug 14 10:54 Movie_meta.txt
UNIX> diff Coding/Movie_decoded.wmv Old-Movie.wmv
UNIX>
```

从上面的操作可以看出，通过解码操作生成了 Movie_decoded.wmv 文件，由 diff
命令结果显示这个文件和原文件完全一致。这里 decoder 并没有重新生成丢失的块
文件，而只生产了原文件。

4) 参数 buffersize 和 packetsize 的选择

在测试中，参数 buffersize 和 packetsize 两个参数影响着编码性能。这里给出以
下例子，可以观察一个随机生成的 256MB 文件的编码速率（程序运行在 MacBook Pro
上，2.16GHz 处理器，32KB L1 Cache，2MB L2 Cache）。

```
UNIX> rm Coding/Movie_k1.wmv Coding/Movie_k2.wmv
UNIX> mv Movie.wmv Old-Movie.wmv
UNIX> decoder Movie.wmv
Decoding (MB/sec): 1167.8230894030
De_Total (MB/sec): 16.0071713224
UNIX> ls -l Coding
total 215704
-rw-r--r-- 1 plank plank 55211097 Aug 14 11:02 Movie_decoded.wmv
-rw-r--r-- 1 plank plank 9203712 Aug 14 10:54 Movie_k3.wmv
-rw-r--r-- 1 plank plank 9203712 Aug 14 10:54 Movie_k4.wmv
-rw-r--r-- 1 plank plank 9203712 Aug 14 10:54 Movie_k5.wmv
-rw-r--r-- 1 plank plank 9203712 Aug 14 10:54 Movie_k6.wmv
-rw-r--r-- 1 plank plank 9203712 Aug 14 10:54 Movie_m1.wmv
-rw-r--r-- 1 plank plank 9203712 Aug 14 10:54 Movie_m2.wmv
-rw-r--r-- 1 plank plank 54 Aug 14 10:54 Movie_meta.txt
UNIX> diff Coding/Movie_decoded.wmv Old-Movie.wmv
UNIX>
```

所以当使用编码程序时，应当注意所选取的 buffersize 和 packetsize 两个参数的
大小。